新生态住宅
绿色建筑完全指南

【美】丹尼尔·D·希拉 著

管振忠 薛一冰 译

赵 晖 审

中国建筑工业出版社

著作权合同登记图字：01—2008—0622号

图书在版编目（CIP）数据

新生态住宅　绿色建筑完全指南/（美）希拉著；管振忠，薛一冰译. —北京：中国建筑工业出版社，2016.4
ISBN 978—7—112—19259—5

Ⅰ.①新…　Ⅱ.①希…②管…③薛…　Ⅲ.①生态建筑－指南　Ⅳ.①TU18—62

中国版本图书馆CIP数据核字（2016）第059067号

本书从创造舒适的居住环境入手，从绿色建筑的起源与发展、场地设计、营造健康居住环境、绿色建材、节能设计与施工、无障碍设计、被动式太阳能利用等方面展开论述，结合大量典型实例对生态建筑的理念、设计、施工和管理进行了深入阐述。虽然作者所在国家的国情与我国有所不同，但其设计理念、原理与方法对设计师、开发商、建造商、管理者以及建筑院校的学生来说都是有价值的参考，相信他们都能从中获益。

Copyright © 2004 by Daniel D.Chiras
Simplified Chinese translation copyright © 2016 by China Architecture and Building Press
This edition published by arrangement with Chelsea Green Publishing Co, White River Junction, VT 05001, USA through Vantage Copyright Agency, Guangxi, China
本书由美国Chelsea Green Publishing Company授权我社翻译、出版、发行本书中文版。

责任编辑：戚琳琳　于　莉
责任校对：陈晶晶　张　颖

新生态住宅　绿色建筑完全指南
【美】丹尼尔·D·希拉　著
管振忠　薛一冰　译
赵　晖　审
*
中国建筑工业出版社出版、发行（北京西郊百万庄）
各地新华书店、建筑书店经销
北京嘉泰利德公司制版
北京中科印刷有限公司印刷
*
开本：787×1092毫米　1/16　印张：24¹⁄₂　字数：408千字
2016年7月第一版　　2016年7月第一次印刷
定价：88.00元
ISBN 978—7—112—19259—5
　　　　（28209）

向绿色建筑的先锋者们致敬！你们赋予这场绿色建筑运动以生命，立足于你们建设的每栋建筑，不知疲倦地投身于创造可持续未来的伟大事业中。

译者序

能源和环境已成为当今世界的两大主题之一，随着经济社会的不断发展，建筑业占社会终端能耗的比例已达到近三分之一，搞好建筑业的节能减排对于减少建设活动对环境的影响具有举足轻重的作用。生态建筑是按照减量化（Reduce）、再利用（Reuse）、循环（Recycle）、再生（Renewable）的原则发展起来的新型建筑形式，崇尚通过建筑设计手法和适宜技术的应用，达到建筑与人、与环境和谐共生的目的。推进生态建筑的发展是建设事业走科技含量高、经济效益好、资源消耗低、环境污染少、人力资源优势得到充分发挥的新型道路的重要举措，是搞好资源综合利用，建设节约型社会，发展循环经济的必然要求；是实现建设事业健康、协调、可持续发展的重大战略性工作；对全面建设小康社会进而实现现代化的宏伟目标，具有重大而深远的意义。

西方国家对生态建筑关注较早，通过多年的研究与实践，在生态建筑的设计手法、构造处理、技术措施和产品以及激励政策等方面取得了较多经验和成果，并进行了较为系统的总结。美国著名生态建筑师丹尼尔·D·希拉博士是一位全球环境问题专家，在科罗拉多大学和丹佛大学任教，是绿色建筑的积极倡导者，出版了多部著作，为生态建筑事业做出了巨大贡献，具有广泛的社会和行业影响力。

本书由山东建筑大学管振忠、薛一冰两位老师与部分教师和研究生在紧张的科研、教学工作中完成翻译并得以付梓成稿，本书译者长期从事绿色建筑与太阳能建筑利用的科研、设计与教学等工作，具有丰富的理论和实践经验。他们曾于 2008 年编译出版了希拉博士原著《The Solar House——Passive Heating and Cooling》（《太阳能建筑——被动式采暖与降温》）一书，在社会及业内收到了很好的效果。现结合我国绿色建筑发展现状及相关问题，又将希拉博士另一力作《The New Ecological Home—A Complete Guide to Green Building Options》译成中文，以满足广大读者的需求。我相信，本书的出版，必将为我国绿色建筑发展起到良好的推动作用。

山东省泰山学者特聘教授

山东建筑大学　教授　博士生导师

2015 年 5 月于济南

致 谢

　　在此谨对本书筹备过程中向我提供帮助的朋友们致以深深的谢意！感谢你们回答了我的提问、发给我相关资料，并且帮助我一直在正确的方向开展工作。非常感谢 Alex Wilson (Building Green)、David Johnston (What's Working)、Randy Udall (CORE)、David Adamson (EcoBuild)、Ron Judkoff (NREL)、Chuck Kutscher (NREL)、Brian Parsons (NREL)、Kristin Shewfelt (McStain Neighborhoods)、Doug Schwartz (Grayrock Commons Cohousing)、Debbie Behrens (Highline Crossing Cohousing)、Jay Scafe (Terra-Dome)、Brad Lancaster (Drylands Permaculture Institute)、Cedar Rose Guelberth (Building for Health Materials Center)、Greg Marsh (Gregory K. Marsh and Associates)、Doug Hargrave (SBIC)、John and Lynn Bower (The Healthy House Institute)、James Plagmann (Human Nature)、Doug Seiter (NREL)、Jennie Fairchild (P.A.L. Foundation)、Marcus von Skepsgardh (P.A.L. Foundation)、Samantha McDonald (Spatial Alchemy)、Charles Bolta (American Environmental Products)、Bill Eckert (Friendly Fire)、Niko Horster (Chelsea Green)、Bruce Brownell (Adirondack Alternate Energy)、Heinz Flurer (Biofire)、Vashek Berka (Bohemia International)、Doni Kiffmeyer、Kaki Hunter (OK OK OK Productions)。同时感谢那些无私地为本书提供照片的公司和个人。

　　感谢 Chelsea Green 的同事 Jim Schley，你在本书早期策划和读者分析方面给予了我重要的帮助；本书技术编辑 Alan Berolzheimer 为我的手稿进行了修订和润色；还有 Collette Fugere，协助本书通过了制作相关流程。

　　我欠两个儿子 Forrest 和 Skyler 很多人情，感谢你们对我的爱、父子感情以及时刻保持的幽默感，像以往一样，你们使我能够审视和把握重要事项。最后，感谢我的夫人 Linda，对你的耐心、理解、善良以及对我坚定不移的爱和支持致以最深的谢意！

目 录

引言
创造可持续的居住环境

住宅同水、食物和衣服一样是人类最基本的生活需求。良好的居住环境能够帮助我们抵抗严寒、雨雪和闷热等恶劣的气候环境。离开住房，人类难以甚至不可能在各种恶劣气候条件下生存。

但是，住房不仅仅起到抵御风雪和庇护的作用。它是家庭生活的核心，是我们与家人分享生活，共同成长，庆祝成功和总结失败的场所。在繁忙的现代生活中，住房给我们创造独处冷静沉思的机会。

住房同时也是一种可以获取巨大经济回报的金融投资。在许多国家，住房形成了相当大的产业。据美国商务部统计，近年来每年新建独栋和联排别墅与公寓价值估计达4000亿美元！同时，庞大的房地产业提供了数以十万计的就业机会，除了直接从业者，还包括木材经销商、伐木工、卡车司机和油漆工等周边产业就业。

然而，住房建设就像人类生存所需的其他要素开发一样，给地球资源带来了巨大的消耗。例如，美国每年建造的120万套住宅就消耗了大量的自然资源。在美国，85%的新建住房采用木框架的形式。同时，在建造过程中，门和地板等部件也会用到木材。因此，目前美国近六成的木材消耗于住房建设中（见图0-1（a）和（b））。

据美国住宅建筑协会统计，一套2200平方英尺的典型家庭住宅需要1.3万板英尺（board feet）①的木材：包括2×4s，2×6s及更大尺寸的木材。假如把建造一个平均规模住宅所需的木材头尾相接，其长度可达2.5英里。如果把美国每年建造的120万套住房所需的木材头

---

① board feet为北美地区远行的计量木材体积的单位，（长×宽×厚）1英尺×1英寸，约为0.00236m³。

图 0-1

(a) 和 (b) 住房建设需要大量的木材,从而导致了世界范围内森林的减少。每新建一座2000 平方英尺的住宅,需要砍伐约 1 英亩的森林。

来源:Dan Chiras

(a)

(b)

尾相接,其总长度可达 300 万英里,相当于地球和月球之间距离的 6.5 倍。

许多其他国家的住房建设同样依赖大量的木材。人类对木材的巨大需求导致了森林的过度砍伐。在许多地区,大量树木被采伐的同时缺少对环境的关注,出现了大面积没有树木的裸露土地。大规模砍伐森林导致了一系列的环境问题:水土流失、附近河流的污染、野生动物栖息地的消失以及物种灭绝(见图 0-2)。

虽然可以通过再植等措施对森林进行可持续的管理,但是随着人类对木材永不满足的需求导致木材产品产量继续增长,森林遭受毁灭性的砍伐仍然是一个持续恶化的全球性问题。

在美国,建造一栋平均规模的木框架住宅大约需要采伐1英亩的木材。而规模更大的住宅,则要采伐更多的木材。

图 0-2
建造住房所用的木材大量采伐自美国西北部太平洋沿岸地区，采伐过后留下空旷贫瘠的土地。
来源：Gerald and Buff Corsi；visuals Unlimited

　　住宅建设同时也会产生大量的建筑垃圾。例如，建造2200平方英尺的住房会带来3～7t的建筑垃圾。这些堆积如山的建筑垃圾通常会运往当地的垃圾处理站，这些建筑垃圾包含了各种各样的材料，如废弃的木材、纸板、塑料、玻璃等。在美国，住宅的新建、改建和拆除产生的固体废弃物占固体废弃物总量的25%～30%。

　　住宅的建设过程消耗了大量自然资源，产生了大量的建筑垃圾。然而，住房建成后的使用过程将对环境产生更为长久的影响。在日常生活中，我们需要大量的水、电、天然气、食品以及不计其数的其他生活用品。虽然我们每个人的需求看上去不是很多，但总量可观且增长迅速。据美国能源部统计，每年美国的住房耗能大约占矿物燃料消耗的1/5，这些能源用于采暖、制冷、照明、电器及一系列其他用途。据统计，每年二氧化碳排放量的1/5来自于这些矿物燃料的消耗，许多科学家认为，二氧化碳的大量排放使世界气候产生了急剧变化，严重影响了世界的经济发展和生态环境。热量的释放所形成的多变且恶劣的气候、海平面的上升、大洋暖流以及破纪录的高温，仅仅是地球气候变化的少数几个众所周知的后果（见图0-3）。

　　与此同时，传统住宅的日常运行还会产生其他形式的污染。在工业化国家，每天都会排出数十亿加仑的废水。这些含有粪便、有毒清洁剂和其他化学品的废水通过管道输送到农村或城市的污水处理系

住宅的建造和使用过程都对我们的地球造成了巨大的破坏。

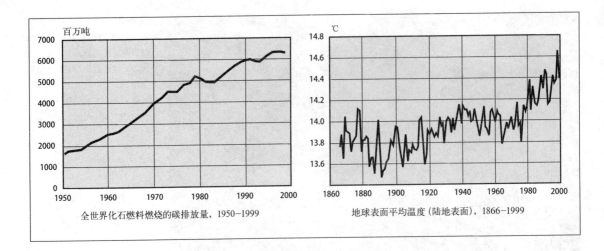

百万吨

7000
6000
5000
4000
3000
2000
1000
0

1950　1960　1970　1980　1990　2000

全世界化石燃料燃烧的碳排放量, 1950~1999

℃

14.8
14.6
14.4
14.2
14.0
13.8
13.6

1860　1880　1900　1920　1940　1960　1980　2000

地球表面平均温度 (陆地表面), 1866~1999

图 0-3

在过去的 100 年里, 矿物燃料的使用量不断增加, 造成了空气中二氧化碳含量提高了约 30%, 并导致全球平均气温小幅上升, 对全球气候、经济及数以百万的其他物种产生了巨大影响。

来源: Worldwatch Institude

我们呼吸的空气、喝的水、赖以生存的土壤、丰富生活的野生动物都在持续恶化。一些家庭甚至由于室内空气污染中毒。

统。传统模式下住宅的建设和使用显著地破坏了我们赖以生存的空气、水、土壤等生态环境, 并且危及我们身边的野生动物。一些建筑对周围环境的污染之重以至于需要通过专门设计来防止污染空气进入室内。废水通过处理池渗入地下, 其中部分污水有可能汇入并污染地下水源。虽然污水处理厂已去除了大部分有害物质, 然而每天还是会释放数百万加仑的潜在有害污染物进入地表水, 污染人类赖以获取饮用水的河流和湖泊。

除此之外, 还有许多不为人知的污染方式, 如酸雨、地下污水、合成化学品、放射性污染物以及发电厂的有毒污泥等, 严重污染了地球。此外, 研究人员发现, 住宅内的家具、装饰装修、油漆等许多建筑材料和产品, 都会向室内释放有毒物质。以甲醛为例, 甲醛存在于胶合板、定向刨花板、橱柜、家具、布料以及一系列其他产品之中, 能够引发许多健康问题。对于某些人, 甲醛能引起一种被称之为化学物质过敏症 (MCS) 的疾病使人身体感到虚弱。MCS 的受害者在靠近甲醛及其他一些化学物品时会觉得很不舒服。一些证据还表明, 甲醛可能导致癌症。然而, 甲醛仅仅是室内众多空气污染物中的一种。

每当提起与我们的生活朝夕相伴的住宅, 我们不会联想到诸如资源枯竭、环境污染、生态破坏、物种灭绝或室内空气污染之类的问题。我们通常只会认为住宅是舒适的庇护所, 不会给个人及环境带来危害。

总部设在新墨西哥州陶斯的建筑师 Michael Reynolds 认为我们的住宅还存在另一个问题: 对家用产品的极端依赖。现在的居住环境完全依赖于人工系统提供食品、水、能源及废物处理等，就像一个在重症监护病房的病人，与外界缺乏联系，从而造成了一系列问题。

我们每年会在住宅采暖、制冷、供电等方面花费数千美元。

对于个人来说，花费少量的经济和生态代价便能满足各类基本需求，但对于整个地球来说，总量的代价所造成的破坏是惊人的。

绿色建筑的兴起

今天，新一代的建筑师和建造者正致力于建造既能满足人类的需要，同时又能减少地球资源消耗、降低环境污染的新型住宅。依靠新的建设原则、设计手法和建筑技术，勇于创新的绿色建筑师尝试着创建能够维持地球生态系统的新型人类庇护所。

对环境有益的住宅通常被称为绿色住宅（见图 0-4），为了实现住宅的绿色化，采取了多种措施，使用了如工程木材、原生土等建筑材料，这些措施和材料有些是传统的，有些是尚不为人熟悉的新做法，它们都有一个共同点：相对于常规住宅，它们对环境的影响很小。这些新型住宅有利于提高人的健康水平，而且能够减少能源消耗及其他方面的投入。正如绿色建筑设计顾问 Dave Johnston 在他的《Building Green in a Black and White World》一书中所指出："绿色建筑是有目的地创造未来：为我们的子孙创造更美好的世界。"同样，绿色建筑对长期与我们生存在同一个地球的数以百万

绿色住宅可以采取多种形式，使用各种各样的建筑材料，它们都有一个共同点：相对于常规住宅，对环境的影响很小。

图 0-4

在住宅周围覆盖一层厚厚的秸秆作为保温墙，能够显著提高舒适度，减少木材使用，并且十分美观。作为生态住宅运动的一部分，使用秸秆仅仅是更经济、对环境影响更小的多种手段之一。

来源：Catherine Wanek

计的其他物种也是十分有益的。说到底，绿色建筑有益于人类健康、地球环境及人类经济。

绿色住宅已开始引起越来越多的关注。例如，自1999年起，美国住宅建筑协会（整个住宅行业的商会组织）每年定期举办绿色住宅会议，吸引了越来越多的承包商、建筑师和业主参加。此类活动得到了多方支持，今天，许多其他行业和学术组织也经常赞助类似的活动。

另一个令人鼓舞的现象是越来越多的专业零售商，如科罗拉多州的Planetary Solutions；得克萨斯州奥斯汀市的Eco-Wise和纽约市的环境建设用品商等企业也都参与到绿色建筑行业中。这些公司（在资源指南中列出）提供了丰富的绿色建材产品，例如用回收塑料瓶做成的地毯和无毒油漆等。建筑商可以通过他们找到需要的产品。

绿色建材产品正逐渐成为建筑行业的首要选择，这也许是更加令人鼓舞的事。占据美国木材市场10%份额的Home Depot公司承诺，他们提供的木材及相应产品均来自可持续开发的森林。此外，厂家还提供了高能效节能荧光灯等其他绿色节能建材产品，在一些地方还采用了太阳能发电系统。

绿色建筑计划的制订和实施成为又一个令人振奋的大事。在本书写作期间，美国已经有近20个州市制订了该计划以实现住宅的高能效以及建筑材料的健康环保。绿色建筑计划运动的发起人和领导者Austin提供了丰富的信息产品，为业主和建造者建造更加健康、安全、经济、环保的住宅提供了便利。

从每年建造几座住宅的小型承包商到每年开发成百上千住宅的大型开发商，许多建造者都已加入到追随这股潮流的行列。美国国内最大的两家商业住宅开发商Centex和U.S.Homes，都在尝试着绿色建筑的开发。正如新墨西哥州Sierra Custom Builders的Ron Jones所指出的："绿色住宅不再是不切实际的空想之物。"

军队甚至也加入了这一行列，负责军队建筑物及基础设施建造的美国海军工程师们也正式提出了绿色建筑方针。该方针指出，所有建筑和基础设施项目都要尽可能遵循可持续的原则和概念。海军建设工程指挥部针对工作人员组织可持续性建筑研讨会，并在许多项目中进行了绿色建筑的探索和实践。

进一步推动绿色建筑发展的是美国能源部与美国环境保护署共同

发起的绿色建筑计划，许多信贷机构也为建造或购买绿色节能住宅的人们提供了专项贷款（见第6章）。

显然，一场蓬勃的绿色建筑运动正在美国开展起来。但是，这项运动不仅限制在住宅领域，许多办公楼、大学、中小学校和政府大楼也在考虑采用绿色建材和绿色设计手法。

开展绿色建筑运动的不只是美国人，实际上，欧洲人开展这项运动比美国早得多，他们的建筑比美国最好的建筑能效更高，更节约资源。

什么是新生态住宅？

本书面向大众，包括购房者、业主、建筑师、承包商以及其他致力于建造可持续未来的人们。它包含了绿色建筑技术、建材、产品等方面大量最新、实用、可靠的资料，指导人们建造有益于环境的可持续住宅。

笔者的主要目的是全面介绍目前已经采用或在不久的将来即将采用的相关绿色建筑技术、材料、产品等方面的知识。笔者的用意并不是让读者成为绿色建筑专家，而是尽量提供大量详细的细节，使读者能全面了解绿色建筑设计的各个方面。期望读者读完本书后，对可持续建筑能够有一个较深刻的理解。

无论你是设计和建造住宅的专业人员或者是准备购买或建造住宅的普通市民，本书能提供有关安全、舒适且造价不高的住宅设计方面的资料，能够帮助读者建造环境友好、健康舒适、低运行费用的住宅。本书的建议和指导均来自笔者对实际经验的总结，可以帮助读者在建造过程中节省数千美元的费用，避免一些常见的问题。

本书的结构组织

本书分为三个部分。第一部分探讨绿色建筑的设计原则，并解释了为什么应该认真考虑建造或购买一座绿色住宅以及为什么住宅越绿色环保越好。第一部分最后讨论了绿色建筑设计中最基本的问题：选址和对基地的保护。

第二部分论述了绿色建筑的几个重要方面的知识，尤其是室内空气品质、绿色建材的选用、木材的有效利用、节约能源和人体工程学设计等方面。然后，探讨怎样运用这些策略，如何利用如稻草或原生土材料等常规和非常规的材料来建造满足我们需要的住宅。

第三部分侧重于利用可再生、环境友好的方式提供生活必需品：电力、供暖、制冷、供水、废物处理及食品。同时也探讨了如何建造高能效和环境友好的住宅。

　　在本书结尾，有一章列出其他相关书籍、视频、文章、供应商等资料的资源指南，以便读者获取更为深入的资料。还包括三个附录：附录 A 提供了本书建造绿色住宅的全面的建议指南；附录 B 和附录 C 介绍了 Earthcraft House 评价和绿色社区评分。在本书末尾列出了专业名词及其定义。

第一部分
建立框架

第1章

绿色建筑的起源与发展

　　试想一下，住宅能在夏天保持凉爽，在冬天保持温暖，而能耗仅为同类住宅的一小部分。同样试想一下，这类采用绿色建筑材料和产品的住宅还能显著减少对地球资源的索取，对环境影响极小。而且，在建设过程中产生的大部分边角料还能回收利用，制成如纸、园艺工具和板材等有用的产品，而不必丢弃到垃圾场。

　　这样的描述并不是一个空想，而是对由总部位于加利福尼亚州Concord的大型绿色建筑建造商 Centex Homes 最近建造的绿色住宅的描述。

　　Centex 公司的宣传册"21 世纪住宅计划"中这样描述绿色住宅："外表美观，更好的室内工作环境，舒适，经济，环境友好"。

　　Centex 公司与美国能源部、国家可再生能源实验室以及其他一些组织合作，希望在海湾地区建造更多类似的住宅。这些住宅将使用更多的绿色建材产品和技术，带来便利、舒适、美好的生活。例如，每栋住宅将安装光伏组件吸收太阳能进行发电；太阳能热水系统提供洗浴、洗漱所需的大部分生活热水，不足部分通过常规能源补充。这样，通过采用光伏和太阳能热水系统减少了常规能源的使用，大大削减了日常能源费用的开支。

　　Centex 公司"21 世纪住宅计划"的节能措施还包括应用夏季能阻止太阳辐射热量进入室内的高能效窗，以及在住宅屋顶使用含铝箔的屋面板，其在夏天能阻挡97%的太阳辐射热，从而在最热的季节将阁楼温度降低 30 ℉（约16℃，详见第 12 章），降低阁楼及生活空间的温度，提高住宅的舒适性水平。

"如果地球环境不能承受这些住宅，那建造这些住宅有什么用？"

Henry David
Thoreau

每年，Centex 公司每建造一座住宅就捐赠 35 美元给全国大自然保护协会，以帮助保护美国的濒危物种栖息地。每年的总捐赠额高达 130 万美元。

为了进一步降低从外部进入室内的太阳得热，还可以采取设置门廊、悬挑屋檐以及种植花架等措施。结合外墙隔热和高能效窗，这些被动式措施能够降低约 70% 的冷负荷。

Centex 公司的"21 世纪住宅计划"还采用了众多环境友好的建筑材料，其中包括 15% 来自热电厂废料处理设备回收粉煤灰制成的混凝土砖。这种做法减少了建造住宅所需的水泥量，降低了水泥生产对资源和环境的影响，详见第 4 章。

由废木材和水泥制成的坚实墙板能保证住宅 50 年的使用质量要求。这种墙板不怕水，能抵抗飓风袭击，不会腐烂，还有一定的防火和防白蚁的性能。同时，这种板材与油漆的结合性能优于传统的木板，可以减少维修费用，减少外部维护工作使业主有更多的闲暇时间享受生活。

"21 世纪住宅计划"中的外墙是由回收的新闻纸纤维制成的保温隔热墙。这种墙材质地密实，能抗霉菌和虫害，具有更好的气密性。同时，密封住宅围护结构中墙体、屋顶和窗户的缝隙少，可以减少空气的渗透量，实现良好的保温性能和气密性能，也有利于实现能源的高效利用，节省全年的能源费用。

为了进一步提高环境效益，"21 世纪住宅计划"中的住宅使用如刨花板之类的工程木材建造。工程木材制造商通过将木纤维胶合的方法制造板材（如定向刨花板等）和条形木料（如柱、梁、地板龙骨等）。工程木材对原材料的利用率更高，还能用直径较小的树木，减少了树木的砍伐量特别是对原始森林的采伐，保护了美国西北部太平洋沿岸及加拿大东南部地区正逐渐消失的温带雨林生态系统。

虽然工程木材有诸多优点，但其生产中必不可少的树脂含有甲醛。因此，在室内与空气直接接触的板材需进行密封处理，以防止甲醛污染室内空气。

为了进一步提高室内空气品质，住宅内使用不含甲醛的涂料和胶粘剂，从而使其 VOC 污染比家具等现成的木制产品还要低。此外，住宅良好的通风系统能去除室内污浊的空气，保证室内新鲜空气的供给。

Centex 公司的绿色住宅令人印象深刻之处还不仅是这些。如住宅内安装了紧凑型节能荧光灯，在夏天用吊扇降温以及使用节水型水龙头和马桶等。地面周边的保温处理保证了冬天温暖的室内温度，减少了夏季空调使用量。同时，墙体和地面有良好的蓄热性能，通过吸收释放热量降低室内温度波动（详见第11、12章）。使用地砖可避免像地毯地面那样会滋生病菌，也不会释放潜在的有毒化学物质。

虽然有更多的方式可以建造环境友好型的住宅，但是Centex公司开发的住宅做得很有创新意义。作为未来住宅的典范，给业主带来了许多直接的好处：更低的运行和维护费用，健康的建材，实现了能源自给。

当我们审视绿色建筑的设计原则和做法时，很重要的一点：绿色建筑是一个有机整体，有助于环境保护、人类健康和长期的经济效益，使建筑在社会、经济和环境方面更加可持续，更加以人为本。

绿色建筑的原则

在成年后的大部分时间中笔者一直试图寻找可以实现人类社会可持续发展的原理。笔者的研究始于20世纪80年代初，那时笔者从科罗拉多大学"退休"，在30岁时成为一名全职作家。

从那以后的十多年时间里，人类社会走的是不可持续的道路，到处都是这样的例子。在20世纪90年代初，笔者详细研究了几十个环境指标，总结了最近30年的发展趋势。这些研究表明，尽管有所改进，但是大部分指标的发展趋势都是不可持续的。

随着时间的推移，很显然我们现在面对的诸如全球空气污染和物种灭绝等棘手问题只是表现出来的症状，而我们目前依赖的食物、住房、饮水和能源等系统根本来说就是不可持续的。在相对富足和对环境满不在乎的时期设计的这些系统可以为我们提供我们想要的终端消费，同时这些系统正在迅速侵蚀着地球资源以满足日益增长的人口。但是，究竟是什么阻碍了社会的可持续发展呢？

几年后，笔者写了本有关环境的教科书，慢慢得出了答案。目前问题的核心是伴随着无节制经济活动的发展，人口无限制增长。人类在该领域缺乏克制源自于人类对地球生态系统变化和地球生命体系的漠视以及对这些系统对人类经济和健康重要性的理解。

人类一直认为资源是无限的，认为高科技能解决所有问题，这一误解导致了世界上工业国家能源极其浪费，能效很低。

在笔者看来，现在的问题还源于我们以线性的观点来对待世界。企业提取资源，做成产品，然后送往市场销往各地。当产品使用寿命结束或过时后，往往被扔到垃圾箱。最后，在短时间内送到垃圾填埋场。

很少有废物回收，几乎没有产品是由回收的废物制成。正如前世界银行经济学家 Hermany Daly 指出："大多数企业对待地球环境都是从纯直接盈利角度出发的。"

还有更多不可持续发展的例子。

笔者的研究表明，现在的问题还产生于我们已经严重依赖矿物燃料。如今，矿物燃料是现代社会的生命线。我们对矿物燃料的依赖产生了一大堆问题，从城市空气污染到大面积酸雨到日益严重的全球气候变化。尽管开发可再生能源可以解决这些问题，但是我们几乎没有真正大力支持风能、太阳能等可再生能源。

此外，为了追逐舒适和便利生活，人类热衷于非持续性发展的资源管理模式。我们不断开采着自然资源，拿走我们想要的。在笔者看来，人类对资源可持续管理的缺乏源自于人类自以为地球资源十分充足并把自己凌驾于其他物种之上。当代社会的口号就是"总是有更多的，一切都为我们所有"。

不过在大自然中，笔者发现了不同的存在模式。例如在自然生态系统中，保护资源是一种自然法则。生物体通常能高效利用其所需。你不会在你家后院找到一个知更鸟巢后，在旁边又发现一个。在大自然中，一种生物的废弃物往往是另一种生物的食物。没有什么是真正被浪费的。在自然生态系统中，对资源的保护和高效利用是生物生存的关键。但是一旦有资源浪费的现象发生，自然界还有高效的回收系统，其他的生物便能受益。

笔者发现，自然系统能够维持自身运转还源自于它所依赖的是土壤、水、空气、植物和阳光等可再生资源。这些资源本质上是生态系统的原材料。它们不断循环更新，维持生命的延续。显然，如果人类所依赖的是不断循环再生的资源，生存便有了保障。笔者还发现，自然界生物不同于人类，它们受到自然机制的制约。自然界的制衡控制了生物对资源的需求，生物数量被限制在一定范围内。

对照人与自然，笔者发现自然机制有能力修复生命体对地球造成的破坏。因为这种自我修复的能力，自然得以保存。但是人类人定胜天的想法使得我们逐渐使自然失去了这一能力。

尽管自然系统并不十分理想，但是对人类来说还是有很多秘密。这曾经让笔者非常奇怪，但正如一个聪明的学生在研究报告中写到的："毕竟，自然掌握着生态系统的可持续性。"她经过亿万年的尝试和总结，已经建立了自己的法则，正如我们现在所尝试的。

所有的理论引起了笔者的思考：像保护、再循环、再生资源利用、可持续收获、自我修复和生物数量控制之类的自然生态系统可持续性原则能否被用来反思和重组人类社会？我们能否利用这些原则为人类社会创造可持续的未来？

这些问题引导笔者进行了长期的研究，并出版了一本书，主题是向自然学习，在地球上可持续生存。该书于 1992 年出版，这本书几乎被所有人忽视。然而，笔者还是坚持不懈地出版更多有关生态可持续原则对人类社会发展的重要性的读物。这些工作同样被充耳不闻。

然而，1995 年笔者有机会在一座新建住宅中应用这些原则，得以实践自己的研究：诸如保护、再循环、再生资源利用及自我修复等原则能否真正应用到普通住宅中？这一系列措施能否建造一座可持续的住宅？

在开始设计住宅时，笔者对应这些策略进行住宅的设计，选用建材及技术。令人高兴的是，这些策略都起到了作用。

随着不断探索，笔者的研究继续深入。例如，绿色建筑不仅仅是采用策略实现资源保护和防止环境污染，还包括人的因素必须考虑在内。其中一个被忽视的便是创造健康的室内环境，再就是要采取经济适用的绿色建筑策略。

随着对绿色建筑理解的加深，笔者发现，除了保护环境、提高人类健康与舒适度、经济适用等设计标准，绿色建筑还面临更多的挑战。比如需要努力发展丰富的社会生活，加强邻里之间相互交流，促进友谊与合作的机会，同时确保有一定程度的隐私。

根据这些方面得出了以下的一系列指导原则。笔者鼓励读者应用它们，也可以根据实际工程做出修改，增加自己的想法。

原则 1：资源保护——高效地利用你所需要的

资源保护是一种常识，这里套用《Green Building in a Black and white World》作者 David Johnston 的一段话。他认为："我们用的越多，给子孙后代留下的就越少。相反，我们越是高效地利用资源，给子孙后代及其他物种留下的资源就越多。"

资源保护的关键是取我所需，确保剩下的资源能够满足后代人的需要。保护原则遵循以下两点：一是节约，物尽其用；二是高效，最

在自然生态系统中，资源保护是总的准则。生物体高效利用其所需。不可持续的现象很少发生。

资源保护是一种常识。我们用的越多，给子孙后代留下的就越少。

David Johnston
《Green Building in a Black and white World》

大程度地利用资源，避免浪费。在建造住宅过程中，有许多方法可以实现这几点。

旧楼翻新。改造现有住宅实现绿色建筑的目标是典型的资源保护和可持续的建造形式。虽然翻修费用比较昂贵，但其充分利用了土地、地基、墙体等资源。这样就不必浪费土地建造住宅；也不必砍伐树木。如果建设中的废料能被回收利用则符合更为长久的利益。合适的木板还能用来重复建设。如果读者对绿色建筑感兴趣，不妨考虑改造现有建筑，而不是推倒重来。

建造小型住宅。这是最容易被忽视的一种保护原则。建造小型紧凑的住宅，可以大大降低资源的消耗和对环境的影响。

而且，建造小型住宅只需要较少的木材、水泥、水管、瓷砖、家具等建材，同时减少了废料，降低了维护和运行费用。详见第5章。

通过设计减少木材使用。精心的设计和施工能够减少对资源的需求。如今，大部分住宅被过度设计，也就是说，使用过多的建材，尤其是木材，而不是根据住宅的结构按需使用。此外，因为大部分建材尺寸是以2英尺的长度递增，因此，以2英尺的模数设计也有助于减少木材消耗。详见第5章。

设计和建造高能效住宅。在住宅建造过程中，除了节省木材、混凝土等建筑材料外，绿色建设者还需关注节约能源。因为能源就是金钱，而且，矿物燃料生产能源的过程是现在主要环境问题的根源。

节约能源的关键是做好外墙、地面和门窗的保温隔热处理。这些简单、划算的措施有助于减少冬季采暖费用，使住宅更为舒适，减少冬季采暖所需的大量石油、天然气、电力等资源供应，为业主每年节省大量资金。此外，高效的保温措施还能利用太阳能自然地加热住宅。不要忘了，保温隔热处理还能在夏季帮助住宅降温，减少制冷费用，在夏季气候炎热地区，制冷费用会超过冬季采暖费用（图1-1）。

密封缝隙可以减少空气渗透，同样也能降低燃料消耗，提高住宅舒适度（见图1-2）。

如今是过度照明的时代，通过高效的照明措施限制房间内的过度照明能够节省大量能源，非常有益。在墙上多设开关，只在需要的地方开灯能减少用电量。用紧凑型荧光灯、LED灯等高能效光源提供照明同样能减少用电量。紧凑型荧光灯比起相同采光标准的普通灯泡能节省约75%的能源。在这个过程中，还减少了热量的散发，降低了制冷需求。

图 1—1
大体量住宅不一定好。小型住宅成本较低,使用较少的资源,并占据较少的土地。
来源:Dan Chiras

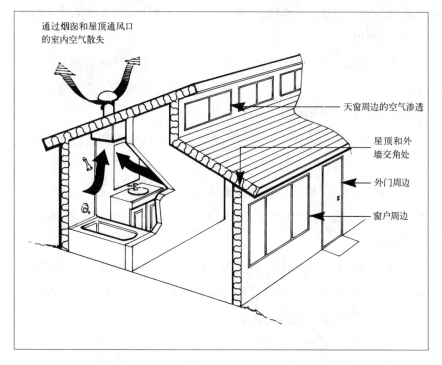

通过烟囱和屋顶通风口的室内空气散失

天窗周边的空气渗透

屋顶和外墙交角处

外门周边

窗户周边

图 1—2
室外空气主要通过外墙、地基、屋顶及窗户进入住宅。
来源:David Smith(摘自《The Solar House》, D. Chiras).

设计节水型住宅。 在北美的很多地区,供水难以满足需求,采取定额用水已成为越来越普遍的现象。由于全球变暖,许多气象学家预测在今后几年里会出现更为严重的水资源短缺。

许多地方对用水量作了限制,但是这并不是保护水资源的唯一措施。水资源的缺乏要求许多领域应采取节水措施,但节约用水的目的不仅仅是为了保护人类水源。水对于生活在湖泊、河流和小溪中的

随着水资源的日益短缺和人口数量的日益膨胀,提高水资源利用率已经成为优先保护措施。

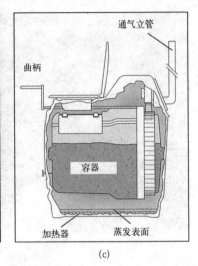

(a) (b) (c)

通气立管

曲柄

容器

加热器 蒸发表面

图 1-3

无水厕所产生的气味很小，还可将排泄物处理转换成有机材料——腐殖质。(a) 加拿大生产的 Sun-Mar Excel NE 是一套紧凑、独立的系统。排泄物进入鼓状桶中经过快速分解后进入一个托盘。(b) Sun-Mar Centrex 2000 是一套中央处理系统，由一个马桶和一个底部的大容器组成。(c) 堆肥厕所的横断面。

考虑材料和产品的全部价值

除了物化能以外，建造者们应该考虑建筑中材料和产品的全部价值。这种价值是建筑材料或产品整个使用周期中所体现的社会、经济和环境价值。

许多物种是至关重要的，是物种生存的基本保障。节水除了可以减少水的供应外，还能减少能耗，也减少了用于净化住宅用水的化学物质（如氯）的用量。

高效淋浴喷头、节水马桶、节水洗碗机、节水洗衣机都是绿色住宅中的基本设备。还有一些不需要水的设备，如堆肥厕所，随着水资源的匮乏，将会更加普及（见图 1-3）。

在室外，节约用水的措施同样重要。例如在凤凰城、图森和丹佛，住宅全年用水量的大部分都被用于浇灌草坪。在干旱气候区，种植抗旱草坪和其他抗旱植物能减少浇灌用水量，同样也能营造出美丽的景观。我们将在第 14 章和第 15 章探讨这些问题及其他更加详细的水资源保护措施。

使用低能耗材料。从广义上说，住宅能耗并不只是通过管道或电缆进入建筑的能源，有相当数量的能源消耗在所用材料的生产和运输等过程中，也就是所谓的物化能。

物化能指的是生产一种产品所需要的能源，包括收集、开采、加工原材料，直到最终制造出产品的过程中所消耗的能源，还包括原材料运输到工业企业和将成品运送到零售商店及用户手中所需的能源。

建筑材料物化能存在明显的差异（见表 1-1），例如钢和铝比木头有更高的物化能，因为矿石的开采和加工过程比砍树和加工木材需要更多的能量。因此，一栋木结构建筑与一栋钢结构建筑相比具有更低的物化能。

采用当地的建筑材料是一种降低原材料物化能的简单方法，因为

材料	物化能 (MJ/kg)
稻草捆	0.24
土坯砖（传统的泥和稻草）	0.47
混凝土块	0.94
混凝土（现浇）	1.0 ~ 1.6
混凝土（预制）	2.0
粗锯窑干阔叶树木材	2.0
软木干燥木材成品	2.5
绝缘纤维	3.3
石膏板	6.1
水泥	7 ~ 8
胶合板	10.4
玻璃纤维保温板	30.3
钢（纯的）	32
地毯（尼龙）	148

资料来源：Andrew Alcom。建筑材料的物化能系数。新西兰惠灵顿：建筑性能研究中心，1998年。

当地采购比远距离供货需要更少的能量。如果你住在美国犹他州的盐湖城，你既可以选择从佐治亚州购买可循环利用的砖瓦，也可以选择当地的黏土砖，从蕴含能源的角度出发，购买本地生产的砖瓦反而可能是更好的选择。

为效率而设计。 任何房屋的设计从根本上说就是为了提高人们的效率。对居住者来说他们迁入的房子效率如何？交通流量是否令人满意？从一个地方去另一个地方的方便程度如何？通往一个高使用频率的区域的入口是否被各种设施阻塞？每次你想吃点东西是否要下楼梯？出口和柜橱的位置是否合理？是否需要爬上梯子才能拿到柜橱里的食物？厨房的工作台是否对所有的居住者都合适？虽然这些设计在绿色建筑中往往并不是首要考虑的问题，但是它们同样是设计中非常重要的组成部分。

虽然这些问题看起来并不是绿色建筑的设计范畴，但它们是实现住宅舒适性和实用性的重要保障。高效的设计使生活更加轻松、健康，减少使用过程中不必要的麻烦。第7章将会更深入地讨论这个问题。

紧凑型建设。 Will Rogers 再次建议："不要再购买土地了"，他

除了在新建住宅中采用低能耗的建筑材料外，在对既有住宅的改建中，采购当地现有的材料也有利于支持地方经济。此外，从当地生产商购买材料也可以减少交通运输造成的污染。

是对的。随着城市的扩张和土地价格飞涨，城市、乡镇和开发商正在寻找新途径来提高土地等资源的利用率，紧凑型建设就是有效途径之一。紧凑型建设的含义即为填补，也就是把空置、遗弃甚至退化的土地在现有的城市和乡镇中得到更好的利用。紧凑型建设也力求使新的建设更加集中。

为了减少新的住房建设，规划力求把更多的人安排在有限的土地基础上。用创造性的设计避免人们感觉拥挤。事实上，通过精心设计，紧凑型住宅同样能够满足人们对于舒适、便利的要求，这一点并不比低密度住区差多少。城市周围和城镇紧凑的发展也使公共交通更加方便，从而降低了对私家车的依赖，并为房主降低了诸如防火、供水、供电等方面的公共设施费用，避免了重复浪费，有利于保护自然资源。

另外还有几种紧凑型建设理念，如联合房屋、生态村落、传统村庄和集群建设等，辅助以政策导引，可以让有限的土地轻松容纳更多的人，也有助于保护农田、空地和野生动物栖息地。

联合房屋、生态村落和新城镇等紧凑型建设形式，减少了住宅占用耕地量，也有助于在社区建立联系紧密的邻里关系，让人们分享生活并相互支持，为儿童和成年人创造一个更加健康的社会和心理环境（见附录 C）。

原则 2：回收利用和堆肥

自 1960 年代末以来，美国政府一直鼓励政府机构和环保团体对各类材料进行回收，今天，人们已经接受了这种既环保又符合成本效益的做法，有助于建立一个更光明的未来。

但在 20 世纪 80 年代，回收运动出现了变化，倡导者发现仅仅依靠回收是不够的。为了达到更好的效果，他们总结经验教训，提出需要利用回收的废物制造商品，但是，我们需要切实可行的市场，也就是说，有谁愿意购买由回收再生材料生产的商品。

按照这一意见，联邦政府和许多州政府的采购计划鼓励购买由再生材料生产的商品。许多个人和企业积极响应，增加回收材料制成的商品的采购量。20 世纪 80 年代末到 90 年代初，建筑师、开发商和建材商开始寻求将回收再生材料制作成建筑材料。

多年来，建筑材料制造商利用"废物"生产了大量的产品，结束了以往以填埋或焚烧处理垃圾的历史。从用废旧汽车轮胎制造的门垫到由回收的新闻纸制造的纤维轻型墙板和顶棚，从由回收塑料制造的后院地板到由回收的汽车玻璃制造的厨房木纹瓷砖，几乎房子的每一个组成部分都可由回收材料制造。不必担心由回收材料制成的建材的结构强度和质量。大多数材料性能很好，与常规的材料相比，更具价格优势。

由回收材料制成的建材对建造房屋是有益的，从朋友、邻居家或在建筑材料商店回收的木材、装饰物品、支架和五金件等都可以用到我们的家饰中。我家的门是由多次回收的材料制成的，孩子们的阁楼楼梯是用酒仓库楼梯回收后制成的，经过打磨和刷漆使它们完好如新。我们还利用回收的谷仓木材制成了柜子和梳妆台（见图1-4）。它需要重新打磨和上色，事实证明它们的利用价值是相当可观的。

在绿色建筑运动中，工业国家应将废料转化为一笔巨大的财富。令人难以置信的是现在可供生产高品质的建筑材料的废料有：汽车轮胎、秸秆、瓶子、石膏板、服装、报纸、纸板、塑料牛奶壶、盥洗器皿等其他类似的废料。

甚至有些人完全用废料建造房屋。例如，我家的墙壁是用800个废旧汽车轮胎建成的。往轮胎里装上泥土再用水泥砌筑起来。我们还安装了废旧塑料瓶再生后制造的地毯。在科罗拉多州的弗雷泽，富梅塞尔也有一栋由废纸和废塑料建成的房屋（见第4章）。华盛顿州的斯波坎颁布了一项禁令，禁止将麦收后剩余的麦秆在田间焚烧，这一措施可有效减少空气污染并且每年可产生近30000t具有相当实用性的稻草包。同时，产生了一项极具发展前景的项目——利用标准尺寸

> *既然有那么多的可回收建材，业主完全可以用这些材料建造整栋房子。*

建筑备注

当使用回收材料时，一定要对其安全和节能性能进行评估。如果旧的窗户漏水或其无法再刷油漆那就没有什么价值可言了。

图1-4
笔者家里用废旧谷仓木材制成的柜子和梳妆台，从一个建于150年前的谷仓回收的木材重新打磨光滑并涂上油漆，整修上面的污点使其与环境吻合，效果出奇的好。
来源：Dan Chiras

的稻草包来建造住宅，这种住宅与本地区的其他新建住宅相比具有较高的性价比。

第4章介绍了众多利用可循环废弃物和其他环保材料生产的绿色建筑产品。可以利用资源指南提供的信息找到这些产品。第9章介绍了利用天然材料的建造技术，如稻草包建筑和夯土建筑。

可循环材料在绿色建筑中的应用是一项重大进步，但它仅仅是绿色建筑这一综合体系中的一部分。在住宅的建造和改建过程中，产生的废弃物有将近25%～30%被掩埋。在可持续建筑工业的发展过程中，废弃物的循环利用是可持续发展的另一重要举措。这不仅可以减少掩埋建筑垃圾的负担，同时也可以保护自然环境，废弃物的再利用作为新型建筑工业的重要支撑，能够有效降低建造费用。

建筑师与建造商应基于易用、可回收的原则来选择建造材料。例如，铁质屋顶较沥青屋面板更易于回收。当铁质屋顶需要替换时，可以将其回收再造重新用作其他住宅的屋顶。

在设计建造住宅时要设一个回收中心，应保证其有充足的尺寸以容纳住宅在建造过程中产生的废弃物，也便于日后的清洁。另外，不要忘记设置室外堆肥回收箱用以回收有机废弃物。众多生产商以塑料为原料制造堆肥回收箱，这种回收箱可以用来堆积厨房和院落中排出的有机废弃物。混合着污垢和水的废弃物不断干燥，这些废弃物很快能够分解，只有少数的气体挥发，其产生的丰富有机物可以用来改善蔬菜园、花圃和草坪的土壤质量。厨余垃圾的堆积可以降低每天有机物的排放数量，减少化粪池与污水处理厂的运行负荷。另外，对院落废弃物的分类堆积处理可以减少废弃物的掩埋数量，并且减少因运输和掩埋废弃物所需要耗费的能源。

最后，住宅可以直接回收来自水槽、雨水管和洗衣机产生的可利用废水。通过安全而有效的技术可对盥洗室产生的废水进行回收利用。这些内容将会在第14章中进行论述。

原则3：利用可再生资源

对自然资源的利用主要应依靠可再生资源，如阳光、土壤、水和植物。形成鲜明对比的是，人类经济的发展与稳定很大程度上依赖不可再生资源的投入，如煤、石油、天然气、钢铁、铝和其他许多金属。两种资源的利用方式有许多不同之处，对建筑业的发展具有很大的影响。不可再生资源不能通过自然途径再生，因此，供应量受到限制。特别是在人口和经济持续增长的今天，对不可再生资源的依赖处于不稳定状态。

与此相反，可再生资源（如树木和土壤）可通过自然过程更新产生。如果管理利用合理，这些生物质的可再生资源可以稳定地为人类社会提供包括建筑材料在内的无限量的资源供应。但是如果管理利用不善，这些可再生资源也会同不可再生资源一样被耗尽。

有些可再生能源是不会耗尽的，如风能和太阳能，世界上的大部分地区都不必担心这种可再生能源的供应。而且，这些可再生能源潜在的供应量已经远远超过了不可再生能源的潜在供应量。Robert L. San Martin 在为美国能源部做的一项研究中对以上两种类型能源进行了比较，发现有许多令人吃惊的地方。他发现：利用现有技术从可再生资源中获得的能源总量是美国现有存储化石燃料总量的 10 倍。"这是正确的，每年可再生资源的潜在供应量是现有的有限化石燃料供应量的 10 倍以上。"

通过绿色建筑所采用的技术可以获得大量的可再生能源，特别是太阳能提供的热能和电力，以及风能产生的电力。幸运的是，业主可以通过多种途径利用可再生能源，如购买来自当地的绿色电力、在屋顶安装光电板或在自家后院安装风力发电设备。国家通过采取各种补助等，激励措施鼓励安装可再生能源的利用设备，这大大降低了利用可再生能源的门槛。在许多地区，绿色住宅利用太阳能和自然能源采暖降温也是一种很好的选择，并且不会增加过多的投入，而且在住宅的使用年限内可节省数万美元的能源支出（见图 1-5）。在第 11、12 和 13 章中将会有更多关于可再生能源的论述。

原则 4：促进环境的修复和可持续性的资源管理

实际上，生物体和生态系统拥有许多自我修复损伤的机制。这些机制对于生命体的可持续性是相当重要的。要想建立一个既繁荣又可持续的未来，人类必须在地球生态系统的恢复过程中扮演重要的角色，例如必须恢复因管理不善而毁坏多年的耕地和森林。这些措施是十分重要而且非常必要的，只有这样才能从容面对因世界人口增长造成的对自然资源需求的过度增加，尤其是建筑材料。除了确保可持续性能源的供应之外，恢复遭受破坏的地貌，对于环境功能的恢复也是十分

无限的能源供应量需求对于有限的能源体系来说是不可能的。
E.F.Schumacher,
《Small Is Beautiful》

可再生资源（如树木和土壤）可通过自然过程更新产生。如果管理利用合理，这些生物质的可再生资源可以为人类社会稳定地提供无限量的包括建筑材料在内的资源供应。但如果管理利用不善，这些可再生资源也会同不可再生资源一样被耗尽。

图 1-5

被动式太阳能住宅依靠南向窗户接收冬季太阳低角度的辐射。阳光加热室内空间，同时热量被储存在像瓷砖和混凝土板这样的蓄热体内。在夜晚或长期多云天气的时间段内，储存在蓄热体中的热量释放到室内，从而建立冬季舒适的室内居住环境，同时节省了大量经济支出。

来源：Dan Chiras

恢复生态上已经遭受破坏的地貌并不仅仅是一项环境改良工程，它对于人类的长期生存也十分必要。对地球生态环境的保护从根本上来说也是人类的自我保护形式之一。

重要的，例如抵抗洪水、净化空气、控制水污染、制造氧气和控制有害物质。

无论是建造商还是业主都应持积极的态度来恢复自然系统。例如，恢复建筑用地周围的自然物种，种植本土植物以加快恢复速度，加速野生动物的繁衍生息。与外来物种相比，本地自然物种能够更好地适应当地的土壤情况、温度和降雨量，除此之外，本地物种能够有效减少灌溉用水及肥料的需求。在第 15 章中将对自然物种的再种植进行更加透彻的分析与讨论。

同时也可以考虑对住宅进行掩土设计（在保证室内采光和舒适度的同时，可以将住宅的大部分区域进行掩埋），或者建造植被屋顶——用土壤和植被覆盖屋顶。只要正确建造并保证良好的密封性就能够避免渗漏，而且植被屋顶可以在建筑的使用周期内为其提供有效的保护，也能对因建筑的建造所造成的植被破坏进行补偿。在第 10 章中将对掩土建筑和植被屋顶的众多细节进行详细论述。

提高可持续资源利用率的另外一种方法就是采用经过认定由具有健全的木材管理体系和复种政策的公司砍伐的木材。在美国，这种木材供应商的数量在急剧增长，例如 Home Depot（经营全世界可砍伐木材的 10%）承诺在树木生长时间内种植比售出木材更多的树木。而其主要竞争对手 Lowes 则不得不保证他们提供的木材来自储备于可持续管理的森林中的树木细节论述见第 5 章。

原则 5：营造舒适健康的绿色住宅

到目前为止，大多数的讨论都集中在改善住宅外部环境，也就是减少污染和生态破坏方面。对地球的保护是人类自我改善的形式之一，努力营造安全、健康的生活空间的绿色建筑对人类具有实实在在的好处。今天，许多绿色建筑使用的材料和技术，都要确保无毒，符合健康标准。健康的住宅还要冬暖夏凉、屏蔽来自外部的噪声、具有良好的采光以及从室内外看起来都身心愉悦的视觉效果。

建造和布置住宅时要免受化学毒物的污染。正如将在第 3 章中讨论的，许多油漆、污渍都可能含有潜在的有毒物质，如甲醛、汞、挥发性有机化合物（VOCs）。这些材料在使用时，有毒气体的释放要经过很长的时间。胶合板、刨花板、玻璃纤维、胶水、胶粘剂、地毯、窗帘和家具也会释放有毒化学气体，导致住宅室内空气的长期污染，甚至数年后还无法完全消除其影响。此外，室内燃烧设备，如炉具和热水器等，也会释放一些有害气体如一氧化碳和二氧化氮等。

如今，许多公司都在生产无毒、无污染建筑产品。第 4 章将讨论健康的住宅所需要的建筑产品；第 6 章介绍了有利于室内空气质量的室内用品；第 11 章介绍了采暖系统的选择，如何对地球环境更加有利，并有助于实现健康的室内空气。

住宅要易于操作和维护。绿色住宅的另一个特点是应该易于操作和维护，并减少维修量和保养工作量。被动式太阳能住宅是体现这一原则很好的例子。

被动式太阳能采暖是一种手段，为住宅、办公室、商店等一系列其他建筑物提供室内供热。我们可以把它看成是一种随太阳变化的采暖系统。被动式太阳能采暖依靠南向的窗口（在北半球），让阳光进入室内进行供热和储能，主要依靠蓄热材料和窗帘等吸热体保持热量。由于没有电动机、风机、锅炉和火炉，被动式太阳能采暖不仅操作简便而且运行可靠，几乎无需维修和保养。该系统和房屋一样耐用，只要有阳光便可随时提供采暖。我认为被动式太阳能采暖是我们发明的供热系统中维护量最低的和操作最简单的（我们将在第 11 章和第 12 章中讨论被动式太阳能采暖和夏季被动制冷）。

采用石膏和泥灰粉刷外墙也能降低维护成本。正如在第 9 章中讨论的，许多天然建筑材料如石头和土坯可以就地取材，耐用性好且维护量低。天然植被可以节省景观维护时间，并且无需杀虫剂的保护。

另一种方式，重力雨水收集系统，可从屋顶采集雨水浇灌草坪和植物，比常规水系统需要少得多的水源和电能，在第14章将作详细介绍。

把住宅设计得简单和适用。创造一个安全、健康的住宅有必要采取措施确保健康的成年人和儿童以及那些使用轮椅或拐杖的人士都有适用的通道。不要忘记，在我们一生中有许多人将可能经历车祸等遭遇而受伤，因此，我们的住宅在操作性方面应该予以充分考虑。如果这些措施放在第一位，一旦遇到此类情况，业主便可以节省大量的资源、时间和金钱。

住宅应具有更大的生长性和灵活性，举个例子，当孩子长大后离开家庭，房子可以很容易地进行改造，例如通过转换上层房间便于出租。住宅的适用性也意味着家居设计的创新，例如厨房柜台设计成可调节式，可能会更便于儿童使用。我们将在第7章探讨所有这些问题。

创建高品质、耐久的住宅。经久耐用且便宜的产品几乎对环境都有利。例如质量良好的手推车可以使用20年，它的物化能是使用寿命为5年的手推车的1/5。同样，使用200年的房屋使用的能量只是设计寿命为50年的住宅的1/4，房屋耐用性的提高还降低了维修费用，减少了维修建筑所使用的资源量，从而也节省了资金。第5章将对此进行更为深入的讨论。

通过共同住宅和生态村落创建社区。人际交往和环境友好在未来住宅中是至关重要的。出于这个原因，许多人已转向共同住宅、生态村落等新的住区。

一个共同住宅社区通常由单户住宅或公寓共同构成一块紧凑的有机的住区，共同住宅社区产生了许多社会、经济和环境效益，而且有利于邻里关系的建立，例如，居民经常在同一个住宅分享食物、聚在一起聊天。通常可用于接待来访者，洗衣机是公用的。

共同住宅社区的旅馆房客可以在建筑面积和公共设施数量减少的情况下获得同样的舒适度，从而使居民受益，例如，对于住宅来说，每套个人住房都要建小厨房，而在共同住宅中他们只需一个大厨房即可满足要求。如果你要举办一次聚会，这样一个大的厨房就更能满足需要了。

许多共同住宅社区还设有社区花园和一部分作为儿童和野生动物的开放空间的预留地。有些思维比较超前的社区往往还会尝试设备共享。例如，科罗拉多州戈尔登和谐村，27 部割草机即可满足整个社区的需要。

一个生态村通常由 2 ~ 5 个共同住宅社区组成，很容易通过步行或骑自行车满足物业和商业服务。城市地区还能够组织自己的小的生态村落。每个生态村都是一个自给自足的生活环境，力求在创建社区的同时实现环境友好。

一种新型城镇或新型传统村，力求模仿早些时候的城镇。建于 20 世纪 80 年代初的佛罗里达州沿墨西哥湾海岸的海边住区就是一个例子。在海边有房屋和小路。它是退休人士和像笔者这样在家里工作，又希望能够方便地到达餐馆、杂货铺和购物中心的人的理想住处。

我们和绿色建筑

至此，我们对绿色建筑的优点应该很清楚了。它们可以使我们的地球更加健康，使居住者的身心更加健康。绿色建筑高质量的施工和耐用性虽然可能在前期花费较多，但长期算来还是经济的。

对于那些关心自己的健康和未来，关心地球健康和孩子们的未来，以及关心地球数以百万计的物种的人们，绿色建筑是实现这个目标的一个有效途径。但是，你会为此出资吗？

转售价值：建造绿色住宅会陷入财务困境吗？

购买、建造或改建住宅对于家庭来说是一个很大的决策，很可能是有些人一生中最大的财务决策，涉及的投资往往达几十万美元（尤其考虑 30 年期抵押贷款的因素）。虽然我们买房的主要目的是自住，但任何时候都不可避免地存在一个问题需要注意：转售。

转售过程中在买方和卖方的头脑中有两个问题，首先，房子的卖点是什么？再就是如何能卖一个好价钱？换言之，人们在绿色建筑中获得的好处和额外支付的价格是否平衡。

有关这两个问题常常作为转售在买方和建造者的头脑中出现。首

可持续设计与施工的原则综述

- 小户型住宅
- 使房屋更有效率
- 使用回收和可回收的材料
- 回收堆肥所有废物
- 在家里建立回收中心
- 使用可再生资源，特别是可再生能源
- 促进环境恢复
- 创建安全、健康的居住空间
- 使房屋更容易操作和维护
- 住宅的无障碍设计
- 建设能负担得起的绿色住宅
- 提高耐久性
- 建立生态社区

绿色建筑未来的命运在很大程度上取决于其建造、装修和运行的经济性。建设一栋环保住宅往往被认为是一项昂贵的投资，从而影响了绿色建筑的成本竞争力。以笔者住宅为例，尽管在一些项目上超了预算，但总成本仅为每平方英尺 5 ~ 15 美元，比本地其他同规模的房子还便宜，而且其运行成本低得多。当然，这并不是说绿色住宅的建设和装修各个方面都便宜。很多环保产品如超高效 SunFrost 冰箱和紧凑型荧光灯管，价格比较昂贵，然而，同许多其他的绿色建筑产品相比，回收材料制成的瓷砖、地毯、地垫、隔热垫等产品的价格与同类产品相同甚至更低。

笔者接触过的绿色建筑，投资增加额多为零到百分之三点几。但请记住，投资在绿色产品和材料上，最终能够带来更好的舒适性，同时节省运行费用。增设保温层可使房屋冬暖夏凉，不仅使生活空间更舒适，还能大幅度降低燃料费用，终生节省数万美元的采暖制冷费用。

此外，由于房子具有良好的保温，其需要的供热量和制冷量就少，这样的房子只需安装一个小容量的炉子，从而节省了初投资。安装节水马桶和淋浴喷头可以降低用水量，减少抽取井水的电力和房屋化粪池系统设备的运行费用。短期上看这些措施比通常的装置更昂贵，但长期来看是省钱的。

最好的办法来说：
"我关心环境问题"，并
显示个人意愿，体现个
人信念而不是仅仅停留
在口头上的做法就是为
自己建造一栋绿色住宅。

先，我能把房子卖出去吗？第二，我能否卖一个好价钱？换言之，买家是否愿意购买并支付合理的价格？

根据 David Johnston 的建议：绿色住宅健康、舒适并对保护自然环境有积极的作用，是许多购房者想要的住宅。Johnston 提出："与时俱进的商业地产商在绿色建筑方面已经取得初步成功，并声称他们将不再拘泥于原来的建造方式。" 如果地产商正在绿色住宅市场中取得成功，那么个人出售绿色住宅也能很快地找到满意的买家并卖到合适的价格。

Johnston 还提出："人们十分关注住宅的健康，也想尽可能的省钱，希望物超所值。市场调研表明绿色建筑商之间的竞争有助于绿色住宅品质的提升。"

购买住宅通常考虑位置、质量、价格等其他实际因素，实际上，也是一种价值观的选择。

Johnston 认为：Cultural Creatives 是绿色住宅的巨大潜在买家。Cultural Creatives 指的是这类人：他们约占美国成年人口的 1/4，认为我们"社会面临许多重要问题，这些问题需要通过重塑文化、习俗和行为来解决，努力为我们的后代创造积极的未来"。Cultural Creatives 的价值观念正在融入他们的日常生活，并正在社会、环境和精神等方面发挥广泛的作用。他们认为，反映其核心价值观的其中重要一项就是生态的可持续性，绿色住宅是他们最佳的选择。

因此，房地产商需要多去接触 Cultural Creatives，引导他们的住宅标准选择趋向，不仅关注住宅空间布置还应更关注其是否生态可持续，也可以在广告或传单中指明绿色住宅的优势。

昙花一现的时尚还是未来趋势的显现?

现在绿色住宅市场初现蓬勃，究竟是体现了未来建筑的趋势还是仅仅是短期的时尚？

虽然没有人能预测绿色建筑的未来，它的发展也可能会停顿。但随着人口膨胀、经济持续增长、环境污染和资源枯竭等许多问题的加剧，世界和人类将更加关注环境、健康和物种保护，绿色建筑的发展必将越来越好。

因此，无论从眼前还是长远来看，绿色建筑都将是一个趋势。绿色建筑代表了未来建筑发展的潮流。

"让购房者感觉购买绿色住宅是环保运动的一部分。从长期来考虑，不但节省资金而且也保护环境。不仅使最初的购买者受益，后来的购买者也能同样受益。"

Tom Hoyt
Owner, McStain
Enterprises Boulder, CO

第2章
规划选址：选址和场地保护

在 2000 年 8 月炎热的一天，笔者来到位于加利福尼亚州的太阳生活中心 Hopland ，参加了由 SolFest 研究所组织的"太阳能生活年会"可再生能源展览会并就可持续设计进行了小组讨论。

当笔者在附近的停车场走出汽车时，一股热浪袭来，空气温度高达华氏 90 度（超过 32℃），随即便汗流浃背了。

汗水从我的额头流下，我大步走向 Real Goods 正门，否则我会被热死。当我通过正门后，炎热难耐的感觉顿然消失，在我面前是一望无垠足足 12 英亩的高大的树林、绿草如茵的草坪、花园和池塘（见图 2-1），小鸟在树林中鸣叫，给人们提供了一幅愉快的风景。

不仅是空气温度大大低于周围区域，我很快发现，这片葱绿的土地在 8 年前是加州交通部门的垃圾场，倾倒的危险化学品渗入附近的地表水造成了严重的污染。这片土地不仅影响了市容，由于缺乏植被保持土壤，暴雨时很容易发生洪水，因此被一些开发商称作棕色地带。

笔者访问 SolFest 后的一年以来，日益感到选址问题的重要性。合理的选址和场地处理对于包括住宅在内的任何绿色建筑的成功运行都发挥了关键作用。

这一章中，主要讨论了选择建筑场地和购买土地时的标准，怎样才能有助于推动实现节能、舒适和环保的目标。最后，我们简要讨论了如何保护土地和环境。

建设城市的边界

如果停下来思考一下，我们应该首先探索建设场地的选择标准。

许多美国人都认为我们生活的地方应远离喧嚣、犯罪和污染。为了避免污染而住在远离市中心的郊区，确实有它的好处。但人们经常会抱怨居住地缺少生活的乐趣。而住在市区紧凑型的住区，紧密布置的住宅为邻里交流提供了机会，也使我们与我们的家人相处的时间更加自由。从交通方面来说，甚至允许你步行、骑自行车或乘坐公共交通工具去工作，从而减少了交通高峰时间给你的生活带来的不便，同时还可以减少当地的空气污染。实际上选择到农村居住躲避污染可能会因交通用车量的增加等方面的原因使城市的污染反而更加严重。

另外，农村地区面临的发展压力正在增加。根据农田信托提供的数据，每年大约有 125 万英亩土地沦为道路和购物中心用地，其中大部分是优质的农田。虽然一些反对者认为美国北方还有大片的土地可供开发，然而其他人则提出异议，他们要求采取更加紧急的措施来保护这些土地。这些土地对国家和全球性食品安全的重要性不应该被忽略。笔者在此想提醒那些反对者，我们不能忘记人口不是固定不变的，全球大约每年增加 8400 万人，相当于每天约增加 230000 人！每个人都需要食物，任何损害农田的行为都会给后代带来严重的威胁。我们不要忘记，远离市中心的那些土地也是珍贵的野生生物栖息地。

正如 David Pearson 在他的书里指出的，新的生态住宅对生态的

实际上选择到农村居住躲避污染可能反而会使城市的污染更加严重。

影响更加明显，可以帮助我们改进所居住城市的环境并且使我们居住得更舒适。因此，应仔细考虑在市区购买土地并建造新的住宅。稍加用心去找一下，可以惊奇地发现很大数量的空地，包括许多曾经一度被大厦占领而导致周边逐步恶化的土地。这些地段由于环境恶化，导致人们逃出城市搬到了郊区，造成了一些尽人皆知的灰带。

选择土地要注意什么

不管在哪里修建新的住宅，都要仔细地考察各个场地，并根据不同的标准做出决策。大多数人的标准是：住所距工作地点、学校、商店、医院、警察局、消防队、电子服务和公交站点的远近。

乍一看所有的元素似乎都是以人类为中心并仅仅为人服务的，然而它们确实有重要的环境内涵。住所毗邻工作地点、学校和商店可以显著减少汽车使用时间、减少汽油消耗量和空气污染。步行和骑自行车可以锻炼人们的身体，对人身体健康很有好处。

在购买土地时，其他实用因素也必须考虑到，例如，通行权、分区的制约、契约和用地周边的规划，等等。笔者上一次搬家不久之后，地方电力公司在住宅上方架起了一条高压线路，除了抱怨我们不能做任何事，因为法律允许他们架设的线路穿越我的房产。

同时核查一下地方法律。地方法律有可能禁止房主安装风力发电机。对于再次出售的小块土地，合同（对物业用途进行制约的法律）也有可能限制新建房子的类型。例如，目前笔者位于农村山脉上的新家，就受一系列的合同的规定。这里的建筑项目必须经当地建筑评论委员会批准后才能建设，甚至连外墙涂料的颜色也做了规定（当我提议使用秸秆和回收的汽车轮胎来制作住宅的外围护结构时，大家可以想象他们的震惊程度）。另外，要注意当地对太阳能利用的制约和限制。

在购买房子之前，关于土地使用权、地方法规的制约和契约等信息应该提供给买主。这点购房者一定要坚持，并获得书面形式的信息。在签署购买土地的合同前一定要仔细地查看这些信息，确保以后没有节外生枝的事情发生。并且，到当地房地产开发商、城市建设部门等处落实好关于这块土地的长远规划情况。

也不要仅仅是因为地块旁边有一家便利商店或一家沃尔玛超市而购买这块土地，我们要寻找的是一个合适的建设地点，要确定是否在城市或在已经被开发的郊区范围之内。一个好的建设地点能够提供利到当地房地产开发商、城市建设部门等处落实好关于这块土地的长远规划情况。不要仅仅为地块旁边有一家便利商店或一家沃尔玛超市而购买这块土地。

用自然资源的有利条件，譬如能够使用太阳能，在冬季利用太阳能为住宅提供采暖和生活热水，这些条件在建筑全寿命周期可以为房主节省数万美元。

公共社区的探讨

您对您选择居住的社区了解多少？它包含许多志趣相投的人吗？这是受人欢迎的区域吗？您和您的家人会被当作局外人并相应地区别对待吗？对我们大多数人来说选择一个好的社区对我们的心理健康是很有必要的。

那些对环境要求比较高的读者应该重点考虑环境方面的设施，譬如回收和堆肥设施、自行车道、健身和公共交通工具是否完备？露天场所、公园等休闲设施怎么样？这些地方是否可利用并方便前往吗？

在购买土地时可以苛刻一点。如同已故的 Paul G. McHenry Jr. 著的《Build It Yourself》中写道："购买任何特定的房地产之前都必须做一个冷静的分析。"

为住宅选址

除了决定在哪里居住，了解下列几个因素将对绿色建筑选择最佳的地点非常有利。

选择一个日照良好的位置

笔者在第 1 章中提到，太阳能是绿色建筑的重要组成部分，是实现绿色建筑热工性能的一个重要组成部分。太阳能可以用于发电和提供热水。实际上，如果住宅选址适当，辅以高效率的设计，太阳能可以提供住宅所需的所有的电、热和热水（参见第 11 章和第 13 章）。

在北半球，太阳能利用要求选址尽可能选择南向，太阳照入的时间尽量长，特别是在上午 9 点到下午 3 点之间。当然，在南半球要选择北向，要注意譬如树、峭壁、山脉和建筑等有可能阻挡冬天低角度太阳光的影响因素。第 11 章中将帮助人们选择具有良好日照条件的地点。

考虑风向和霜洞因素

如果考虑利用风力发电机生产一些自用电，那么就要选一个风力强而持久的地方，但在采暖期风也会带走部分热量。如果巧妙地应用那么

太阳能的储存

南向的房子每年可节省 10% 的供热能耗；南向开窗可以增加太阳能的获取量，可节省 30% 的供热量。将窗户集中布置在南向并采用其他措施，譬如使用好的保温材料，太阳能采暖的效果会更好，供热保证率能够达到 50%～80%。

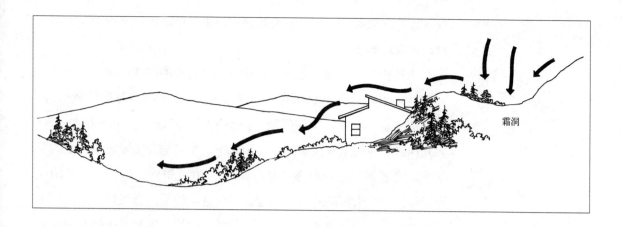

霜洞

将会取得理想的效果，也就是说，可以安装一台风力发电机用来发电，同时防止冬季冷空气带走住宅内的热量，例如，在逆风方向为住宅建土质掩体或种植防风林，同时，把风力发电机逆风放置在防风林前。

在评价建筑场所的适宜性时，冷空气穴也是另一个需考虑的重要因素。由于冷空气比暖空气密度大，因此，夜间冷空气就会沿着坡向下流动，在低谷处或其他低点聚集，形成冷空气穴，也称为"霜洞"。因为这是首先结冰的地方（见图2-2），所以建造地点应尽量避免选在这种地方，否则会增加供暖负荷，同时也会给花木的栽培带来更多的困难。

选择斜坡建造掩土建筑

掩土建筑冬暖夏凉，外加被动式太阳能建筑设计手法后能够取得更理想的效果。土质掩体和被动式太阳能建筑设计并用能够显著降低能源消耗和对环境的污染。由于掩土建筑的大部分位于地下，因此掩土建筑地上部分的维护费用也比较低。

由于受到的灰尘侵袭较少，所以在斜坡上的掩土建筑通常要比一般的建筑更舒适。如果建造掩土与被动式太阳能结合的住宅，那么斜坡应是面向太阳的。掩土建筑还有其他优点，例如，泥土覆盖的屋顶可以种植当地的植物，因而可弥补因为建筑物占地而造成的绿化面积的减少。因此，掩土建筑不仅能节约能源，还可以减少建筑用地对植被的破坏。

寻找舒适的微气候区

数年来，笔者发现在同一地区不同的特定区域，有时候气候差异相当明显。这些小的截然不同的气候区称为小气候区。例如，一般南

图2-2
冷空气易在低气压区聚集，尤其是山谷的底部，这样就会显著增加采暖费用，因此建设地点不应选择在这种易结霜的低凹处。

没有什么做法能像覆土一样赋予建筑永恒的舒适。

Malcolm Wells
《The Earth
Sheltered House》

向坡比北向坡暖和，而且形成其独有的微气候区。在寒冷地区，南向坡地是极好的建造地点。

大的微气候区也很常见。例如，笔者居住的洛基山脉丘陵地区距离 Evans 山峰只有 14000 英尺（4270 米），除了当地美丽的风景外，山脉似乎也影响着当地的气候，使暴风雪移向该地区的南方或北方。因此作者居住的山谷经常沐浴在阳光下，尤其是在需要较多阳光的冬季。离笔者居住地的南方、北方和西方 10 英里处，当大块浓密的积雨云聚集挡住太阳的时候，笔者的居住地依然是阳光灿烂，虽然这个地方并未经过提前规划，缺乏必要的基础设施，但笔者选用太阳能电池板提供电能，同时利用太阳能提供热能。

对区域地理条件的了解有助于选择适宜的小气候区，多方面地了解这种特殊的地点。一经发现，在那里建房将会带来舒适的居住环境。

选择干燥、排水通畅的建造地点

在众多选址因素中，最重要的一点就是要排水通畅。排水通畅的地点能够自然排水，即便是需要排水坡度，也非常小。这样将减少水土流失和对生态环境的破坏以及建造房屋所耗费的精力，同时又可以节约建设费用（笔者将在第 15 章中探讨关于自然排水的更多细节）。

自然排水依赖于斜坡或是能够让雨水或融化的雪水渗入的多孔隙土，这样能够使水在表面上流动或渗入地下成为地下水。但是应注意富含黏土的土壤，因为它能够储存水而使周围变得泥泞。例如，佛蒙特州的土壤富含黏土，所以当地的居民经常开玩笑说冬天不是在春天里结束，而是在泥泞的季节结束。笔者童年在纽约乡村的一个农场也经历了同样的状况。

干燥且排水通畅的建造地点是最基本的。因为它能防止水聚集在地基处，渗入到地下室。轻微的渗漏即可造成室内的潮湿及发霉，严重的渗漏将会导致室内积水。

在更加寒冷的气候区，房子周围土壤中的水在冬季可能结冰。结冰后再融解就会造成地基下泥土的膨胀和收缩，从而导致地基开裂。地基的开裂又将导致墙体的开裂，久而久之，就会对建筑造成破坏。进行修复将会消耗相当多的时间、精力、自然资源和财力。

潮湿的土壤在冬季通过地基从住宅内带走热量。通常地基周围的土壤越干燥带走的热量越少。

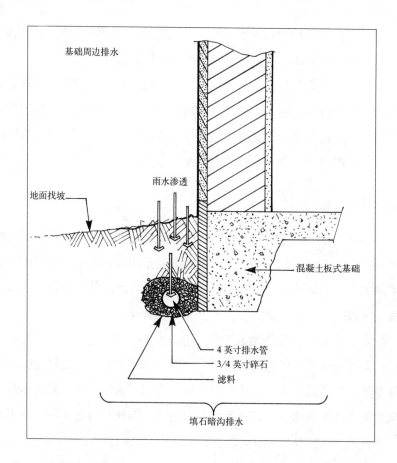

基础周边排水

雨水渗透

地面找坡

混凝土板式基础

4 英寸排水管
3/4 英寸碎石
滤料

填石暗沟排水

图 2-3
地基周边安装的排水管有助于预防冻胀和避免霜解潮气进入地基。这一措施能够保持地基土层干燥，暗沟也有助于减少通过地基的热量损失。

　　如果建设用地的排水不够通畅，一定要设置排水坡度，使水远离建筑，在地基周围采用专门的排水措施是十分必要的。例如，图 2-3 中所示的暗沟，对于处在潮湿气候地区、掩土建筑或是有地下室的建筑都是必须建造的，这样水可以从排水沟和落水管进入雨水管最后排出。

选择有稳定地基的建设用地

　　住宅的稳定性主要取决于地基，而地基的关键在于坐落处的上层泥土。大多数情况下，房子都可以建在岩床上或稳定密实的地基上。但是，在一些地区，基础土质存在一些问题。例如，含有大量膨润土、黏土，在含水量改变时会产生膨胀和收缩。

　　由于膨润土可以膨胀到相当于它干燥时体积的 19 倍，因此当底土含有这种特殊类型黏土的时候应当避免受潮。稳定的土层就像排水通畅的土壤一样将大大降低地基和墙体开裂的风险，从而有助于延长房屋的使用寿命。

要了解建设用地的土质状况,需要请建设勘察单位勘察建设用地。另外,当地的建设部门也会提供一些有用的信息。

在勘察土质状况的同时,也应该考虑地震这个能够对任何建筑场所造成危险的潜在因素。地震可对建筑产生巨大的破坏。当地建筑部门的工作人员会提供建筑所在地区地震等级的资料和分布图。建筑师和结构工程师会采取一些必要的抗震措施。

避免自然风险

尽管自然风险常常被忽视,但是建筑避免建在自然风险带则是另一条重要的原则。最常见的自然风险之一是沿河岸的低地,也称为漫滩。漫滩属于河流的一部分,甚至可作为周期性泛滥河流的支流。在大雨或大规模融雪过后,潺潺的溪流也可变为洪流。

尽管人们居住在漫滩数百年,但是大自然除了给人类在此提供暂时的居住地外,并没有其他的任何东西。由于人类过度砍伐森林和过量排放二氧化碳等温室气体,对气候造成了严重的破坏,飓风和其他风暴发生几率逐步上升,而且呈泛滥趋势,因此只有避免将建设用地坐落在自然灾害频发地区才能更好地保护自己的住宅。

即使干涸的河床干涸了数十年,在干涸的河床或干涸的河床附近建造房屋同样是存在风险的。因为即使数英里以外的暴风雨也可能使干涸的河床变得洪水泛滥,霎那间破坏建于此处的建筑。建筑坐落在泥石流或雪崩的路线上也同样危险,应当注意。

避免建在沼泽地区

当选择建筑用地的时候,同样应避免建在沼泽地区或是雨水、融雪水自然聚集的低洼区。沼泽和潮湿地区是最容易滋生蚊子的,蚊子与腐殖物终日为伍,携带着潜在致命的西尼罗河病毒,给居住者的健康带来了巨大的威胁。另外,沼泽地还存在其他生命,如漂亮的美洲红翼鸫等繁多的物种将造成居住环境的嘈杂。

在沼泽附近建造房屋会损害原有物种,并对它们的生存造成威胁。就像环境保护者不断提醒的那样,沼泽是重要的野生动植物的栖息地,也给人类提供了众多免费服务,例如,水的净化。沼泽也有助于地下水的补充以及吸收洪水泛滥时的大部分水。

尽管沼泽很重要,但是在大部分地区,它们已经被耗竭了。

尽管人们居住在漫滩数百年,但是大自然除了给人类在此提供暂时的居住地外,并没有其他的任何东西。

消失中的湿地

在美国,沼泽总面积曾经大约是加利福尼亚面积的2倍——约2.2亿英亩那么大,今天,一半的沼泽已经消失了,其中,加利福尼亚州消失了91%,俄亥俄州消失了90%,爱荷华州消失了89%。尽管联邦和州政府都已通过制定法律来保护沼泽地区,近几年对沼泽的破坏已大大减少,但是据估计第年损失仍达33000英亩。

例如，在美国，沼泽的面积曾经大约有加利福尼亚州面积的 2 倍——大约 2.2 亿英亩那么大，今天，一半的沼泽已经消失了，其中，加利福尼亚州消失了 91%，俄亥俄州消失了 90%，艾奥瓦州消失了 89%。尽管联邦和州政府都已通过制定法律来保护沼泽地区，近几年对沼泽的破坏已大大减少，但是据估计每年损失仍达 33000 英亩。

尽管有法律的制约，很多沼泽地区还是被开发。究其原因，是因为法律规定只要开发商以人工沼泽来替代，那么就可对沼泽地区进行填埋或是排干；如果开发商对其他地区受到威胁的沼泽采取措施保护，那么就可以合法地破坏位于他们开发路线中的沼泽。

值得一提的是，相对于天然湿地，人工湿地是脆弱的替代品，其作用就像用一个六等的乐队代替一个城市交响管弦乐队。第二个策略还是值得肯定的，保护即将绝迹的湿地可以减少生态系统的损失。因为湿地对我们星球的健康具有至关重要的作用，所以当在湿地或湿地附近建造房屋时要慎重考虑。

选择合适的场所种植粮食作物

自家种植的蔬菜和水果是很有营养的。鲜花滋养心灵，树木提供舒适的树荫，而且也可作为鸟类的栖息地，同时也为夜间的炉火提供燃料。对于那些想自己种植食物或纤维作物的人来说，必须有好的土壤。

有经验的园丁可以通过土壤的外观、气味和手感分辨出土质的好坏，他们还可以通过生长于此的植物来判断土质的优劣。如果土地杂草丛生，多是被其前任土地所有者滥用的结果，如过度放牧耗竭了土壤的养分。

仔细查看选中的土地，是不是因为雨水侵蚀而出现了许多孔洞？是杂草丛生，还是长满了青葱的草坪、茂密的树林？随身携带铁铲检查表层土的厚度，留取一两个表层土的样本，送给专业的土质鉴定实验室进行检测，通常这些实验室设在州立的农学院（首先应与他们协商决定如何提取样本）。实验室在提供土壤的酸碱度的同时，还可做土壤的营养级别和有机物质的含量等级的鉴定。

一旦考虑建造绿色建筑，一定要从预留的花园用地提取土壤样本，并确保花园用地区域阳光充足。

选择一处能够方便提供建筑材料的建设用地

许多住宅的建筑材料是从数千英里外的工厂运来的，归功于经济发达和廉价的化石燃料，这种行为非常普遍，在经济上也负担得起，但这种行为增加了材料进入家庭的总能耗。因为需要更多的燃料用来把建筑材料从生产商运到零售商并最终运送至用户，也产生了更多的污染。

那些对可持续建筑有兴趣的人可能会考虑将他们的建设地点选在材料来源比较方便的地方。笔者的一个编辑就将建设地点选在佛蒙特州一个葱绿的山上，山上全是现成的木材，他和他的朋友就地取材，砍掉了所有杂乱的木材建造太阳房。这对于保持生态平衡是非常合理的，当你伐木的时候要尽量减少对其他健康树木的破坏。富含黏土的土质也可被用来建造生态建筑，包括土坯和素土夯实建造的建筑，我们将在第 9 章中进行讨论。

选择有良好水源供给的建设用地

水对于人类的生存是至关重要的。缺水对任何一个家庭来讲都是非常严峻的问题。当购买住宅时，无论是已经建成的还是即将建设的，都要确保在签订合同以前查看是否有水源。在大多数情况下，水是由水井或市政管网提供的。

如果你打算自己钻一口井，应向当地的专家咨询当地蓄水层及地下水供应情况。在一些地区，蓄水层在急剧地下降，因此应咨询当地传统水井的深度。在笔者居住地附近，有些人挖掘了 700 英尺（约 214 米）深才找到水，而有一次，一位房主在 1 分钟内仅仅得到半加仑水，打井的费用大约为每英尺 10 ~ 15 美元，挖掘如此深的水井花费巨大，并且风险高。请不要忘记，一口深井需要大量的电能才能将水引到地面。因此，选用集水系统（参见第 14 章）是更加便宜、更加可靠的选择。

另一种方法就是使建设用地尽量接近小溪、湖泊、池塘或泉水，从长远的开发角度来看，这样既不破坏鱼和野生动植物赖以生存的水源，也不会侵犯其他人的用水权。确保水源周围没有工厂、废料堆、堆肥场、垃圾堆等污染源，这些污染源有可能会污染水源。同时也应确保小溪在夏季不会干涸。对于一个家庭来说，每分钟 4 加仑的取水量就已足够，如果设置有储水装置，那么在用水高峰期每分钟少于 4

加仑的用水量也可以满足要求。

当决定采用地下水时，尽可能地品尝一下，同时应当提取水样用作检测。国家和地方的卫生部门对饮用水检测通常只收取很少的费用。这样可以检验出水中是否含有氡或者天然气，这两种物质具有极大的危害性。

如果家庭用水由市政管网提供，那日常用水中可能含有氯和铅等污染物。尽管笔者以前看过的科学研究表明氯化过的饮用水是接近无害的，但是它的口感并不好，而且气味难闻。如果想要消除饮用水中氯的味道，避免任何可能对健康造成的威胁，那应该考虑安装氯元素过滤器。

许多人也许考虑过从两种供水系统中选择其中一种，特别是集水系统。集水系统收集雨水和来自山顶的融雪水。这些水被储存在位于地下的水罐或地上的水塔中，它们可以用来灌溉草坪、花园或者洗车。这些水同样也可以用来冲洗厕所或洗澡。当这些水被完全地过滤和净化以后还可以用来做饭和饮用。当地具有充足的降雨量是十分重要的，甚至在干旱季节，只要有足够的屋顶面积也可以收集到几万加仑的生活用水。在新墨西哥州的陶斯等高原沙漠地区，许多家庭都是依靠屋顶收集雨水。即使在这些几乎多年没有降雨或降雪的地区，春季和夏季降雨也是十分频繁的，盛满雨水的储水容器也可以满足一年的用水量。通过使用节水器具，如节水洗衣机、节水马桶等，能够 100% 满足家庭对新鲜生活用水的需求。

向建设所在地的卫生部门寄一份来自饮用水源的样本用来检测。它们的检测结果将会指出需要对饮用水进行多少次的过滤才能使其符合饮用标准，同时也能够预防任何潜在的危险。

减少陡峭道路带来的潜在危险

在很多地区，住宅建设用地变得紧张，结果许多住宅建在偏远地区。在笔者居住的落基山脉丘陵地区，大部分适合建造住宅的用地已用尽，因此，开发商经常将住宅建在陡峭的山坡上。车道也经常建在陡峭的山坡上，坡度很大，类似于令人毛骨悚然的过山车轨道。冬季，当路面被冰覆盖时，在这种车道上驾驶汽车纯粹是拿生命冒险。而且，在春天雨季时，砂石车道会受到严重的侵蚀，被冲刷出一道道很深的冲沟，并且污染了周围的小溪。在一些建造项目中，为连通住宅而修建的道路还会切断天然牧场，破坏自然景观。

选择建设用地要从实际出发。建设用地的土石方工程量越大，这块用地就越没有选择的价值。笔者建议要尽量选择那些无需土石方整理的建设用地。修建道路不仅仅会破坏环境，而且花费巨大。车道在使用过程中会被雨水侵蚀，而且被冲刷走的泥土会在附近的溪流、湖泊中沉积，危害鱼类和水生生物的生存环境。

避免噪声和污染

噪声是一种遍及整个社会的污染，绝大多数人都认为应该消除它。尽管生活环境中的噪声会使人们的耳朵慢慢变聋，而且会增加心理压力，但是几乎没有人在选择建设用地时会考虑这种普遍存在的污染。例如，笔者购买的第一套房子，从来没有考虑过噪声问题。这座房子距离城市主要公交线路只有几个街区，方便笔者换乘公交车辆到大学教书。

这座房子有一个栽种了很多树木的后花园，笔者一直期待能够在夏天的夜晚睡在花园里的吊床上。当笔者搬进去后不久，支起睡袋，缓缓的爬进去，准备享受美好的夜晚的时候，远处传来的汽车轰鸣声却变得异常清晰。大约凌晨 2 点，在尝试着不被卡车和汽车声吵醒失败后，笔者费劲地拖拉着睡袋和疲倦的身体回到室内，瘫倒在床上，难道这就是期待许久的美梦？

不幸的是，当寻找新的住宅或建设地点时，噪声并不是唯一需要注意的因素。空气污染也是一个主要问题，例如氡气。氡气是由泥土或岩石中的自然物质裂变而释放的放射性气体。因此应该查阅美国环保署的全国氡气分布区域图（参看住宅建设注意事项的附录），找出住宅所在地区是否存在氡气问题。即便所在地区属于安全地区，最好也要进行检测，看是否存在氡气问题。

物有所值

为了获取自然景色而选择住宅的朝向，往往会降低或减少被动式采暖和降温的潜力。如果住宅的朝向为东西方向，虽然可以获得令人神往的景色，但是在冬季住宅获得的太阳辐射会大大减少。在第 11 章中会了解到，冬季太阳高度较低，如果住宅朝南就可以通过南向窗户获得大量的太阳能。住宅为东西朝向虽然可以获得宽阔的视野，但是却不能提供足够的表面积来获得太阳能。如果穿着睡衣站在室内因温度过低而不停地颤抖，那也就无心去欣赏美丽的景色。在无需采暖的夏季和秋季，下午太阳角度下降时，大量阳光透过西立面的窗户会导致室内过热，安装遮阳设施可以改善这一问题，而设置遮阳设施又会遮挡居住者的视野。

当选择了建设地点以后，也应该注意当地的发电厂、工厂和其他污染源。看该地点是否位于这些污染源的下风向。

注释

登录 www.epa.gov/iaq/radon/zonemap.html，可以查询美国环保署的氡气分布区域图。

在利用自然能源和视野之间做出平衡

视野是选择住宅或住宅用地的主要因素之一。如果购买的土地周围有良好的视野，那很自然地希望自己的房子能够面对宜人的景色，如山脉、河谷、牧场、森林、池塘、湖泊、公园或其他自然地貌，但为此也要付出高昂的代价。

不幸的是，住宅的朝向能够获得良好的视野，往往也意味着整栋建筑在某种程度上会减少太阳能采暖、发电和加热水的能力。最终可能导致高能耗的支出和冬季的不舒适，也可能导致夏季秋季室内过热（对此做出的解释，见上段）。幸运的是，当阳光和视野无法同时获得时，也有方法可以在获得优美景色的同时尽可能地保证天然的采暖、降温。在第 11 章笔者将告诉大家一些窍门。

选址时不要破坏自然景色

在过去的 30 年中，笔者亲眼看见美丽的山谷被其他建造者填满建筑而变得丑陋不堪。笔者喜爱的一些风景如画的西部小镇慢慢变成了异形住宅、快餐店、便利店和高速公路的大杂烩。

建造可持续住宅的基础是建造住宅时保护自然资源，不仅仅是保护森林不被砍伐成木材，而且也包括保护那些拥有独一无二特征的景区。开发商通过集中建造住宅并且将住宅建造在视野以外来达到这个目的，所以这些景观就可以被完整地保留下来。

例如，位于芝加哥外的 Bigelow Homes，在 150 英亩（约 60 公顷）的面积内聚集了 1100 户居民，居住密度是常规独立住宅的 3 倍还要多。通过这项措施，避免在牧场或山顶建造住宅，保护了大约 300 英亩的农场和森林，同时也保护了自然景观。

集中建设

集中建设的住宅可以使施工人员便于保护公园、露天场所、野生动植物栖息地和农场。根据可持续建筑工业委员会所提供的情况：开发商发现，与以前更多的按照传统方式开发的地区相比，通过集中建设住宅来建立一个规模较小而紧凑的居住社区可以更好地保护露天场所从而获得更大的利润。另外他们注意到大多数购房者都喜欢那些靠近露天场所、娱乐区域的房子，并且愿意出钱购买这些住宅。

个人可以通过购买这些坐落在自然景观地区的高密度住宅或者建造与自然融为一体的住宅来保护自然景观，掩土建筑通常可以满足这种要求（见第 10 章）。

当选择住宅的位置时，不要将其坐落在风景最美的地点。Christopher Alexander 和他的合著者在《A Pattern Language》一书中提到"保留那些最宝贵、优美、舒适和健康地区的原貌"，在那些满意度最低的区域建造新的住宅。

Malcom Wells 也赞同这种观点。他建议不要触及那些自然地点，如有必要的话应该购买那些被遗弃了的难看地段，住宅应该用丛林植被来装饰。要创造美景，而不是破坏自然景观。

系统地做对比

成功选择建设用地的秘密之一就是花费大量的时间去细心客观地分析这些地点的实际因素。为了将任务简单化，笔者强烈建议使用表 2-1 中的清单对考察过的地点逐个进行评估。那样就可以排除最不适当的地点，对比较喜欢的地点做出客观的评价。

测评建设用地				表 2-1
选项	地点 1	地点 2	地点 3	地点 4
位置 地址位置和其他信息				
靠近工作地点				
靠近商铺				
公共交通便捷				
自行车道、人行道				
靠近娱乐区				
医疗				
防火				
安全保护				
靠近政府或其他公用设施				
未来发展规划				
犯罪率				
教学质量				
太阳能的应用				
风力资源				
合适的温度				

続表

选项	地点 1	地点 2	地点 3	地点 4
建造掩土建筑的坡度地点				
适宜的微气候				
干燥利于排水的土壤				
稳固的地基				
自然风险				
湿地区域				
土壤的肥沃度				
场地建设资源				
足够的水源供应				
车辆通道				
视野				
景观				
噪声和其他污染				
社团				
环境保护 （回收利用中心，堆肥设备）				
其他				

一旦选中了最理想的建设用地，要拿出时间再去看几次。当经过了彻底的考察，想要拥有这块土地的时候，通常需要预交一小部分定金。如果违反协议，定金通常是无法退还的。但如果出现一些合理的情况，例如签署的文件中有一些错误或者对用地的洁净实验失败而需要化粪池，这些通常是可以返还定金的。确保你或者你的房产经纪人在提供的购买合同中列出了所有可要求归还定金的可能性原因，保证万无一失。

建设期间保护建设用地

当选定好地点后，就应该开始设计住宅了。尽管大多数人在他们的脑海中或者通过查看图片和草图形成了他们自己的理想家园，但是笔者还是建议住宅的设计应在地点确定后进行，这样做是有原因的。

首先，这一方法可以使你设计的住宅更好地渗透到美景之中，与原有土地的树木和自然地貌融为一体，与现存建筑风格相一致（见图2-4（b））。住宅的尺寸、建筑风格、外轮廓和屋顶都会影响住宅与景观的融合。也许你的理想家园在佛罗里达州会很漂亮，但是在美国北

第 2 章 规划选址：选址和场地保护 / **45**

(a)

(b)

图 2-4
许多房主在建造他们的家园时没有考虑当地的自然地貌、植被和周围建筑，最终导致住宅与周围环境极不协调(a)。无论住宅建在城市、乡镇或者村庄，都要综合视觉感受来设计 (b)。
来源：Dan Chiras

卡罗来纳州也许会显得很不协调（见图 2-4（a））。

第二，因地制宜地设计住宅，可以使建筑更好地融入当地的景观、地形和气候中。因地制宜的住宅设计换句话说就是使我们建造的住宅可以运行得更好，使用的年限更久。

一旦设计方案确定，即可开始动工建设。大多数住宅包含了相当多的挖掘工作，包括挖掘地基、车道和排水设施等。如果建造住宅时不使用砖块、圆石块或其他天然材料（在第 9 章中进行论述），尽管在一些项目中靠挖掘地基就可实现充足的天然材料供应，但为了获得足够的土制建筑材料，还是有可能会破坏原有土地。

土地破坏最小化

住宅应当与建筑景观相融合，作为当地地貌和本土建筑风格的有益补充。

在建设之前，你和你的施工人员应该制定计划来减少施工期间对建设地点的破坏。这项计划从指定进出路线和车辆停放区域就应当开始。限制一条路线进出，规定车辆停放在指定场所，或者告诫工人沿路边停放车辆都可以保护建设用地的植被。这些措施也能够通过避免车辆碾压地面保护土壤的多孔性，以利于植物特别是树木的生长，从而获得所需要的氧气和水分。设置一块标识牌，告诉工人哪里允许停车，因为你和施工人员不可能一直停留在一个地方，同时转包商和建设巡查员在建设期间来访也能起到一定的监督作用。

大量的建筑材料将会被运送到建设地点。在建设期间，为木制房屋而运来的砂子、木框架和覆盖物，或者为建造草坯房而运来的稻草坯和石灰应卸载在靠近建设地点的区域，这样都可以大大减轻对植被的破坏。

也可以利用警戒线或栅栏来围合一些区域保护植被免受推土机或其他重型机械的破坏。热心的推土机或锄耕机操作员会将机械停在敏感的植被旁边或操作机器时更好地避让那些被保留的地块。通过限制他们的操作，可以大大降低对原有地点的破坏，当建造完成后仅对那些指定区域进行修复即可。

处理表层土

在大多数建设地点，表层土是最先被刮掉的，因此需要对表层土进行储存再利用。确保建筑材料保存地点靠近建设地点，但不可过于接近以免影响施工。尽可能不要对树木进行覆盖，也不要将表土堆积在树木的根部。否则可能会影响树木根部呼吸，甚至导致树木死亡。

表层土的堆积地点应防止风和水的侵蚀，也应与底层土相分离以便于再利用。

确保表层土不被用来回填，回填土最好是底层土。表层土是经过数百年甚至数千年才形成的，因此应当将其用于花园或草坪的种植。此外表层土含有一定数量的有机物质，经过一段时间的腐烂，会导致地面下陷，因此并不是回填的理想材料。

废弃物的储存和再利用

建造房屋时对建筑垃圾进行合理处置，最大限度地回收利用是十分重要的。为木材、纸板、金属和玻璃指定专门的存放区域。比如使用大垃圾桶时，材料应能够方便地摆放并且做好标记。鼓励工人对材料进行回收利用，并确保工人受过专门的培训。因为任何人都不想花费大量的时间去对废纸屑和金属进行分类，只有将废弃物分类储藏，建造者才有可能找人去处理这些可循环使用的建筑垃圾。

当做这件事情的时候，留出一块地方用来存放有使用价值的木头，例如，成组被切断的木头还可以另作他用。木材也许不能被重新用来建造房屋，但是可以用作燃木壁炉的燃料。一些公司特别要求他们的建设施工人员将浪费的木料重新回收，将其再次使用，木片经常可以用来制作宠物的垫子、刨花板等其他有用的产品。

同样应该提供便于回收盛放工人午餐后用过的铝罐、瓶子和塑料瓶的容器。同时保留多余的脚手架、滑轨和覆盖物等其他建筑用品。许多材料可以在居住聚集区的市场上转卖、出售或捐赠给建造可持续

注释

通常将底层土作为回填材料。而上层土则用来种植草坪、花圃和果园。

注释

房屋建造在距离大树10英尺（约3米）的范围内有可能会妨碍车道建设，因此需要将其砍掉。所以，任何时候建造房屋都要尽可能地与大树保持一定的安全距离。

为了在建造期间获得更多的关于树木保护的信息，可以与国家植树节基金会联系。美国住宅建造者协会与防火协会共同合作创建了树木保护计划，他们为建造者提供了关于树木保护实践的众多信息。那些加入树木保护计划并且签署协议，在建造期间继续保护树木的建造者和开发商将会受到更多的赞誉。

建筑的机构和其他承包商，捐赠给那些有收藏喜好的房主也是一种不错的选择。

保护建设用地还要阻止混凝土搅拌车对禁停区域的误入或者减少它们进入指定区域的频率。溶剂和燃料等任何危险物品都不能在建设用地随意排放。

保护树木

具有遮荫功能的树木可以美化住宅，增加房屋的价值，也使被动式降温成为可能。换言之，可以降低或消除降温费用。因而，许多建造者在建设房屋期间都尝试着去保护树木。因为保护一棵成材的树木仅仅需要很少的努力和花费，而砍掉一棵成材的树木，几周后再以一棵树苗来替代，毫无意义。因为树苗大约需要50年的生长期才能够提供树荫，而一棵树所形成的美景会在链锯下顷刻化为乌有。乔木和灌木有时也可以被移植到其他地方，但那样做的代价是昂贵的。你可以雇佣或咨询一位专家——城市林务官、得到认可的园艺栽培家、树木估价者等，他们都能给你所拥有的树木做出正确的经济估价。专家们将对每棵健康的树进行测量，从而帮助你决定哪些是应该被保护的。一些巨大的树木有可能出现心腐病——树木的心材被一种菌类破坏从而最终导致树木死亡的病。

林业专家指出，树龄偏大的树木对环境的适应性要次于树龄较小的树木。保护一棵直径1～8英寸的树木比保护那些更大直径的树木要有意义得多。另外，一些品种对于因建造房屋而引起的土壤改变具有较强的适应性。树木研究专家将会告诉你哪些树木的根可以忍受破坏，而哪些不可以。

当对那些属于个人财产的、健康的且具有适应性的树木做过评估之后，树木专家会在树木上做上标记，整个砍伐和移植过程都会被摄录保存。这一切都是为了能够谨慎地砍伐，避免伤害到其他保留的树木。而那些被保留在原地的树木也应该对树体本身加以保护，树皮受到损伤会使树木抵抗病虫害的能力减弱，因此要为树干包上纸板以防止重型机械对其造成损伤。

树根同样也需要保护。大的木本植物的根通常会长到距地面6～24英寸（约15～60厘米）以下。这些根发出一些更小的根长到接近于地表的位置来吸收水分和营养物质。通常，树根延伸的水平距

图 2—5

如何沿树冠外缘来保护树木。
树木可以增加住宅所在地的景
观和房屋价值，移植花费巨大。
来源：Lineworks

离接近树木的高度，一半以上的根部得到保护才能保持树木的活力和
健康。

　　为防止人们忘记，要为树木设置栅栏或标签来提醒工人避免进
入树木保护区域。由木材或铁丝网制作的栅栏应该根据树木的尺寸
和种类进行放置。1～4 年内新栽培的树木，保护栅栏应该竖立在
树木枝干的外围（见图 2—5）。根据经验，如果树干的直径大于 1 英寸，
栅栏应设置在距离树干直径数英尺的范围内。例如，一棵树的树干
有 12 英寸，那栅栏应设置在距离树干 12 英尺处，并用 4～6 英寸
厚的护根延伸到树冠外缘。很明显，设置的栅栏距离树干越远保护
的范围就越大。要确保任何沟渠都尽可能地远离树木来保护其根部。
如果地下安装有电缆或水管线路，必须要求承包商不要切断树木的
主要根系。

　　在建设之前树木应该是施过肥的，且建设期间应保证每两星期进
行一次浇灌。肥料和定期的浇灌可以减轻树木的生存压力，增加营养
物质。

　　如果希望场地树木数量少一些，可以通过选址时尽可能选择植被
较少的基地来实现。奥斯汀绿色住宅项目给那些因建造而被砍伐的树

注释

　　尽管你可以和承包商或转
包商讨论关于保护树木的问题，
但是组织工人召开会议，让工
人自己明确注意事项也是非常
必要的。合同中应设置一条关
于因特殊情况下树木遭到破坏
而获得赔偿的条款，赔偿约定
应该基于树木的种类、树龄和
遭受的破坏程度。

木提供了更好的利用方式，例如用来护根或者作为燃料，这比被卡车拉走掩埋掉要好得多。这对于任何住宅建设项目来说都是一个不错的建议。

在一些地方，有公司将树木切割成有用的木材，然后将木材制品销售给当地的建造商。在加利福尼亚州奥克兰，树木的循环利用是由 Marcus von Skepsgardh 管理的非营利组织 Protect All Life(P. A.L.) 基金会负责的，这个组织抢救城市遭砍伐的红杉、松树和桉树。他们象征性地收取一定费用去获取可用的树木，但与当地的垃圾处理费用相当，或者更低一些。将树木或木材销售给建筑商用来制作工作台、吧台面、桌面、建造用木材、地板和装饰品（见图 2-6）。这项计划除了可以用来被当作垃圾处理外，还能够减少因国家森林面积减少而造成的压力。

图 2-6
位于加利福尼亚州奥克兰的 P.A.L. 基金会从城市工地收集到木材，这些木材用来制作有用的木制品，从而减缓了国家森林面积的减少并节约了垃圾掩埋费用。
来源：P.A.L. Foundation

侵蚀最小化

在许多建筑工地，侵蚀控制是基本要求。侵蚀控制有多种形式，最大程度地减少可能发生侵蚀的区域，是减少土壤侵蚀最有效的方法。但是有些情况下可能的侵蚀是不可避免的，在这种情况下，需要在落水线安装塑料格栅以防止侵蚀。可以在排水沟或冲沟内放置稻草包，用来减少水土流失和侵蚀。

设计的车道要能最大程度地减少侵蚀。带有排水坡度的车道能使水排向两侧从而防止侵蚀，优于那些被水漫过整个路面的车道。当道路沿着山坡迂回上升时也能减小侵蚀程度。笔者曾经在新房子的路面下埋置一些直径 4 英寸的木头用来减缓水从车道上流下的速度。这种简单且造价低的方法阻止了侵蚀，避免每年雨季来临时需要运送几吨黄沙来填补路面形成的冲沟。

植被修复

在建设期间充分保护工地的植被远优于建设完成后再重新种植，并可以节约大量时间和资金。也可以采用其他方法，例如可以在土地上播种一些本地花草。在建设之初就可以收集这些植物的种子。收集到的种子在未播种前应放置在阴凉干燥处。

另一个比较有效的窍门是利用积蓄的表层土种植草皮。笔者曾经成功地利用这种技术在自家的屋顶制作种植屋顶。那些只花了一年时间便生长成型的屋顶植被是笔者花费整整四年时间收集的种子种植得来的（更多关于再种植的论述见第 15 章）。

选择一块好的基地来建造房屋需要勤奋、细心以及必要的知识，当然也需要一定的资金。在此基础上花费一定的时间来做出明智的选择。如果想要了解更多关于选址的信息，请在《The Natural House》一书中查看更为深入的论述。

一旦选定了基地，务必要在建造期间保护好建设用地，使其避免遭受不必要的损害。保护性的建造好比医学上的预防性卫生保健。这样就可以使恢复原有土地植被变得相对容易。这个问题需要引起高度重视。

当建造完成后，将表层土撒回建设场地，重新蓄水后经过再种植，不久就会居住在一片绿葱葱的花园里。

"每一个人都应知道纸是可回收再利用的，但是树木如何回收再利用？如果我们能像回收再利用纸那样，为什么不可以再利用树木去保护森林呢？那是非常有意义的事情，这样每年就可以防止数百万吨木材被掩埋。"

Marcus von Skepsgardh

P.A.L Foundation

建设期间保护工地的植被比建设完成后再种植要简单得多，并且可以节约大量的时间和金钱。

第二部分
绿色建筑和改造

第 3 章

健康住宅

多年前，笔者和健康住宅的提倡者 Lynn Bower 开始出现睡眠困难。Lynn Bower 的肌肉和关节疼痛，还经历过呼吸困难、消化不良和思维不清晰。因慢性炎症引起的瘘管疼痛更增加了她的痛楚。化学气味，甚至油墨或新的衣服散发的气味都会让她不堪烦扰。

像其他工业国家的居民一样，Lynn 所遭受的困扰逐渐被人们所认知并称之为化学物质过敏症。这种造成人体免疫系统混乱的根源是环境中，特别是居住环境中的化学物质过多。

Lynn 这种症状出现在她和她丈夫 John 对所居住的建于 19 世纪 50 年代的农舍改造以后。农舍在翻新过程中使用的大量的常规建材所挥发出来的化学物质是导致 Lynn 的健康恶化的主要原因。如同 Bower 夫妇在《The Healthy House Book》一书中所描述的：令他们感到震惊的是，他们所选用的胶合板、橱柜、油漆和地毯等材料都是可以在木材市场或建材供应中心随时买到的常规产品。

科学家相信，Lynn Bower 的这种疾病，是由现代建筑材料或家具中含有的化学物质（如甲醛）与人体内的蛋白质结合造成的。在这一过程中，建筑材料或家具带来的外来化学物质不断地攻击人体自身免疫系统，使人们感到异常痛苦。

从地毯、染色剂、油漆、抛光材料、胶合板、沙发和其他家具中挥发出来的化学物质是造成数以百万的人生病的主要原因。不幸的是这些人中的大多数都不知道为什么会感到身体不适。大多数建筑中的室内空气都会被来自各种污染源中的有毒物质所污染。头痛、慢性支气管炎、哮喘和化学物质过敏症甚至构成生命威胁的疾病（如癌症）

化学物质过敏症状

- 呼吸困难
- 失眠
- 注意力分散
- 记忆力衰退
- 偏头痛
- 恶心、反胃
- 腹痛
- 慢性疲劳
- 关节肌肉痛
- 眼睛、鼻子、耳朵、喉咙和皮肤部位的疾病

一些患有化学物质过敏症的人所表现出来的自身免疫平衡削弱和敏感度的增加不仅仅受气味因素的影响，还可能是由噪声、光污染、极端的冷热交换和电磁场等引起的。

来源：提及的 MCS 和污染源来自 www.mcsrr.org

没有人生来就患有过敏症、哮喘或者化学物质过敏症。这些患者的病因是由诸多原因引起的，有的病因是遗传性的，有的是由环境造成的。所以不能因为你现在是健康的就意味着你今后也是健康的。因此，尽可能避免环境污染才是明智的做法。

John and Lynn
Bower
个人采访

等均可在很大程度上归因于室内空气污染。

室内空气污染是一个十分严峻的问题。无论是建造新建筑、翻新住宅还是购买架柜、粉刷房屋，或者铺设新地毯，都会潜在地改变室内空气质量，并影响居住者的身体健康。

但是室内空气质量和人体健康之间是否真的存在利害关系呢?

答案是肯定的。人们花费大量的时间待在室内，或者在家或者在办公室。如果你是一名办公人员或是教师，通常情况下大约80%～90%的时间待在室内，甚至连建筑工人也有50%的时间待在室内，这就是人们会受室内空气污染的主要原因。

大多数住宅都受到了室内空气污染的影响。当问及这个问题是否普遍时，John 和 Lynn Bower 解释说，大多数家庭都在一定程度上受到了室内空气污染问题。程度从轻微污染一直到无法居住。

此外，有证据指出大量的人们受到室内空气污染的影响。引发的疾病包括局部皮肤皮疹、关节疼痛、过敏症和呼吸困难等。一些室内空气污染物如霉菌能够导致打喷嚏、流眼泪、呼吸短促、头昏眼花、体质虚弱、发烧等各种问题，甚至出现流感症状。

当评估因受家庭室内或办公室内空气污染而出现健康问题的人的数量时，Bower 夫妇记录道"50% 的病人是因为室内空气污染引起的"。她又迅速补充道："考虑到许多病都是由于流鼻涕、头痛等症状发起逐步严重的，甚至最终导致死亡，所以这一数据是可信的"。估计大约有 1700 万美国人已经患有哮喘，30% 的人患有过敏症，这些问题大多都是由室内空气品质下降导致的。

更加严重的是许多人的身体功能因压力过大而变得更加糟糕。在我们这个高压的社会，压力使我们的自身免疫能力下降。在压力下，身体的肾上腺会分泌一种称为皮质醇的荷尔蒙。尽管皮质醇可以帮助我们减轻压力，但长期的皮质醇作用会趋向于抑制自身免疫系统，会使我们更易受到室内空气污染的侵害，更加容易生病。只有通过减轻压力才能保护自己，当然也可以通过减少室内空气污染而使住宅更加健康。

这一章提供的建议是关于如何建造健康住宅的，建造绿色住宅主要集中在如何保证室内空气清洁。笔者将列出提纲说明主要室内空气污染源，这样就能够明白应该注意哪些问题，进而讨论三个部分的策略来确保室内空气良好。健康住宅不但能够促进人体健康，也能创造更洁净、更健康的世界。环保涂料和油漆，不仅对居住者有益，对涂料供应商和工人来说也是安全的，它们向空气中释放的污染物更少，使我们能呼吸更新鲜的空气。这正是我们所强调的生活方式。

室内空气污染的来源

参照由美国环境保护机构和消费产品安全委员会出版的《The Inside Story》中的"室内空气质量指南"部分，室内空气污染物质包括由五大主要来源产生的气体和物质：(1) 燃烧设备，如壁炉和炉子；(2) 建筑材料和家具；(3) 家用化学制品，如清洁产品、个人护理产品、个人习惯使用的溶剂和涂料；(4) 中央空调系统和加湿器；(5) 室外来源。另外，电线和各类用电设备（如热水器）也应添加到污染源清单中，原因后面会解释。下面逐一进行简介。

燃烧来源

我们房间内使用的燃烧设备使我们的生活变得更加方便和舒适，厨房有燃气炉和烤箱，在浴室有热水器，地下室有炉子和锅炉，起居室中有壁挂燃气加热器、壁炉、薪柴炉等。这些燃烧设备使用一系列的燃料，包括家用采暖燃油、天然气、丙烷、材、煤油，偶尔还会用煤。燃烧污染来源同样包括蜡烛和烟草制品——香烟、雪茄。

家中有机燃料的燃烧产生了一些潜在有害的化学微粒和气体，包括一氧化碳和二氧化氮，它们都对我们的健康有害。一氧化碳降低血液给细胞运送氧气的能力。虽然低浓度的一氧化碳不构成严重危害，但是当浓度高的时候，问题就产生了，一氧化碳浓度过高可能会引发健康人群出现头疼症状。一氧化碳可以使老年人和有心脏血管疾病的人出现胸痛和心脏病。

我们呼吸的空气中的二氧化氮，在与水结合时，能够转化成一种很强的酸（硝酸）。硝酸会腐蚀我们肺里微小的肺泡。由于肺泡的破裂使呼吸变得困难，结果就会导致肺气肿。微粒可以深入到肺部，引起许多问题，包括肺癌。

建材和装修

建材和装修，如地毯和家具，是另一个重要的室内污染源。建材通常由合成木材制成，如刨花板、胶合板、叠层梁等。这些产品都是用含有尿素甲醛或苯酚甲醛的树脂或胶水制成的。甲醛在浓度比较高的时候

高压的生活方式使我们更容易受到室内空气污染物的不利影响。

健康建筑材料对居住者，制造材料的工人和施工人员来说都是有益的，同时它们产生更少的污染物，可以使我们的居住环境更健康。

室内空气污染的来源

- 燃烧设备
- 建筑材料和家具
- 家用化学制品
- 中央空调系统
- 湿度调节系统
- 室外空气
- 电线和其他用电设备

酒店式公寓的空气质量

"酒店式公寓的单户住宅也有相同的室内空气问题，因为它的污染源都是相似的，如室内建材、家饰、家居用品。室内空气问题是由被污染的通风系统、设置不当的新风进风口或不规范的维护行为等原因引起的。"

美国环境保护署
室内空气报道
室内空气质量指南

是一种刺激性气体;在浓度较低的时候,对敏感的人就会引起化学敏感症。

甲醛树脂存在于制造柜子和棚架的刨花板中(图3-1)。一直以来,玻璃纤维都是用一种含有甲醛的胶粘剂制成,尽管目前有厂商使用无毒乳胶树脂来代替它,但即使是新的地毯和家具都可能含有甲醛树脂。

建材、家具以及装修材料都会向房间内散发甲醛。这个过程就是气体挥发过程,新建的、改造的、新装修的房屋要持续挥发几个月,有时甚至是几年。另外,地毯和家具也是那些能引发过敏和其他症状的细菌、霉菌、尘螨等微生物的藏身之地。

更糟的是,许多房屋建造商在铺设瓷砖、地毯、油毡及其他产品中使用了胶水和其他胶粘剂。这些胶粘剂的成分中往往含有一些刺激性甚至是有害的化学物质。

家用化学制品

美国的许多家用化学品中都含有工业用化学物质,包括抽水马桶和浴缸清洁剂、脱脂剂、去污粉、消毒剂、漂白剂等。这些产品中通常含有有毒物质。当我们在使用时,这些有毒物质会挥发到空气中,并被我们呼吸到体内。

甚至一些个人护理用品和消费娱乐产品都是室内空气污染的元凶。如发胶、指甲油、洗甲水都向室内空气中散发有毒的化学物质。自喷漆含有二氯甲烷。在一些艺术品和手工艺品中使用的胶水以及其他的化学品溶剂也含有挥发性的有机化学物质。

图 3-1
大部分新家中的橱具是用工程木料(刨花板)制成的,这些工程木料由含甲醛的树脂制成,数月甚至数年持续向室内释放有害气体。
来源:Dan Chiras

中央空调系统

中央空调系统也是室内空气污染的潜在来源。除了以锅炉为热源时会产生一氧化碳，也会传播霉菌、粉尘和细菌。这些刺激物可以通过管道被风机吹满整栋房子。

室外空气污染

室内空气污染可能源于室外（图 3-2），例如，附近高速公路的汽车散发的尾气可以通过裂缝和建筑物的开口渗入住宅。在许多地区，氡从地下土壤中渗入室内。氡是一种放射性的气体，是从自然界土壤和岩石中的铀衰变产生的。虽然它无色无味，不会立即引起任何的健康问题，但是氡可以导致肺癌。美国 EPA 检测发现，每年大约有14000 例肺癌是由氡引发的。

在乡村地区，农药成为附加问题。在农田大范围的喷洒农药也会污染当地的室内空气。

电线和电气设备产生的磁场

电线和各种电气设备会产生磁场，一些专家认为这会危害人类的健康，引发癌症、婴儿的出生缺陷和流产。但是大量的证据也表明，暴露在磁场中不会产生癌症、神经问题、行为问题或者生殖细胞损害和影响胎儿发育的问题。

有些研究结果确实显示电磁场可以刺激癌细胞的成长。换句话说，

图 3-2
室内空气的污染也可能来自室外，比如附近的道路。
来源：Dan Chiras

有一些确凿的证据表明，即使电磁辐射不引发癌症，但一旦癌症形成后暴露于磁场中，便会加速肿瘤发展。作为预防措施，专家通常建议房主和建造商要采取措施来限制暴露的磁场，以保证安全。笔者将给出一些建议。

密闭式设计

不仅是建筑材料，家用电器、家具和家用化学物品也是导致空气污染问题的主要因素。事实上，许多新房屋设计和建造得非常密闭。密闭式设计降低了空气的流动，能够节省供热和制冷的能源，很大程度上增加了居住的舒适程度。为了建造更加密闭的建筑，设计师使用密封胶和风雨条对建筑围护结构进行封闭，并且安装隔汽层进一步减少空气的内外流通。

虽然提高能源使用效率对保护自然资源是至关重要的，但把房屋变得完全密不透气确实会带来问题：前面描述的物质中散发出来的污染气体也被它密闭起来，并逐步达非常危险的浓度。幸运的是，有一些方法可以创造一个密闭的、节能的、无毒害的房屋，分述如下。

建造健康住宅

良好的建筑能够给人们提供好的环境，保证室内空气无毒、无刺激物和过敏源（如造成过敏反应的皮屑）。David Rousseau 和 James Wasley 在他们的书中写道，设计良好的建筑不仅能提供舒适的居住条件，而且要有良好的室内环境，应该是人们可以安居乐业的地方。理想的住宅应该温度适宜，不会太冷也不会太热；有充足的日照；适应人们居住和生活的要求；内部空间丰富，保证人们的生活能有条不紊地进行。另外，还能阻止外界交通噪声和狗的叫声打扰我们的平静与安宁，使室内噪声保持在最低的限度。

为了建造环境友好和可持续发展的房屋，环保的设计者和建造者正努力去保护我们的生活环境，他们意识到环境保护和个人健康是互惠互利的。但是，这两个目标并不总是能够很容易同时实现。比如电炉不会产生室内空气污染，与燃气供热装置相比它更有益于人们的身体健康。然而，从环保的角度来说，电炉并不是最佳选择。它所使用的电力也是通过原始的燃煤和核能发电而来，发电过程本身就会对社会、经济以及环境造成很大的影响。

有时候对环境的保护和对人们自身的保护这两个目标是能够有机结合在一起的。比如，一个通过太阳能获得热量的居住空间，对居住者和环境来说都是有益的。对易过敏的人群来说太阳能采暖是一种健康的选择，他们对空气中采暖系统的灰尘或者加热设备燃烧产生的粉尘都比较敏感。使用回收材料制成的地面砖和墙面砖也对人类和环境有很大好处。这些由废弃的材料制成的建材，节省了原料和能源，因此在生产过程中对环境污染更小。而且这些砖不会像地毯、地板那样会挥发有害化学物质，更加有利于居住环境的健康。

建造健康住宅的关键

建造健康的住宅并不困难，仅需要一些基本常识和专业知识。为了建造健康住宅，许多建筑师都使用了以下三种方法：消除、隔离和通风。林恩和约翰·鲍尔称为"健康住宅三定律"。

消除有害的污染源。消除意味着：在项目的设计、定型等各个阶段都要避免使用有害的产品和技术。像传统的油漆、着色剂以及罩面漆中往往含有挥发性有机物，可以用低挥发性或无挥发性的有机化合物产品来代替从而避免化学气体挥发。瓷砖、石膏、硬木、天然纤维、棉花和羊毛都是常见的健康装饰材料。现代化的高效炉具和热水器也是很好的选择，一些新式的采暖设备都是加热室外新风为室内供热，而炉膛中燃烧后的气体直接排出室外，因此室内能够获得充足的新风供应，同时燃烧炉中的气体并不会排放到室内（第6章将对此详细讨论）。采用太阳能采暖系统（将在第11章介绍）和太阳能热水系统对居住者和环境来说是更好的选择。

在已有住房中消除室内空气污染相对较难。举例来说，要除去地板中的甲醛，就要对整个地板进行更换，这样的花费是巨大的。但是，你可以通过更换新的、更有效的、更清洁的设备从而摆脱热水器或炉子燃烧造成的污染。或许你现在可能还没有足够资金或迫切需求来彻底更换当前的燃气炉，但是你可以使它燃烧起来更加充分。

健康建筑专家普遍认为我们需要格外关注以下四类产品需要：(1) 合成木材或由其制成的木质产品，如复合木地板；(2) 地毯；(3) 燃烧器具；(4) 油漆、着色剂、罩面漆等。

木制品由木板、木纤维、木屑或其他类似的材料制成（见图3-3），正如前文所指出的那样，这些材料使用含有甲醛的树脂粘合成型，污

工程木材

人们普遍认为工程木材与传统的木制品相比是一个更加可持续的选择，如标准2×4和2×6的木方。工程木材产品是由更容易获得的、直径较小的树木制成的，而不是使用所剩不多的树龄较大的树木制成。因此，其木材利用率更高，浪费更少，有些产品比传统的木材材料性能更好。然而不幸的是，现实生活中所有的工程木材制品都含有甲醛。

染较大。合成木材多被用来制造衣柜、沙发、椅子、木面板、内墙，也广泛应用于地板、屋顶和外墙。许多新装修的家庭中所使用的架子、横梁、地板龙骨和椽子都是使用合成木材制品制成的。虽然这些产品具有很多优点，但在使用过程中会散发大量甲醛气体。

幸运的是，有一些方法可以降低合成木材散发的气味，例如，在使用前将板材放在一个通风良好，干燥的地方 1 ~ 2 个星期（堆放木材时，使空气能在每块木材之间很好地循环，有利于有害化学物质的挥发）。有些制造商制造出一些可替代合成木材的产品，包括低挥发性有机物的板材和使用秸秆或者废纸做的护套产品，这两种产品都是使用无毒胶粘剂制造的（见第 5 章）。

健康住宅建造者关心的另一种产品是地毯。Bower 夫妇说"地毯是一个大问题，因为地毯纤维、添加剂、化学处理以及清洁产品均可散发出数十种有害的化学物质。另外，地毯还藏纳着数量极为庞大的污垢、尘螨和其他容易引起过敏的微粒。"

在本章前面提到的燃烧器具是第三个"问题产品"。薪柴炉、壁炉、燃气炉都会产生一氧化碳和二氧化氮污染空气。

油漆、着色剂、罩面剂也是主要的污染物散发源。当在室内表面使用这些制品时，有害的有机挥发物将释放到室内空气中。有害物质的挥发从油漆开盖即开始，在使用和干燥过程中大量挥发，即便干燥后也能持续数周乃至数月。幸运的是，我们已经有了部分替代产品，将在第 4 章中详述。

图 3-3
认识到传统木材供给需要大量濒临灭绝的古树而且浪费严重，许多木材公司转而生产合成木材用于建筑框架和围护结构。
来源：Truss Joist Weyerhauser

与潜在污染物隔离。消除室内污染源是确保室内空气质量的最有效方法，是第一道防线。但是，在实际生活中，很难将所有有潜在污染的物品全部清出房子，在这种情况下有必要采取相应措施减少潜在危害。通过与潜在污染物隔离，构成了保障室内空气质量的第二道防线。

为了与潜在污染相隔离，需要创建一道居住者与潜在污染物之间的有效屏障。例如，在新建建筑中，使用刨花板作地板垫层时，可以先将刨花板包装打开晾一下，然后使用无毒的密封胶将刨花板包装密封，从而避免刨花板中的甲醛进入室内。如果刨花板用作装修中的外包板或屋面板，可以使用隔汽层（塑料布）将其密封从而防止甲醛进入室内。隔汽层的设置对于防止水分进入建筑围护结构孔隙造成保温性能下降和霉菌滋生也是非常有益的。

再举个例子，在地下管沟、线槽等处铺设聚乙烯塑料布可以有效阻止氡气渗入室内。

如果不在意成本，你甚至可以屏蔽电磁场。可以将电线装在铁、镍、钴等材料制成的套管中，不过这种做法仅在部分情况下非常有效。建议聘请专业顾问或公司，在卧室、起居室、厨房等人常停留的屋里作专业处理。在室内布置时将人与微波炉、电视机等电器分开一定距离。钟控收音机的电磁场显然较强，所以将它放得离床远一些的地方。上弦的闹钟显然是更好的选择，而且更省电。

如果你对电磁场的潜在影响较为关注，请在选址时更加注意一些。在建房或买房时避开高压线、供电站、配电室、变压器等设施，最好保持半英里以上的距离，其他如同移动通信基站、雷达站、微波传输设备、电视广播发射塔等设施也应尽量远离。

通风换气。如果您不能消除所有有害气体或防止它们进入室内，那么你将需要使用第三种也是花费相对最高的方法：通风，用新鲜、清洁的空气来替换陈旧、被污染的空气。

通风可以通过开窗来实现，排气扇则可以加速通风过程。这种简单的方法可以使新鲜空气引入室内并将陈旧、被污染的空气排出室外，但这个方法在许多地方可能不能全年使用。安装在卫生间、厨房和杂物间里的排气扇对清洁室内空气也有很大帮助。更好的做法是安装一套整体通风装置（见图3-4）。它安装在建筑的中心位置，通过阁楼排出室内空气，并使新鲜空气通过窗口进入室内。

最理想的当然是整体通风系统，如图3-5所示。在整体通风系

注释

隔汽层由塑料布制成，用于防止水蒸气进入墙体缝隙损坏保温层。在热湿气候区，隔汽层布置在墙体外侧，防止室外含湿量更高的空气进入室内；在寒冷气候区，隔汽层布置在墙体内侧，防止室内含湿量更高的空气进入墙体损坏保温层和墙体结构。

根据美国环保署的分析，控制污染源通常是最有效的改善室内空气质量的途径，就像上面讨论的几种"消除"和"隔离"等手段一样，它们通常也比普通的窗户通风更为经济。

图 3-4

安装在浴室和室内其他位置
（如杂物间）的排气扇，可用
来为房间通风，确保室内有清
新的空气。

来源：David Smith

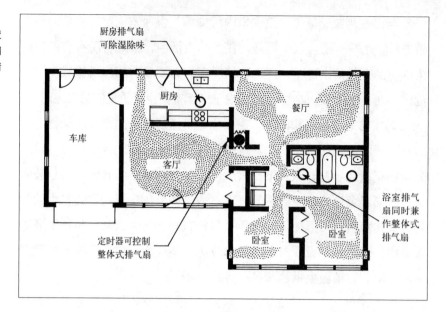

厨房排气扇
可除湿除味

厨房

餐厅

车库

客厅

浴室排气
扇同时兼
作整体式
排气扇

定时器可控制
整体式排气扇

卧室

卧室

注释

厨房、浴室和洗衣间都应
设有静音、可靠、可供频繁使
用的排气扇，如果没有其他通
风系统的话，可以用定时器控
制通风。有些建造者也会在车
库安装排气扇，以防止车辆排
出的尾气进入室内。这些尾气
也是室内空气污染的重要来源。

统中，新鲜空气通常通过在建筑物墙壁上专门设置的新风口进入室内。
系统通过一组小型风机使用很少电力吸入大量的新鲜空气。然而在冬
季的时候，整体通风系统由于要排出室内的空气，可能会浪费很多的
热量。为使整体通风系统在冬季不再浪费这么多的热量，许多建造者
安装了空气热量交换器，也称为热回收换气机（HRV）。

热回收换气机在排出污浊气体的同时将新鲜空气吸收到住宅
室内，被污染的空气通过一个热交换器再排出室外。这样，热量通
过热交换器从排风转移到新风中来。热交换器在冬天可以减少大约
60% ~ 80% 的热量损失。在夏天与空调系统同时使用时，能减少冷量
损失，节约能源，创造低成本的舒适环境。

为什么需要通风？为什么不修建利用自然通风换气的住宅？

把房间做得密不透风，然后利用风扇换气来保持室内充分的新鲜
空气的做法看起来可能很傻。为什么不利用自然通风换气而要通过安
装昂贵的通风系统换气？为此我们已经进行了几十年的研究。

这个问题看似非常简单，实施起来却遇到了非常多的问题，主要
包括可控制性和舒适度两方面。

自然通风的房屋是无法控制通风率的。因此，当风很大的时候（通
常发生在冬天）会有太多的新风进入房间，另外，风会透过房屋的围
护结构缝隙，例如门缝、窗缝和电源插座缝隙等进入室内。随着室外
冷空气由迎风面进入室内，室内热空气从背风面散失出室外，造成了

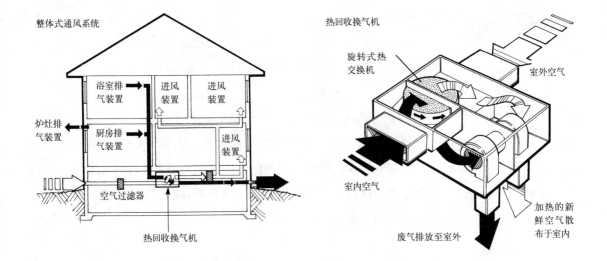

整体式通风系统

浴室排气装置
进风装置
进风装置

炉灶排气装置
厨房排气装置
进风装置

空气过滤器

热回收换气机

热回收换气机

旋转式热交换机

室外空气

室内空气

废气排放至室外

加热的新鲜空气散布于室内

严重的浪费。在没风的日子里，又会因为缺少足够的动力换气而无法保证室内空气的健康质量。

　　通过围护结构缝隙渗透所进行的不规则换气也有可能使一些有污染性的化学物质进入房间。换句话说，自然通风的建筑会降低建筑过滤潜在有毒气体的能力。

　　自然通风对建筑中的保温材料也有影响。自然通风会使围护结构中的保温材料受潮，许多保温材料在受潮后保温效果会有所下降。这必然会导致能源的浪费，而且，霉菌可能会在潮湿的保温材料中滋生，

图 3-5
装有热回收器的通风系统不仅能够提供新鲜空气，而且节约能源。
来源：David Smith

为了建造一栋健康的住宅，您必须尽可能精确地对进出建筑的空气进行控制。

避免过敏

　　如果你是一个易过敏的人或是为这样的人修建住宅，需要使用高效的空气过滤器以消除空气中悬浮的微粒。微粒过滤器中的玻璃纤维或聚酯纤维含有合成树脂，有的还喷涂了一层油，以进一步提高吸收微粒的能力。有些过滤器还填充有杀灭霉菌和其他微生物的化学物质。虽然过滤器能够消除大部分颗粒，但长时间运行脏了以后会释放出少量的气体，对大多数人来说是无害的，但对少部分人来说也会引发过敏。一种解决的办法是将过滤器放在 200 ℉（93℃）的炉子里加热几小时，虽然这也许会造成有些过滤器性能减退，但效果还是不错的。您或许想要事先让厂家在过滤器周围再安装一个气体吸附器，但不建议这么做，因为有些人可能也会对这个装置过敏。

　　某些过滤器，特别是静电除尘器和负离子过滤器（两种微粒过滤器），会产生少量的臭氧。虽然低浓度的臭氧对大多数人没有影响，但某些人可能对它反应强烈。另外，静电除尘器如果是由塑料制成的，塑料也会散发出一些污染气体，使人感到不适。

　　对化学物质敏感的个体可能会对气体过滤器中的吸收介质过敏。如果木炭过滤器是由氧化后的椰子壳制成的，一般问题不大，但如果是用焦煤制成的，就容易引发过敏。

　　笔者建议慎重地选择过滤器。与供货商充分交流，他们知道对那些易过敏的人要有哪些需注意的事项。对这些特殊的群体，他们可以根据需要安装合适的过滤器。另外，有些制造商允许顾客试用一下过滤器，如果有问题可以退回。

然后随通风进入室内。

因此，充分考虑上述因素，建造一栋带有通风系统的密闭的房屋要比建造一栋利用自然通风的通透房屋更加经济和健康。

空气过滤器：最后一招

通过使用三个健康建筑原则：消除、隔离和通风，可以营造出对几乎所有人来说都健康、清洁的室内空气环境。无论住宅是否完全按照健康原则建造，空气过滤器都能够改善我们的室内空气，对空气过滤系统我们还需要了解什么呢？

便携式空气过滤系统还是整体式空气过滤系统

首先，空气过滤系统可以分成两大类：便携式和整体式。便携式过滤器主要用于过滤和净化单独房间的空气，而整体式则主要用来净化整套住宅。

便携式过滤器在使用上有局限性。当房间相对独立时，它能够发挥最大的作用，如办公室、卧室和车间。放置在卧室的便携式过滤器在夜晚能很好运转，可为哮喘或过敏的人提供帮助。

便携式过滤器在密闭的屋子里使用效果最佳，但是它们在装有中央空调的建筑中使用就有一些局限性。这些系统通过输送管使空气在家中流通，因此把一间屋子与其他房子隔离是不可能的，除非关闭所有设备（当然这样的话将没有暖气或冷气），在这种情况下，过滤器在改善室内空气质量上的作用实在是太小了。

整体式过滤器通常嵌入空气加热器或中央空调系统中。经过加热或制冷的空气不断循环地通过一个风管中的过滤段，污染物即被吸附了。可是，空调系统并不是每天 24 小时工作，也不是每年 365 天工作，一台循环风机也许需要全年连续工作才能达到空气过滤器的效果，这样必然要消耗更多的电力。

安装有机械换气系统的房屋也可以装配整体式空气过滤器。然而，在许多机械通风系统中的风机，通常没有足够的动力克服过滤器的阻力。因此需要安装动力更强、耗电量更大的风机。

在联合使用通风系统和中央空调系统的住宅内，一个空气过滤器可以实现双重功能。它既可以过滤通过通风系统进入室内的空气，也可以净化通过空调系统循环的空气。

微粒过滤器与气体过滤器对比

介绍了这两种基本类型的空气过滤系统后，下面按照过滤原理分类介绍一下。按照工作原理来分主要有以下两种基本类型：微粒过滤器和气体过滤器。顾名思义，微粒过滤器一般被设计用来去除微粒物质，例如尘土、霉菌、头皮屑、花粉或者烟尘等。气体过滤器则用来吸附气体，例如一氧化碳和甲醛。

微粒过滤器通过去除悬浮在空气中的微粒，来保护那些过敏和哮喘的人。气体过滤器能够吸附可能引起多种化学过敏或其他健康问题的有毒气体。要清除房屋中微粒和气体两种污染物，需要安装两种类型的过滤器或安装能清除多种物质的多功能过滤器。

微粒过滤器和气体过滤器中不同的产品有不同的功效。笔者建议仔细阅读产品说明书并谨慎购买。例如，有些微粒过滤器对大微粒过滤效果很好，但对像烟草烟尘这样的小微粒清除效果就很不好。小微粒可以深入到肺部，并且可能导致肺癌。

为了预测空气过滤器的作用，需要考虑它的工作效率，即能把多少空气中的污染物吸收或者去除。在选择型号时应特别注意。尽管制造商通常列出了设备的工作效率，但他们提供的这些信息并不足以让我们做出合理的决定。幸运的是，工业生产正在逐步标准化，因此选择一个合适的过滤器变得越来越容易。

另一个极其重要的指标是在给定的时间内，有多少空气能够穿过这个空气过滤器，这个指标通常用立方英尺／秒或者立方米／秒来度量。你肯定希望这一指标越高越好，能够以较高的工作效率来处理大量的空气，保证在很短的时间内能把建筑中的大部分空气过滤一次。

另一个需要考虑的问题是，随着过滤器开始对房间中的空气进行过滤，它自身附着的污染物在慢慢积累，性能也开始下降。有些型号的过滤器，当滤芯开始充满污染物时，效率下降得非常快，而另一些型号在使用中能够保持较平稳的效率。

对于绝大部分住宅来说，只需要一台工作效率在 25% ~ 45% 中等范围的粉尘过滤器（根据污染物颗粒和灰尘测试）就可以满足需要。这类过滤器可以从 Carrier、General Filters、Honeywell 以及 Research Products Corp 等厂家很方便地买到。一些高效的 HEPA（高效率空气净化器）过滤器也可以选择，有的效率能够超过 99%。HEPA 过滤器五年来一直是市场上效率最高的微粒过滤器，但通常大

在广告上有大量对空气过滤器的宣传。结果，根本就没有宣传的那么好，许多人上当受骗。

John Bower
《The Healthy House》

购买空气过滤器首先要考虑功效。然而不幸的是，政府标准中对空气过滤器的工作效率并没有做出规定。

美国哮喘和过敏基金会、食品和药品管理机构已经两次要求专家组制定国家标准，但都没有实现。两个专家组认为，关于空气过滤器与改善健康两者的关系，尚没有足够的研究数据作为依据，因此不能推荐制定国家标准。

因此，消费者只有依靠以下两个信息来源中的一个：（1）生产商的介绍，但这些介绍容易让人产生迷惑或误解；（2）查阅 ASHRAE（美国供热空调工程师协会）或者 AHAM（家用设备生产商协会）等专业机构公布的设备功效评定。查看产品上的标签来确定空气过滤器系统是否已经过测试。你也可以使用他们公布的等级与其他同类产品进行比较，但是没有任何等级评定系统是根据健康影响制定的。

2000 年 2 月，ASHRAE 公布了一个新的测试和评定等级的空气过滤器的标准。这个测试根据微粒大小的不同来衡量功效，因此它没有误导性的介绍。举例来说，一个生产商声称它的过滤器效率是 90%，但没有告诉消费者，这个数值只针对非常大的微粒，一般不包含中、小微粒。

ASHRAE 的等级测定使用 MERV 标准，根据 ASHRAE 技术委员会空气微粒污染和污染微粒净化设备小组成员 Charles Rose 的说明，MERV 是 1 ~ 16 之间的一个数字，根据空气过滤器清除空气中不同大小灰尘的比例来对其进行比较，数值越高，清除的比例就越大。

便携式空气过滤器通常由 AHAM 进行等级评定。在过滤器上的标签显示出它的 CADR（清洁空气释放率）值，根据 AHAM 的说明，CADR 用来测算一台设备 1 分钟能过滤多少立方英尺的空气，过滤烟草、灰尘、花粉。举例来说，如果一个空气过滤器对于烟草烟尘的 CADR 值是 380，那么它每分钟可以向空气中提供 380 立方英尺的无烟空气。

ASHRAE 和 AHAM 的等级评定只使用对微粒的过滤性能作为评价指标，对于复杂的实际情况还是会引起一些误导。因此，现在经常使用一种更加简洁直接的方式来表示污染气体的净化效率（不需要给出处理微粒的大小范围），进一步降低误导发生的几率。

AAFA（美国哮喘和过敏基金会）在报告中指出，尽管 FDA 没有与健康相关的空气过滤标准，一些便携式的空气过滤系统也被认为属于二类医疗设备。为了获得它的等级，生产商必须证明这个设备是安全的，并有其医疗价值。查找保险商实验室印章和 FDA 的二类设备批准说明。如果设备没有 FDA 说明，那么请查看一下 FDA 的设备清单后再买。

多数家庭是不需要这么好的过滤器的，中等效率的过滤器已经能把那些能引起人们过敏的有害微粒过滤干净。

要了解空气过滤器的等级，可以参考下一页的补充说明，如果需要更多的信息，可以查阅 John Bower 的书《The Healthy House》，他在这方面做了很好的工作，介绍了绝大多数类型的微粒和气体过滤器，列举了每种设备的优点与缺点，以及设备效率的测试方法。

家居植物是空气"清洁工"

如果住宅里有家居植物能够清洁空气么？20 世纪 80 年代，美国航空航天局(NASA)进行了一系列的实验，来评估吊兰、绿萝等家居植物对去除室内空气污染物的清洁能力。研究发现，这些植物对去除一些有害气体是非常有效的，如甲醛、一氧化碳、二氧化氮等，从那时起，大量的杂志和电视节目开始增加"植物清洁工"方面的报导。

不幸的是，进一步的研究显示，在空气清洁过程中起作用的不是植物本身而是植物生长所需泥土中的微生物。它们从空气中吸收污染物，并在新陈代谢中将其分解。然而，更令植物爱好者沮丧的是，最近的一项研究显示，盆栽植物吸收污染物的数量要比原来想象的少得多。

科学研究发现NASA的实验是有缺陷的，他们所有的研究实验都是在密闭的空间内进行的，在那种环境中，空气中污染物的绝对量是一定的。尽管在实验中盆栽植物确实能吸收大量空气污染物，但是一个固定污染程度的密闭空间，与实际房间还是有些差别的。在实际的住宅环境中，污染物是由建筑材料、家具长年累月的散发等其他因素产生的，从而持续充满整个房间。

为了测试植物在真实房间中的效率，研究者在博尔州立大学进行了一个模拟真实生活环境的实验。他们的研究显示，家居植物对空气的净化并不是很明显。它们净化空气的速度完全跟不上废气产生的速度，这是现在美国环境保护署的官方结论。John Bower指出，在室内放置植物更可能发生的情况是室内的相对湿度升高，随着室内湿度的升高甲醛的挥发量也会加速。因此在实际生活环境中，虽然部分甲醛被植物吸收但随即有更多的甲醛挥发出来。另外，家居植物还会散发出花粉孢子，使人产生过敏反应。湿度的升高也会加剧霉菌在房间内的生长，同样会影响健康。

尽管已经有很多关于"过滤"方面的知识，但是通过本篇介绍，希望能够帮助你走出正确的一步。记住，再好的过滤器也只能吸收或者降低污染物的浓度，而不能替代良好通风所起的作用。

一些想法

健康建筑对人和植物都有好处。尽管建造一栋健康住宅的花费很高，但是从中获得的好处确实值得我们付出。你们会感觉舒适并且这种感觉会贯穿于你的整个生活。对于那些关心自己和家人健康的人来说，选择健康建筑是他们选择住宅的重要原则。

第 4 章

绿色建筑材料

与其他夫妇一样，当 John 和 Judy Matson 准备购买一座新房时，他们要综合考虑很多因素——安静的邻居、很近的上班路程、大的厨房和卧室、坚固耐用，都是理想住宅应具备的条件。与其他有节能意识的购房者一样，他们也希望房子有很高的能源使用效率。

John 和 Judy 开始从报纸上寻找房源。他们发现在不断扩大的丹佛地铁区，有不少新的售房广告，并且广告数量不断增加。在这个由绿色建筑商 McStain 社区建设者公司建造的绿色家园中，购房者第一次惊奇地发现，有这么多住宅能满足他们的需要。

McStain 是美国最早的也是最成功的绿色建筑商之一。这个公司从 1996 年起开始建造环保型住宅。McStain 的住宅，看起来与市场上的其他新住宅差别不大，但在环境友好方面具有显著的优势（图 4-1）。

由 Tom 和 Caroline Hoyt 经营的 McStain 为家庭提供了安全、健康的生活环境。低挥发性有机物的油漆、涂层涂料和机械通风系统帮助我们达到这个重要的目标，并使住宅更加舒适。McStain 通过使用绿色建筑材料来降低污染，减轻资源消耗和对动物栖息地的破坏。

在这一章里，我们主要关注绿色建筑材料，就像在 McStain 房屋中使用的那种。虽然绿色建筑材料有许多有利于环保的优点，但本章中我们主要介绍以下几方面：（1）节能；（2）回收；（3）资源的再利用；（4）可持续的资源管理。这些方面可以使我们生活的更健康。

绿色建筑材料的特点

- 由具备社会和环境责任感的公司生产
- 可持续生产，开采，加工，运输过程高效无污染
- 低能耗
- 本地生产
- 利用回收的废弃物生产
- 利用自然界的可再生材料生产
- 耐用
- 可回收利用
- 无毒
- 资源利用充分
- 来源于再生资源
- 无污染

什么是绿色建筑材料？

"绿色建筑材料"的种类正在不断地增长，用于建筑和家具建造和生产，给人类和整个星球带来越来越多的益处。这些材料必须至少满足下面几个段落中所描述的特性之一才能称得上是绿色建筑材料，这些特性在上面的注释中都有所概括。

绿色建筑材料的一个重要特征即它是由那些对社会和环境负责任的公司生产和销售的。这些公司对他们的员工和顾客都非常好，在社区建设中发挥了积极的作用，并且从事与环境可持续发展有关的各种商业活动。

对社会负责的一个重要标志就是工会，所有的员工通过这个组织都有发言的权利。这不仅给工人民主，还有利于生产力的提高。

社会责任也意味着公司善待员工，给予他们尊重、同情、尊严，并提供一些重要的员工福利，如带薪产假和子女的全日入托。从 CEO 到员工的薪水进行公平合理的分配，是企业担负起社会责任的又一项重要表现。

好的环保措施包括对森林等自然资源的可持续管理，充分利用太阳能、风能等可再生资源，在全公司范围内回收废料，甚至是办公废品，采取污染防治的政策和措施，以及节约能源。

绿色建筑材料的一个重要特征即它是由那些对社会和环境负责任的公司生产和销售的。这些公司对他们的员工和顾客都非常好，在社区建设中发挥了积极的作用，并且从事与环境可持续发展有关的各种商业活动。

尽管以上几点并不能完全体现一家公司的社会和环保责任感，但是可以通过电话、信件、电子邮件等方式获得更多信息。报纸和杂志中的文章也会有所帮助。

绿色建筑材料体现出的另一个基本原则是物化能。物化能主要包括原始材料加工成建筑产品以及运输原材料和最终成品等整个生产周期中各个不同阶段消耗的能源之和。物化能当然越低越好。

正如第1章所提到的，生产钢铁和铝等金属材料要比木头或泥土消耗更多能源。因此作为一个原则，由回收的废品制造的材料要比用新资源制造的材料消耗的能源要少很多。另外，除了生产上需要更少的能源，使用废品生产材料能变废为宝，减少新造材料的产量和使用，以及能源的消耗。

利用当地资源是比较经济的，材料不用从外地引进，减少了能源的消耗。可以采用当地的天然材料，以土坯和稻草为例，都是当地丰富的资源，需要很少的交通运输，土坯通常能从土地中挖掘。土坯和稻草还有很多其他的好处，我们将在第9章介绍。

耐用性是在购买绿色建筑材料时另一个重要的标准。一种产品越耐用它使用的时间也就越长，对环境的影响也就越小。以屋顶建材为例，可回收材料铝和钢材在节能、节材、工作量、资金等方面与沥青毡瓦相比就有很大的竞争优势。Ecoshake屋面瓦就是一种环保的屋顶建筑产品，它是由回收的乙烯和木材纤维制成的，保用年限为50年。另外，由于这种产品可以抵御火灾和冰雹，不少保险公司为使用这种材料的住宅提供贷款打折优惠，折扣率超过28%。使用耐用产品同样能减少污染和废弃物。用耐用材料建造的住宅耐久性更好，比一般房屋需要的维护更少，并大大减少了对环境的影响。

很多建筑产品都是可以重复使用的，或者在它们的使用寿命到期后可以回收加工后重复利用。钢结构屋顶和土坯墙等材料，都可以回收利用，以增加材料的有效使用年限。这些产品通过回收重复利用可以减少资源开采、环境污染和能源消耗。不过，要做到真正的可回收重复利用，必须由专业的公司来经营。如本地的钢铁回收站，在回收时必须尽可能地做好回收材料的归类，不要与其他材料掺和，而导致回炉加工困难。

绿色建筑材料和产品对施工人员、使用者和居住者来说也必须是无毒的。必须消除室内空气环境的挥发性化学物质和其他污染物。

使用可回收垃圾制成的材料比用原始资源制造的材料消耗更少的能源。

耐久材料的优点

耐久材料可以使建筑在全生命周期内消耗更少的能源，对环境的影响更小。

我们前面主要关注的是建筑材料和家具材料，并且提出了许多有利于环境的解决方案，而对于已经安装到建筑里的炉子、热水器和采暖系统等设备，为了促进环境的可持续发展，其工作效率要尽可能的高，如果使用化石燃料，那么其燃烧应尽量保持清洁。另外，它们的设计和安装还要考虑防止室内空气污染。

全生命周期费用

全生命周期费用的确定

可以登录美国标准技术研究院网站来查询他们编制的生态与环境可持续建筑软件，该软件通过一套预设的全生命周期性能标准来帮助建造者查询绿色建筑材料信息，建造者可以很方便地找到自己想要的绿色建筑材料。登录网址：www.fire.nist.gob/bfrlpubs/build01/art081.html.

保证生活在建筑内人们的健康生活，同时保证我们的家园——地球的健康是建造绿色建筑的主要出发点。因此，我们应选择在建筑的整个生命周期内消耗最少的材料。全生命周期费用指的是产品在其整个生命周期内所有的费用，包括从原材料生产到成品再到出售，一直到最终的回收处理。我们不能只看到其直接经济费用，更重要的是相关的社会和环境费用。产品的全生命周期费用越小其可持续性就越高。

尽管确定全生命周期费用很困难，但是我们正在尝试制定一种合理的计算方法。美国建筑师学会的《The Environmental Resource Guide》就是一本很好的参考资料。这本书提供了大量相当详细的建筑材料全生命周期费用（见本书最后的资源指南）

在设计论证过程中，即使不能精确地计算全生命周期费用，对全生命周期费用的估算也能给设计者和建设者很大的指导作用，远比对相关费用一无所知要好得多。

从基础到屋顶

当笔者在1995年开始建造自己的住宅时，绿色建材还比较稀少。当地也没有速生林场和不含挥发性有机物的木板，也买不到由再生材料制成的地毯或瓷瓦。幸运的是，笔者生活在一个有许多环境保护者的地区，他们生产了一些类似的产品。通过他们的帮助，笔者购买到了许多不同种类的绿色建材，事实上，笔者的住宅基本上是由这些材料建成的。

1995年以来，绿色建材和产品发展很快，更令人高兴的是，它们的性能也是很好的。资源指南上列出的材料，大部分都可以方便地通过绿色建材供应商获得。许多传统的建材厂家，如Home Depot，也开始生产从低挥发性有机物涂料、油漆、节能窗到由可再生塑料奶瓶回收后制成的材料等一些绿色建筑产品。许多当地的木材商很乐意为大的工程订制加工绿色木材产品，如低挥发性有机物含量的木板。

房屋并不是由一种材料建成的，因此，从基础到屋顶，你可以选择使用绿色建材的机会非常多，例如由废铁制成的铁钉。

房屋的建造者、承包人和其他想要了解更多关于绿色建筑材料的人，会高兴地发现，现在有许多关于绿色建材的资料、大量的绿色产品样本。另一方面，制造商也经常在当地组织绿色产品推介会。

《Green Spec》是一本非常有用的书，再就是由绿色建筑出版社出版的《The Environ mental Building News Product Directory and Guideline Specifications》。它们包含了大量的信息，而且现在还有一个建筑网络资源中心。在线版本比印刷版本内容更新，并且更加容易搜索。《Environmental Building News》还提供了绿色建筑领域最新消息的链接。

另一个非常有价值的资料是 John Hermannsson 的《Green Building Resource Guide》。除了列出绿色建筑产品清单和对其分类、特性进行介绍以外，Hermannsson 还列出了产品的价格指数，可以让你快速地在价格方面对绿色建材和传统材料进行比较选择。例如，在休斯敦，Celbar 是一种由报纸回收制作而成的材料，与玻璃棉相比，它的价格指数为 0.5～0.8，也就是说 Celbar 的价格是常规建材玻璃棉的 50%～80%。

另一个很好的资源是奥斯汀绿色建筑计划的网站，这里提供了大量的有关绿色建筑材料的信息。本页右边栏提供一些其他类似的信息。

还有《时事通讯》等杂志也提供了详细的有关绿色建筑材料的信息和评论。例如，每一期的《Environmental Building News》都会刊登一篇像种植屋面或地板辐射采暖等绿色建筑产品或技术的深入调研。时事通讯月刊也有许多有关新产品及其发展的信息。《Environmental Building News》对于建筑师、施工人员和业主来说是非常好的信息来源。1992年(当时《时事通讯》刚开始发行第一期)，要想得到期刊必须购买《Environmental Building News》配套光碟。光盘中包含《时事通讯》中介绍过的超过 450 种产品的制造商的网站链接。

《Green Building Advisor》也是由绿色建筑出版社出版的。使用者输入他们项目的有关数据和资料，《Green Building Advisor》会很快地列出全面的相关策略清单，使这个项目尽可能达到环保标准。它

房屋并不是由一种材料建成的，因此，从基础到屋顶，你可以选择使用绿色建材的机会非常多。

在线帮助

奥斯汀绿色建筑计划网站：www.greenbuilder.com/sourcebook/

建筑网络资源中心 (提供可查询的绿色建材和供应商数据库)：www.crbt.org

奥克斯绿色建筑产品信息：www.oikos.com/products

图 4-2

这种环保木材由木屑和水泥制成。

来源：K-X Faswall

图 4-3

环境友好的 Rastra 砖可用于建造外观
美观的建筑。

来源：Dan Chouinard, Rastra

会在景观美化、节能、太阳能、绿色建材等方面提出建议。每条建议
都列出了相关的信息，可以选择你认为有用的链接，就像一位资深的
绿色建筑专家为你指导和解决所有疑问一样。

在使用这些工具之前，本书可以帮助人们知道什么是可用的，帮
助人们更好地了解绿色建材和当前适宜的建筑技术，后面的章节也给
出了绿色建筑的选择清单，例如基础或内墙。

如果没有理想的信息也不用沮丧。许多产品和知识在本书后面的
章节将会有详述。如果自建住宅可以使用列表上的选项，如果购买新
房，可以用此列表作为选择的标准。读者要是有兴趣了解更多内容，
可以先阅读《The Natural House》一书中关于绿色建筑材料的
章节，然后检索上述绿色建筑资源的目录。

绿色产品列表

基础

·**粉煤灰混凝土和混凝土砌块**是一种用燃煤电厂废料制作的环保
建材，将制作混凝土的硅酸盐水泥与粉煤灰结合，可以生产出优质的
产品，能充分地利用工业废料和减少建造基础对能量的消耗。

·**Faswall 砖**用于基础和地下室，用 85% 的锯末（废料）和 15% 的

图 4-4
由位于科罗拉多州伍德兰公园的绿色砖块生产的保温混凝土模板，通过浇筑混凝土建造建筑的节能基础和墙体。墙体的外表面有装饰性抹灰或是精巧的装饰线，内表面是装饰性抹灰或清水墙。
来源：Greenblock

水泥制成。使用这种产品可以提高材料的再循环程度，并降低材料的物化能（见图 4-2）。

· **Rastra 砖**由再生塑料和水泥制作而成，用于基础和地下室。使用这些材料也可以提高材料的再循环程度，并降低材料的物化能（见图 4-3）。

· **保温模板**是一种由泡沫板组成的永久性模板（见图 4-4）。ICF 保温模板不但可以节省劳动力还能够建成节能型基础。它们也能够显著减少建造基础所需的高物化能混凝土的用量。目前有几个厂家用可再生塑料生产这种泡沫。

· **片石（条形）基础**通常由混凝土基础梁和浇筑满碎石的地槽组成。这种用在抗震设防低的地区的方法可以减少混凝土的用量，还可以显著减少基础建设所需能源（见图 4-5）。

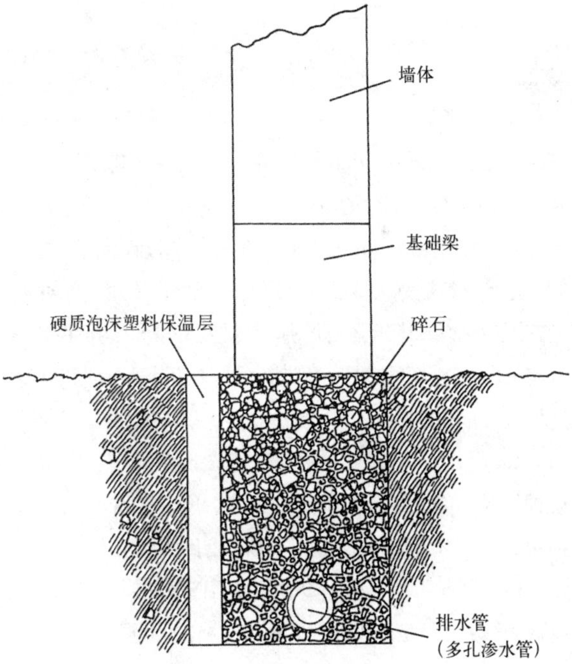

墙体

基础梁

硬质泡沫塑料保温层

碎石

排水管
（多孔渗水管）

图 4-5
片石（条形）基础是一种经济型基础，用于地震少发的地区，比传统基础更加节能。
来源：Michael Middleton（《The Natural House》）

外墙

· **天然或可再生材料**如稻草包、土坯、麦秸秆和废纸等，尽量利用当地低物化能、无毒的材料来建造既环保又经济的建筑墙体，尽管有时会增加部分工作量。

· **结构的保温面层**由泡沫或稻草保温材料夹心板组成，可减少整个墙体的空气渗透和热损失，起到节约能源、减少木材的消耗和增加室内舒适度的作用。

· **外部设泡沫保温材料建造的 2×4 的墙体**要比 2×6 的夹心保温墙体效果好，还能减少木材的用量。

· **立柱、木梁、柱子等合成木材构件**是利用小直径的树木合成的，可以减少对大树的消耗。采用合成木材能够提高我们采伐木材的利用率，但它不能像传统木材那样弯曲。因此，在设计时减少弯曲构件可以尽可能多地利用合成木材从而减少木材浪费。因为合成木材的强度较大，立柱支撑的空间也比较宽，所以在建房时能节约大量的木材。

· **废弃木材**是从旧建筑中获得的可重复利用的木材，并且可以减少运输过程中材料的损坏和丢失，可以减少森林的砍伐并使废旧材料

利用纸捆绑打包的方式建造

在科罗拉多州的一个滑雪胜地附近，Rich Messer 和 Ann Douden 建造的节能住宅，其墙体和基础采用了与众不同的材料。

这种墙是由大量的肥皂箱卡纸捆绑成的卡纸包建成的。这种材料被称为聚乙烯涂层牛皮纸板，使用其他类型的纸也可以。卡纸是由丹佛（丹佛是美国科罗拉多州首府）的一个主营再循环材料的公司——Tri-R 回收的。这种材料非常清洁，在 Robyn Griggs Lawrence 发表在《Tvatural Home》的文章中被称为"上等垃圾"，由于这种材料被涂上了一层很薄的塑胶，所以很难回收再利用，大部分都被掩埋了。Messer 指出卡纸在城乡随处可得，因此价格低廉，令他们喜出望外的是 Tri-R 免费提供了卡纸包来帮助他们解决材料的问题。

巨大的卡纸包有 36 英寸厚，足以保证居住者在寒冷气候中保持温暖和舒适。墙体表面的装饰性涂料使墙看起来有些凹凸的纹理，也非常美观。但是，如何支撑这些沉重的卡纸包呢？

与建造传统基础不同，Messer 决定在他们建造新住宅时采用另一种废物利用的方法：将废旧塑胶捆扎打包制作基础。这需要 28 个由废弃塑料制品、旧玩具、洗衣篮、洗发水瓶制成的塑胶包，也可以使用其他类型的塑料。

每包成本不过 20 美元，一共不超过 600 美元。

这种塑胶包被填在 5.5 英尺宽的基槽内，下面铺设垫层。然后，用 3.5 英寸的泡沫保温板来进一步减少基础的热损失。

Messer 和他的一个助手在卡纸包顶部安装混凝土结合梁（由钢筋与卡纸包连接），然后在梁上安装屋顶。屋顶安装好以后，Messer 在顶棚空腔中放入再生纤维保温材料，这种热阻值达到 50 的保温材料可以在冬季较冷时保持室内温暖。最后，他用剩下的纸来密封空气间隙。

除了节约燃料开支以外，这栋房子比他们以前的任何一栋房子都干净和温暖。

Messer 说道：我们在住进这栋房子之前没有受到传统思维的束缚，建造这种类型的建筑唯一的问题是资金。尽管许多人对这种建造方法非常感兴趣，但是最大的障碍是那些银行家们，他们不愿意听到房子是用垃圾建造的。

Messer 补充道，随着森林覆盖率的下降，人们一直在寻找其他的材料，废纸也许是建筑材料的另一个选择。天晓得将来会不会有一天读者也会住进用再生垃圾建造的房子里（其他关于这栋住宅的问题，请参考资源指南中列出的 Robyn Griggs Lawrence 发表在《Natural Home》上的文章）。

得到更好的利用。

· **可持续收获的木材**由可靠的第三方机构认证，确保来自森林甚至热带雨林的木材生产是可持续的。

· **保温混凝土模板**、**Rastra 砖块**和 **Faswall 砖块**常用于外墙并且具有很多优点（见上文）。

· **低甲醛或无甲醛的定向条板**用于建筑表皮，能降低潜在的室内空气污染发生几率。

· **保温外模板**由回收的旧报纸和无毒的胶粘剂制作。使用这种产品能减少垃圾掩埋量。因为它重量轻且易于安装，能有效降低工程费用。由于这种产品可以多层铺设，因此还能减少空气流通渗透，节约能源，使室内环境更加舒适。

屋顶

· **合成木材**可用于制作屋顶框架，如用木制工字梁代替实心的木材。合成木材有较好的强度，其木材用量仅是标准屋顶框架的 40% ~ 60%，减少了对森林的砍伐量，而且更加节能（见图 4-6）。然而，大部分的合成木材都含有甲醛（图 4-7）。

· **低甲醛或无甲醛的定向条板**如上文所提，对屋顶装饰具有同样的优势。

· **密封的定向条板**可以减少甲醛气体的散发。

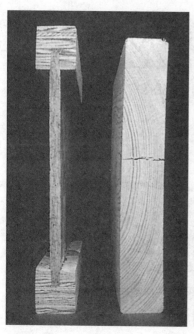 

图 4-6（左）
这种用合成木材制成的工字梁（左）大约只用了同样尺寸的梁（右）一半的木料。而且用的是小直径的木料，从而减少了对森林的砍伐。
来源：Truss Joist Macmillan

图 4-7（右）
合成木材工字梁开始只用于结构框架，现在也应用于屋顶。
来源：Truss Joist Macmillan

·100％回收利用的新闻用纸及农作物纤维与新闻用纸混合材料，用于屋顶装饰可以帮助我们减少浪费、节约能源，同时减少对自然资源的需求。

·**结构保温屋面板**能减少屋顶木材用量并降低能量损失。

·**屋顶油毡**由回收纸、锯屑或回收的塑料玩具制作而成。这样可以促进可再生材料的使用、减少垃圾掩埋量，同时也能减少对自然资源的需求量。

·**金属屋顶**由可再生的钢材或铝材制成，能为制造业节约能源，并且因为其良好的耐久性，可以减少维修费用。

·**屋面板**可由锯末、水泥、可再生塑料或橡胶等材料制作而成，可以更好地利用废料，并减少维修费用。

顶棚和外墙保温

·**湿法纤维保温材料**由无毒、可再生的新闻用纸和纸板制成，可以减少空气渗透量，从而节约能源。

·**稻草或草泥混合墙体**利用了低物化能的自然材料，并且很容易获得。

·**矿棉保温层**由可再生废品制成，减少了垃圾掩埋量。

·**硬质泡沫保温层**作为结构保温板或外表面覆盖层可以减少墙体热损失或顶棚热桥损失，并且可以减少空气渗透、节约能源开支。

·**无甲醛玻璃纤维保温层**保证了业主不受甲醛气体的侵害。

·**压缩的玻璃棉**也十分安全。

·**再生玻璃纤维**利用可再生材料，能减少浪费及生产时的能源消耗。

·**人造泡沫保温材料**不含破坏臭氧层的成分和甲醛，例如喷涂保温层，可以减少空气渗透和热量损失，还能抵抗恶劣气候对业主和环境的危害。

门窗

·**高质量节能窗**（充氩气、密封良好、Low-E玻璃、采用木材或其他难导热材料的窗框等）能够显著地减少冬季热损失和夏季得热、增加舒适度、节约能源并减轻污染。木材表面的金属面层能提高木材的耐候性，减少维护量（详见第6章）。

·**内外保温窗帘或百叶**能减少夏季得热和冬季热损失。

·**高效保温外门**在木门或铁门或玻璃纤维门的夹层中填充泡沫，

能减少采暖和制冷负荷、增加舒适度、降低能源开支。如果门是由木材制造的，要选择产量高的木材作为材料。

· 旧的室内和室外门经过稍微打磨、上漆和着色就可以完好如新，从而减少资源消耗，降低建筑成本。

· 室内门由回收的木材废料加无甲醛树脂制成的硬质纤维板制造，有助于废物的回收利用。

外墙板及饰面（内外表面）

· **天然灰泥**如果利用得当可以保护墙体并能减少维修。像灰土这些天然材料消耗能源通常都比较少，其花费也比水泥、合成灰土等人造材料要少得多。

· **金属隔断板**是由回收的钢材或铝材制成的，具有良好的耐久性能，因而具有很多环保优势。

· **多层硬质纤维墙板**是由锯末、树脂和水泥粘合而成的，维护费用低，可以降低成本和减少树木的砍伐（见图4-8）。

· **预制纤维水泥板或塑料板材**如同多层硬质纤维墙板，对于吊顶、过窗等其他外部装饰也有很多优势。

· **指接装饰材料**用于内墙装饰，使用了木材的下脚料，可减少浪费。

楼地面面层

· **无甲醛地板**可保护室内的空气质量。

· **使用废矿料或汽车窗玻璃制成的瓷砖**耗能低，有助于资源再回收利用。

图4-8
在这栋房子中，用水泥和木纤维制成的隔断板，使用寿命超过50年，耐久性较好，并能减少维修费。
来源：Dan Chiras

· **采用当地的瓷砖**，即使不是可再生材料的，其总的物化能也比较低。

· **以废旧木材为原料的硬木地板**可促进材料的再利用和减少垃圾的掩埋。

· **竹地板**代替木地板，因其生长速度更快，对环境的影响更小（然而，这种中国和东南亚低成本的商品却几乎没有享受到环保方面的政策激励措施）。

· **天然油布**采用锯末、软木和天然树脂制成，在厨房或浴室使用，对于提高资源回收利用率和保证室内空气质量有很大帮助。

· **采用可再生或天然材料制成的地毯**如塑料、尼龙或毛织品等可以很好地循环利用废料，减少污染，节约能源和开支（见图 4-9）。

· **采用可回收材料**如碎布、新闻纸、尼龙和橡胶等制成的地毯垫有同样的环保作用。

· **无毒的胶粘剂**用于地毯和瓷砖以保证室内空气品质。

· **装饰混凝土地面**可减少资源的消耗（无需另外铺贴面层）。

内隔墙和顶棚

· **合成或回收木材**用于框架中也可以达到与上文中同样的效果。

· **干式墙选用替代性材料**，如粉煤灰、回收石膏或墙纸等，可以

减少垃圾填埋和能源消耗（见图 4–10）。

·**天然材料建造的内墙**，如玉米芯或土坯砖等，更加健康和节能。

油漆，着色，罩面漆

·**低挥发性有机物含量或不含挥发性有机物的油漆**对保证室内空气品质和保护装修工人的健康都有好处。

·**不含或少含防霉剂、杀菌剂、甲醛、水银和铅的染料**同样对住宅健康环保起到重要作用。

·**酪酸油漆**可促进可再生资源的应用并且有利于保障室内空气质量。

·**水性聚氨酯面漆**能改善室内空气品质。

·**回收乳胶涂料**可以减少浪费。

装饰装修

·**可再生塑料材料**的回收利用不但促进了可再生材料的利用，而且能够避免塑料材料中有毒化学物质泄露导致的污染。

·**无砷防腐剂合成木材**（用季铵铜或铜硼唑和 CBA 代替传统木材防腐剂）经加压处理用于景观、花园、装饰等，可避免有毒的化学物质释放到公共环境。

地台还是庭院？

可持续建筑工业委员会的《绿色建筑规范》提出，通常庭园比在门口制作地台更环保。使用砖石铺砌的庭园比地台更耐用，耐候性更强且维护少。如果一定要做地台，可持续建筑工业委员会推荐您使用回收塑料制成的木塑材料或合成木材。回收再利用的红杉防腐木和可持续种植采伐的木材如pau lope公司生产的防腐木或松木也是很好的选择。避免使用合成板材。

接受所有产品都有缺陷和不足这一事实，选择那些能够最大限度符合绿色建筑标准的材料。

· **有计划的伐木**可以促进木材长期持久的利用和资源的再循环。

道路

· **回收沥青**的使用促进了高速公路改造中废料的循环利用。

· **渗水路面材料**在人行道、路面和停车场的应用可减少地表水的流失，有利于地下水的回补。

不完美世界中如何发展绿色建筑：妥协、权衡和谨慎

本书通过论述绿色建筑材料、技术和施工工艺的有机结合，帮助我们建造更好的住宅。David Johnston 在他的《Green Building in a Black and White World》里指出："我们理所当然的认为，住宅建设中选择使用的每项材料既对未来的可持续性有影响，又关系着我们的生活方式。"因此，住宅包括的绿色因素越多，就对后代越有利。

但任何事情都要从两方面看，所有产品的特点都具有两面性。例如由可再生奶瓶制造的木塑材料可应用于室外装饰，但塑料奶瓶的回收和加工过程却会消耗能源并产生污染。

在一些实例中，一种产品也许只满足一两项可持续标准。即便这样，比传统的建筑材料还是有所改进。一些产品可能满足许多可持续标准，但是其造价或运费会较高。一些其他的产品则可能需要特殊的技术和工艺来安装和维护。

建议在这个领域发展初期，不要因绿色建材和方案不可避免的缺陷而使项目陷入停滞。没有十全十美的产品，正如在本章开始时提到的，我们尽量选择那些更加符合绿色建筑标准的材料。通过选择最适宜的绿色产品，我们才能在减少污染、资源消耗和其他居住环境问题上迈出重要的一步，同时刺激绿色建材产业的发展。只有这样，我们才能在可持续发展的道路上稳步前进。

另一个要注意的问题是所谓的"漂绿行为"，即通过宣传材料的夸大宣传使产品看起来"更绿"。十年来，大量生产商都来赶绿色建筑这班车。在生产商满怀热情地进入这个日新月异的市场的同时，有些厂家的产品介绍却很莫名其妙，让人感觉不靠谱。例如，澳大利亚Tames Hardie公司的纤维水泥墙板技术比标准的墙板节省木材且更加耐用，然而，该公司却要求必须使用澳大利亚和新西兰生产的木材作为纤维来生产墙板。《Building with Vision》的作者Dan Imhoff说：

"因为水泥生产是能源密集型的产业，如果木质纤维需要从海外运输，那么这种水泥纤维板是一种高耗能材料。"

因此当购买绿色建材时，要有数据作支撑，要用挑剔的眼光甄别产品，谨防受骗。同时，要根据自己的实际需要做出仔细的权衡。

有时候选择非绿色产品可能更生态。因为有的产品仅比传统产品稍有优势。例如笔者房子里用的回收长石瓷砖，这种产品是从美国东南部运来的。回头来看，从节能的角度出发，利用本地的瓷砖可能是更好的选择。

有些产品用起来并不一定像宣传的那么好，因此对待新产品要持合理的怀疑态度。在过去的几年里，建造商已经被那些标榜创新但名不副实的绿色建材弄得焦头烂额。资源指南中列出了美国住房建筑商协会研究中心在其网站上公布的实地检测信息。描述了产品如何工作，如何安装及其局限性。对新产品和材料进行实地试验可以避免发生一些潜在的错误。

许多绿色建材与传统材料相比在价格上相差不多，有少数产品甚至更便宜，多数产品还是偏贵一点。不过，我们可以通过不同档次产品的合理搭配实现较高的性价比。例如，通过加强围护结构节能，可以降低采暖和制冷系统装机容量，这样节省出来的投资即可用来购买环保型油漆、涂料等其他价格较高的绿色建材产品。统筹考虑，灵活运用各种材料和技术可节省开支，把省下的钱用于其他高成本的项目。

绿色建筑是一种建筑方式，更是一种思维方式。幸运的是，正如你在本章看到的一样，现在用绿色建材建造绿色住宅变得更加可行，究其原因，人们已开始接受绿色建筑和产品的理念。

注释

多年来，用于地台、室外景观及其他户外应用的合成木材因含有砷和铬等有毒物质已于2004年起在住宅中被禁用。现在制造商生产两种无砷和铬的木材用于地台、室外景观、栏杆扶手、栅栏等用途。利用防水剂和ACQ防腐剂实现防腐，防腐剂中含有的铜和季铵盐具有杀虫作用，可抵御白蚁。另外，铜硼唑防腐剂含有铜和硼。这些安全的化学物质也可以用来控制游泳池和温泉中的真菌和细菌。如季铵盐通常用于家居消毒剂及清洁剂，即便在湿地等生态敏感地区通常也被认为是安全的。想要了解关于这种产品的更多详细信息，请登录www.treatedwood.com。

第 **5** 章
可持续发展的木结构建筑

　　加利福尼亚的埃默里维尔是位于伯克利和奥克兰之间人口稠密的工业城市。Larry Strain 和他的伙伴 Henry Siegel，在这里建造了三所不同于普通住宅的住宅。Siegel 和 Strain 用各种绿色建筑材料组成建筑框架（见图 5-1）。他们设计的房子利用国家住宅建筑协会研究中心的简单有效的框架技术，使木材用量减少了 20%，例如将空间的立柱间距由 16 英寸增大为 24 英寸，减少了木材用量却不影响建筑的整体性和安全性。

图 5-1
建造加利福尼亚州埃默里维尔空地的这所住宅应用了很多绿色建材和技术，实现了良好的经济性。
来源：Siegel and Strain Architects。

众所周知，这些技术是在新建筑中减少木材用量的最经济、有效的方法之一。在我们讨论可持续木结构建筑和其他节约木材的方法之前，我们应问这样一个问题：我们真的需要减少木材消耗量吗？

保护森林：社会和生态的需要

根据美国木材产业的说法，目前生长在美国的树木比生长在这里的人还要多。尽管这也许是真实的，但也容易让人产生误解。自从欧洲人踏上北美大陆后，大面积的森林被砍伐。国家的森林面积减少了1/3，96%的原始森林已经消失。尽管这里也许有许多树木，但是它们都是一些小树而且有许多都生长在人工管理的农场里，不同于原来的森林生态系统。

其他国家的森林覆盖率也在急剧的下降。根据世界检测研究所的报告，自从10000年前农业出现后，由于农业和人类居住，世界上近一半的森林消失了。大约有75亿英亩的森林因人类的发展需要而被砍伐。

每个大洲的森林都被大量砍伐。例如，在东非有90%的原始森林被毁坏。在菲律宾，森林砍伐达到97%。欧洲失去了70%的森林。在巴西大约40%的森林消失了。

目前森林砍伐仍在继续。根据世界资源学会的报告，接近4000万英亩（相当于华盛顿州）的热带雨林被铲平。还有4000万英亩变成了公路或其他人类活动的场所。尽管森林砍伐的焦点在南美的热带雨林，但在中美、亚洲和非洲，像美国东南部的温带落叶林和加拿大与俄罗斯的北方针叶树林也在遭受严重的破坏。

如果我们砍伐后再种植的话，人类对森林的严重破坏也许还不至于造成太大的问题，但问题是我们没有这样做。例如，在一些不发达国家，每伐10棵树只有1棵被再种植。在非洲，这个比例是1：21。不可持续的砍伐现象在世界上非常普遍。

更糟糕的是，人们无视树木砍伐对环境的影响。例如，在加拿大伐木业被认为是合法产业，受到国家和地方法律法规的保护。他们除了砍伐河岸和易侵蚀陡坡的树木外，还经常违法采伐。同时他们也忽略了对砍伐区旁边的野生动物保护区的相应保护。加拿大伐木业的迅速发展是以2/3沿海岸线的热带雨林被破坏为代价的。在不列颠哥伦比亚省，因为森林被采伐，140种鲑鱼已经灭绝，624种物种处于高

根据世界检测研究所的报告，自从10000年前农业出现后，世界上接近一半的森林消失了。大约有75亿英亩的森林为了给人类的发展提供木材而被砍伐。

如果我们砍伐树木后再种植的话，人类对森林的破坏也许还不至于造成太大的问题，但是我们没有。

危状态。

在不发达国家，这种情况更令人担忧。采伐森林除破坏物种的栖息环境外，也减少了必要的家用燃料（尤其是烹饪用燃料）的补给。据联合国粮农组织的估计，26 个国家中的 1 亿人口正面临严重的烹饪燃料匮乏。在肯尼亚乡村，烹饪燃料的匮乏意味着许多家庭主妇每周要花费 24 小时去拼命收集柴火。

导致滥伐森林的因素很多，主要原因是人们的无知、贪婪和短浅的目光以及不完善的国家政策，根本原因是为农田和建筑腾出空间并为人们供给木材和纸张。在美国，每年被砍伐的森林中的 60% 被作为建筑用地，其中大部分用来建造住宅。纸产品对木材的消耗在木材总消耗量中也占了大部分。随着每年新建 120 万栋住宅，其中 85% 主要是使用木材建造的，这种破坏力是巨大的。此外，随着世界各地人口的增加和全球经济持续膨胀，全世界木材需求量必然激增，全世界的森林将面临严酷的前景（图 5-2）。

但这并不意味着这种情形已无药可救了，关键在于我们要努力减少对木材的需求，许多房屋建造者和制造商已加入减少木材使用以保护世界森林的行动中。这章将给出一些达到这些重要目标的方法，从保护措施开始介绍。

减少木材使用的策略

保护——只在你需要木材的时候使用并有效地利用它们——这对

新建或改建住宅对于居住者、建造商和建材商来说都有直接的好处。

Randy Hayes
引自《Building With Vision》

图 5-2
大面积的滥砍滥伐是木材需求量巨大的社会产物，大面积的破坏野生动植物栖息地，会使土地更加荒芜，而后，会在土地上出现连绵数英里触目惊心的伤痕。
来源：Martin Miller, Visuals Unlimited

努力减少全球森林采伐量是至关重要的。这一节叙述了木材保持策略的七个要点：(1) 修复现存的建筑物；(2) 建造小户型住宅；(3) 建造较简易的建筑；(4) 建造更耐久并可修复的建筑；(5) 用最优价值工程方法设计住宅；(6) 使用工程废料和回收木产品；(7) 废木料再利用和循环利用。

修复现存的建筑物

建造一栋新住宅是许多人的梦想。它给新住宅主人提供了一个自主设计的机会，使新住宅满足个人需要并彰显个性。但是，建造一栋新住宅代价是昂贵的，不仅使你身心俱疲，而且会对环境造成巨大破坏。

原位不动——也就是说，改造现有的住宅或者买一栋需要翻新的老房子是值得考虑的。当然，老房子会有些问题。一些老房子潮湿并满布灰尘。另外不保暖，不舒适，不节能，隔声性能差，保暖性能低，室内空气品质差。几乎所有的老房子都没有通风系统或防水层以保持干燥、阻止湿气进入墙内，霉菌可能会出现在墙角和墙洞内。所有这些，都会使房间内空气受到污染，不利于人的健康。此外，可能还有管线过期需要更换的问题。尽管所有这些问题都是可以解决的，但花费是昂贵的，甚至有时候这些花费高的惊人。

但是，既有住宅也有许多好处，它可能坐落于老社区之中，离市区很近，只需要步行就可以到达公交站点、购物中心、博物馆、休闲广场等。从建筑上讲，老房子可能比新房子更出众，建造的更好。老房子可能有硬木地板,比起许多新房子里的地毡毛毯地板和乙烯基地板,它不仅美观,而且健康。此外，如果一栋房子使用了 5 年以上并且最近没有改造过,它很可能已经除去了所有潜在的有毒物质所散发的气体。改造现有的住宅也减少了对土地的占用。另外，这种策略可以保证已有的建筑材料继续使用。通过改造，你赋予了基础、外墙、屋顶和廊道新生。

虽然建造生态建筑将会使用更新的材料、花费更多的费用和精力，但所带来的好处远比你用简单方法建造的房子要高。如果你用绿色材料并结合其他的环保理念，例如被动式太阳能采暖和制冷，这种革新会对将来房子的运行产生非常积极的影响。

建造小户型住宅

Laurel Robertson 夫妇和他们的 3 个孩子住在德克萨斯州奥斯汀

的一栋 700 平方英尺的房子里。在这个狭小的空间里，他们一家人非但没有感到局促和不舒适，反而生活很幸福。也许你会问，美国一般的新住宅达到人均近 800 平方英尺，而 5 个人在如此狭小的住处生活能幸福吗？

一方面，奥斯汀的冬季很短，人们可以进行很多户外活动。可以利用帐篷、遮阳伞、吊床、户外运动设施、树屋以及一块小草坪开展户外活动，来替代室内活动。

另一方面，Robertson 一家还可以用其他的方式保证在这个又小又窄的空间里生活舒适。他们的住宅有开放性的一层平面，并且厨房和起居室层高很大，这种空间设计，使人感到房子比实际尺寸大得多。为了获得更多的储藏空间，Laurel 用钉子把篮子钉在厨房的椽子上用来增加储藏空间。她说："反季节的衣物全都塞到阁楼上，那么我们就有小梳妆台用了。"每个孩子都有一个 8 ~ 12 英尺的卧室，里面布置着物品架、床、梳妆台和桌子。Laurel 说："我们通过上下铺的设计获得额外的地面空间，孩子们睡在上铺，下层就可以用作梳妆台和储藏室。"

小户型节省了资源。例如，小户型需要的木材、门窗、盥洗室、地面和涂料等建材更少，建造费用也少。许多建造小房子的人能够一次付清全部房款而不用受繁重的月供约束。

小户型还能带来很多社会利益。像 Robertson 一家那样，住在较小的紧凑的家里使家庭成员更加亲近。加利福尼亚州伯克利的建筑师 Bob Theis 指出通过精心设计的小住宅"保证了大家庭成员之间可以深入多样的了解"。尽管如此，Theis 写道："并不是说小户型可以自动对家庭成员的亲密关系产生良好作用。完全不是这样。一个没有设计的大户型会引起不便之处，而设计差的小户型则是一种纯粹的折磨，因为小户型几乎没有回旋余地。"他接着说："小户型要求空间功能像诗一样，嵌套重叠，每一项都通过多样的方式对整体发生作用。"

如果设计精良，小户型的利用率可以非常高，而不会让人感觉很局促，像住在盒子里一样。在郊外公寓的时代，很多家庭发现，他们可以在更小的空间里生活得很好。很多家庭认识到了这一点，只需要通过一定的创造，一般新建住宅一半的面积或者经过精心设计的小于 1200 平方英尺的居住空间就足够了。而一些家庭可能需要大一点的空间，另一些则需要小一点的空间。通过哪些设计手法可以在较小的空

建造小户型住宅虽然与当今潮流相悖，但却可以节省开支和自然资源。从 1950 年至今，美国新建住宅户型面积翻了一番，从 1100 平方英尺增长到了 2250 平方英尺。在 1950 年，人均 290 平方英尺的居住面积使人感到满意，现在这个数字变成了 800 英尺。

"小户型住宅要求空间具有集中、嵌套和重叠功能，应运用各种设计手法来满足功能需要。"

Bob Theis

间里面创造出舒适的生活环境呢?

小户型住宅设计师发现,像内凹书架和内置桌台这类设计都可以增加实用空间。在角落或凸窗处配置座位也可以增加实用空间。

设计师还可以用设计手法使居住空间显得比实际大。例如,落地(开放)式设计能扩大空间感,还可减少甚至消除占用空间的走廊。增大房间净高和采用落地窗的设计手法都能创造更宽敞的空间感觉。

设计师也可以向建筑师 Robert Gay 那样,把主要空间用来布置像厨房和起居室等使用频率高的房间,次要空间布置其他使用频率低的房间。

由于人们在社会生活中还需要私密空间,因此需要建筑师采用一定的设计手法,创造出或实或虚的界限。例如通过改变楼面高度,创造出私密空间。Bob Theis 说:"基本设计经验是 1 英尺垂直间隔感相当于 10 英尺水平间距。"因此,甚至相当小的高度变化,都能非常有效地"拉动空间分隔"。此外,水平高度的变化还能增加居住空间的视觉多样性,并有助于扩大空间感受。

像不完全内置书架这种隔断也可以分隔房间。虽然房间被分隔,但感觉整个房间仍是开敞的。隔墙窗户的设置也有助于扩大空间。为了让小空间更实用,设计者可以减少门的数量或把平开门换为占用空间更少的推拉门。

在温暖气候区,温暖天气下室外的烹饪、交谈或者休闲也增加了使用空间。这种方式不但成本低,而且户外空间更具有吸引力,避免了 Theis 所说的"周围沉闷的混凝土楼梯和裸露凸起的平板"。方便地接触室外生活空间也同样重要。

现在,很多关于小户型住宅的书籍非常实用。特别是建筑师 Sarah Susanka 的畅销书《The Not So Big House》和《Creating the Not So Big House》,提供了许多好的想法和创意。

以两英尺为模数建造房屋

建设小户型住宅是减少全球森林砍伐压力和节省资金的有效手段。像混凝土基础加木框架这类简单设计比复杂设计需要更少的资源,因此简单设计也可以节省经济成本。

建造传统的木质框架住宅时,通过调整材料的尺寸使其符合建材尺寸标准可减少木材使用。《Efficient Wood Use in Residential

Construction》的作者 Anne Edminster 和 Sami Yassa 指出：木材产品应以两英尺作为尺寸的变化量，基于两英尺模数的设计会使产生的废料降至最少。基于两英尺模数设计的 10 英尺 ×20 英尺的房间，相对于 9 英尺 ×17 英尺的房间，废料的产生量将大大降低。

建筑物的耐久性、质量和适应性

耐久性是绿色建筑的另一项重要指标。使用寿命为 100 年甚至 200 年的住宅比寿命为 50 年的住宅需要更少的维护，因此可大大减少对资源的需求和对环境的破坏，更节省费用。但什么是高品质的住宅呢？

住宅的品质在某种程度上取决于它所处的位置。在多雨的气候区，良好的住宅须有足够的挑檐以保护墙体免受雨水的侵蚀。还要有良好的基础以阻止水汽渗入房间（基础的排水在第 2 章已经详细论述）。在地震区，良好的住宅必须能够经受住周期性的地震作用。换句话说，它必须牢牢地附着在紧接地面的基础之上。在飓风和龙卷风易发地区，良好的住宅需要特别注重墙体材料。混凝土砌块和现浇混凝土结构的承载能力大大优于木质框架结构。另外，屋顶和墙体间须有牢固连接。

在特殊地质地区，同有经验的建设者和结构师交流可以知道什么是需要注意的问题。如第 2 章中所说，不要将住宅建造在土质疏松、易发泥石流、易雪崩、靠在不稳定斜坡或有洪灾隐患的高风险地区。

住宅的质量和耐久性也受许多其他因素的影响，如建材的类型、质量、建造技术和是否在天窗周围使用遮雨板等。

然而，我们大多数人对住宅建设不是很熟悉，因为建造住宅很复杂，远远超出大多数人的经验和知识。怎么办呢？

如果你要建造住宅，最好雇用建造商。同建造商而不是销售人员交流，可以帮助您评估其建造实力。但也有一些名不副实者，因此你最好是同他们整个团队交流。他们往往坦率的告诉你他们能够做什么——他们能否按时保质保量的完成建造任务，并能够给你一个优惠的价格。

如果您购买住宅，您最好聘请有经验的建筑、结构或装修方面的顾问。他们或许能在很短的时间内解决长时间困扰你的问题，当然对房屋建筑的研究也是有所帮助的。

复杂的住宅设计，为达到良好的视觉效果往往采用框架结构，这样相对于同等面积的简单设计要耗费更多的材料。复杂设计更容易产生问题和浪费材料，还会花费更多的设计、建造和其他费用。

我们可以通过设计可变式住宅来保护森林。例如，为年轻家庭设计的住宅，能够在孩子长大离家后被改为老年夫妇住宅。住宅也可以被设计得很容易改造为老年人或附近学校大学生的单元住宅，这部分将在第7章详述。

应用最优价值工程

避免在结构方面超过标准设计（房子的安全设计标准超过需求）也可以节省木材。建造超标设计的建筑物需要更多的材料。

随着环保意识的增强和住宅建设成本的提高，越来越多的建筑师和建造商已开始引入最优价值工程（OVE）设计方法。在高级建造技术中，OVE是在保持结构完整性的前提下寻求使木材（及其他材料）用量最省的设计过程。换句话说，最优价值工程就是寻求用材最小化的结构强度。OVE可以减少资源和劳动力的使用量，节约成本。OVE还可以提高建筑物的节能性能，降低采暖和制冷成本。

设计师的最优价值工程依靠的是一些非常简单的技术和方法，例如，选用24英寸的龙骨间距，而不是传统的16英寸的行业标准。最优价值工程设计在满足结构要求的前提下，把圈梁和屋顶椽子（楼板和屋顶的框架材料）间距变大，以减少材料的使用。他们还把楼面、墙体和屋顶的承重结构竖向布置，使屋面荷载（屋顶的重量）能直接传递到承重结构（见图5-3（a））。这种竖直承重框架结构，不需要双顶板，通过水平连系梁把屋面和墙体结合成整体。

用双立柱墙角代替三立柱墙角是另一种节省木材的方法（见图5-3（b）和（c））。用OVE技术调整窗洞开口和门窗过梁尺寸，可以减少木材框架的数量。许多门窗过梁尺寸设计偏大，当需要$2 \times 4s$或$2 \times 6s$时设计者都用$2 \times 10s$替代。

采用最优价值工程设计的住宅不需要额外的设备和构件，只需要一些经过培训的工作人员就可以实现住宅的建造。OVE可以使木材的使用量减少10%～20%。2400平方英尺的住宅，仅在材料上就可节省约1000美元，劳动力节省3%～5%。

业主其他费用的节省。例如，在墙体中使用更少的框架材料以增加墙体的保温面积，降低冬季通过热桥传递的热量损失。热桥的减少也降低了夏季得热，节约了夏季制冷成本。这些改进措施不但降低了燃料费用，而且使住宅更加舒适。

节约材料和节省费用

美国弗吉尼亚州里士满的住宅，利用价值工程优化建设，每所住宅2100平方英尺，建造者采用了竖直承重框架、增加非承重墙立柱间距、高效屋顶设计等手法和其他技术，自从该公司采用价值工程的方法后，木材废料由每平方英尺1.5镑下降到0.5镑，框架材料成本由每平方英尺3.75美元下降至2.00美元。

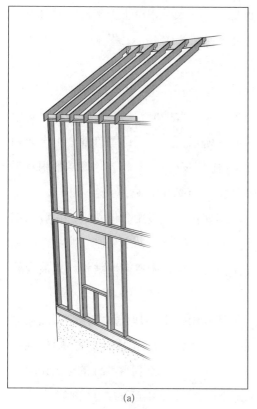

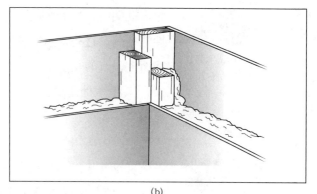

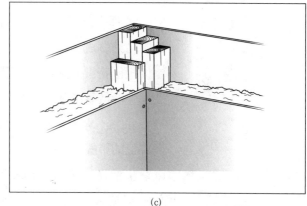

(a)　　(b)　　(c)

工程材料和预制构件的使用

　　许多建造商通过使用工程木材来减少木材的使用和节省费用。工程木材产品是由可再生木屑、刨花或树皮粘合在一起制成的木板，可以用来代替 $2\times4s$，$2\times6s$ 等天然木材。其他工程木材，如多层梁（简称复合梁）是由较小尺寸的木材（如 $2\times4s$ 或 $2\times6s$）粘合在一起制成的。它们常用来代替大尺度原木。另一种工程木材产品是指接木材。指接木材是小尺寸木材用胶纵向粘接而成，两块木材之间通过指状接头牢固连接。指接木材可用来做门窗框、室内装饰和立柱。

　　工程木材相对于传统木材有很多优势。其中最重要的在于工程木材由短小、速生和废弃的木材制成。多年来，像 $2\times6s$、$2\times10s$、柱和梁等板材和型材都来自对原始森林的砍伐。使用工程木材不仅可以保护原始森林，还能提高树木的利用率。工程木材相对于传统木材将树木的利用率从 40% 提高到 50% ～ 80%。因此，工程木材的使用减少了因建造住宅对树木的砍伐。

　　工程木材的另外一项优势是其强度大于同样尺寸的天然木材，因

图 5-3
通过调整屋顶椽子的支撑柱和柱间的窗户位置，建造者可以在不降低住宅结构安全性的前提下，节省大量木材。双立柱墙角相对于三立柱墙角，不但节约木材，而且降低了通过热桥的热量散失。
来源：Lineworks

工业木材不仅能代替森林木材，而且能提高木材利用率，把传统木材 40% 的利用率提高到 50% ～ 80%。因此，可以减少因建造住宅造成的树木砍伐。

工字梁最早用于楼地板。因为它不产生噪声，所以是无声地板系统的组成部分。后来，工字梁被建造商用在屋顶框架中。

此木框架中，柱的空间跨度更大。工程木材相对于天然木型材抗扭曲性能更高。这些优点能够减少浪费和降低成本。工程木材的长度由人为而定，有的长度甚至超过 30 英尺。

工程木材几乎可以用在住宅的每个构件上，如楼地板格栅、墙柱、柱或梁、屋架、粗地板、室外遮阳板、木护板、门、窗和台板。其中在工字梁中应用最广泛。如图 4-6 所示，工字梁的垂直部分由定向刨花板（及其他产品）制造。翼缘由旋切板胶合木制造。工字梁相对于同种规格的空间框架木材节约 50% ～ 60% 的木材。

工程木材产品刨花板被广泛用在住宅建设中。刨花板是用胶水把锯末粘结制成。这种板通常是面覆硬木胶合板，用来制造橱柜、门和镶板。刨花板的优点是利用废弃物（木屑）制造大块结构，用最少的硬木生产最终产品。

虽然工程木材有其优点，但部分用胶水和黏合剂粘接的产品会散发有毒的甲醛（见第 4 章）。有的公司已经开始重新设计工程木材产品，以解决散发甲醛问题和节省木材。德克萨斯州 Electra 的 Agriboard 公司根据客户需求由秸秆和无毒、不散发甲醛的黏结剂制成秸秆板。秸秆板比刨花板板质轻、耐潮且易切割。俄勒冈州波特兰的 Neil Kelly 公司采用无甲醛秸秆板制造了许多橱柜。

明尼苏达州曼凯托 Biocomposites 公司，用麦秸和豆秸制成了廉价的胶合板。这种产品比木板更耐水且少用粘结剂。另外 Homosote 公司每日回收 150 ～ 200t 的报纸，用来生产胶合板和波纹硬纸板的替代产品。

绿色建筑商也使用预制建筑构件，以节约资源和节省费用。例如，有的承包商采用工厂预制的墙板和屋架建造住宅（见图 5-4）。框架墙体和桁架根据设计图纸定制，然后运到现场组装。成本花费少，而组装产品质量更好。质量控制、内部再利用、产品回收和框架墙经验都保证了每项工程的废料最少。

结构保温板（SIPs）也是由工厂预制后运到工地安装。第 4 章提到，结构保温板系统是在定向刨花板中间夹泡沫材料制成。它们常用在外墙、屋顶和地板中。SIPs 结构坚固，因此需要的其他常规框架少，节省木材。SIPs 系统比普通住宅节省 25% ～ 50% 的木材，外墙施工时间减少 2/3，劳动力成本降低 16%。

预制屋架桁架和保温外墙组合可以节省 25% 的木材，每所住宅

图 5—4
预制桁架减少木材浪费。经认证的木材制造的桁架更具有环保优点。
来源：Dan Chiras

节省数千美元。小型建造商使用这些材料也可获益。对于每年建造数百所住宅的建造商，节省的费用更多。

减少木材浪费

如前所述，住宅建设造成大量的浪费。每所住宅平均产生 3 ~ 7t 废弃物。建筑废弃物中有很大部分是木材。据建筑技术中心的 Tracy Mumma 和 Steve Locken 研究发现，20 所新住宅产生的废料足够建造一所新住宅。

建筑垃圾占据空间，造成环境问题和提高成本。《Efficient Wood Use in Residential Construction》的作者指出，我们购买浪费的材料和处理浪费后的材料都需要成本，这样造成我们两倍的浪费。为了避免自然资源以及金钱的浪费，绿色建造商尝试仔细估算所需木材，然后依靠本章中论述的最优价值工程和其他技术利用这些材料，充分发挥其潜力。

许多绿色建造商还把大体积木材上裁下的废料，分类整理存放，以备工人需要时使用。在 4 英尺长的废料里挑拣一个 2×4 的材料比用 8 英尺的新料加工既省工又省钱。虽然分拣废料可能会增加劳动力成本，但可以很简单地被节省的材料费和废物处置费抵消。这种策略的环保作用比经济作用更有价值。

有的建造商通过与工人分享节省的木材费用来减少浪费。还可以要求分包商根据业主房屋的实际需要采购木材，避免尺寸不合适造成的浪费。

有的建造商要求分包商废物回收利用。例如，在科罗拉多州博尔德 McStain Neighborhoods 公司就要求水暖分包商要把硬纸板废物回收利用，而不是扔在现场让 McStain 来处理。

减少木材使用的回收策略

前面章节的保护策略对国内的木材使用有重要意义。建造者通过木材废料回收和再生木材的使用对森林的保护也起到了积极促进作用。

废旧木材的回收

许多开明的建设者已开始回收工程中的废木料。规模较小的建造商可能会将废旧木料送给工人。我在工作现场看到，有的工人不是将废料烧毁而是留作他用。密歇根州 Holland 的 Bosgraaf 建造商，每年建造大约 55 套独立住宅和复式公寓，把废料木材运送到公司停车场，在那里免费提供给公众。他们还在当地的报纸上刊登提供给当地居民木材废料的广告。其他建筑商把废料用于新工程。有的公司把木材废料交给木材回收公司带走。在加利福尼亚州，Centex Homes 公司的木材废料被木材回收公司回收用来造纸、制造花卉护根物、刨花板和其他产品。建造者应该注意到，一些从事建筑材料回收的商业公司可以提供工程现场的自卸式垃圾站以便施工过程中的余废料回收。其费用通常与垃圾处理费差不多。

除了木材，其他材料也可回收利用。混凝土、金属、玻璃和纸板都可回收，而且在建设中占很大分量。对这方面感兴趣的读者可参考全国住宅建筑商协会研究中心的《Residential Construction Waste Management：A Builder's Field Guide》。

使用回收和再生木材

建造商利用从仓库、废弃工厂、桥梁、住宅、军用设施和其他建筑拆除获得的再生材料，可以减少木材的使用和保护森林。再生木材可用于制造墙板、地板、楼梯、柱子和梁。成千上万的这种回收材料在北美广泛应用。《Efficient Wood Use in Residential Construction》指出，使用了上百万英尺的再生材料板的大型仓库，相当于节省了 1000 英亩的森林。

旧木材的利用也可以节省木材。20 世纪的木谷仓废弃不用后，木料被打造成橱柜和梳妆台。当地木匠用废旧木料打造的精美橱柜价钱比别的橱柜都低。

许多供应商从河流和湖泊底部的泥土中获得木材。这些原木在 19

"除了能够减少对自然资源的需求，通过回收利用和其他手段减少废物也可能带来巨大的经济效益。Bosgraaf 的建造商过去要求每户支付 400 美元用来清除新房子的垃圾。通过要求分包商运走废物（最好回收）和回收利用木屑，每所新房子处理垃圾的费用已下降到 80 美元。"

可持续建筑产业委员会

《Green Building Guidelines》

世纪末到 20 世纪初运送途中沉没到河流和湖泊的底部。例如，Horida Gainesville 的 Goodwin Heart Pine 公司，专门在那些地区打捞松柏原木。木材被公司打捞后，经过干燥，切割成为各种用途的板材。

有些公司专门从事城市木材加工。加利福尼亚州圣路易斯奥比斯的 Seawater 公司，回收城市和郊区被砍伐的树木和木材废料，将其加工后送入木材销售市场。

奥克兰生命保护基金会（www.recycletrees.org）的 Marcus von Skepsgardh 和 Jennie Fairchild 正在抢救城市中被砍伐的红杉、松树和桉树。他们同移植树木的园艺家和建造商合作。生命保护基金会的人通常会在树木被挖掘出来，装上汽车后出现，然后把他们运到基金会进行保护处理。有的园艺家或承包商把砍伐的树木送到基金会。"我们也与公园和政府机构合作，他们定期把移植的树木交给我们。例如，最近旧金山市有个项目中有数百棵 150 岁的柏树需要移植。他要求我们把树木移植到别处。"

回收的木材还有的来自以前的森林采伐。Brian Usilton 运送的加利福尼亚州门多西诺县以前砍伐的红杉已超过 10 年。这些树木被早期的伐木者舍弃，因为它们没有其他部分的树木质量高，这些原木可使用状况良好，仍能提供可用木材。佛蒙特州伍德斯托克 Green Mountain 的原始森林，回收利用病死的白核桃木。这些树木生产的抗腐软木可用于地板和其他用途。

据《Building With Vision》的作者 Dan Imhoff 说："回收利用原木是为获得年代久远的木材"。它是如此的美丽，事实上，这往往是凸显特色的地方。

业务遍布全国的加州 Jefferson 木材回收公司创始人 Erica Carpenter 指出：回收利用原木不具备成本优势或"不是小项目业主的实用选择"。这些措施费用普遍较高。然而，回收利用原木对于使用它做地板、木质框架和家具的业主来说是实用的。

在美国和其他国家，回收木材的途径有很多。目前，在美国大约有 650 名木材回收商。此外，您可以在当地的报纸的分类广告中看到回收木材的信息。无论如何，可以肯定这种方式不破坏环境。查看国家自然资源保护委员会出版的《Efficient Wood Use in Residential Construction》，开列了一个美国回收木材商的名单。《GreenSpec》和其他类似书中也列有此类名单。

替代材料

许多制造商正在转向制作替代材料，包括钢铁和其他自然材料，如稻草板，用以建造住宅。让我们看看钢铁和其他天然材料。第8章和第9章中将有更详细的论述。

钢材

大型钢铁厂一年可以生产200万t钢材用于建筑，以取代2×4s和2×6s两种型号的木材。200万t钢材，能够满足近1/3的美国人对墙体材料的需求，并能保护20万英亩的森林。

钢材的性能比木材更好，属于不燃烧材料，甚至可以从废物中回收，从而减少了对能源的浪费和不环保建筑材料的使用。

用轻钢结构建造的房屋，用钢量很少，据说建造一栋房屋所需要的钢材可以从4辆旧车中回收，并可以减少约40棵树木的砍伐。钢材是一种相当节约能源的材料，其节约的能源至少是木材的20%以上。尽管钢材可以从大楼可回收废品中回收，但在采矿、冶炼、制造和运输环节，这种材料耗费了相当多的能源，使环境遭到污染。

虽然钢材强度很高，但是由于其导热系数大，会使建筑散失很多热量。一项由Oak Ridge国家实验室做的研究表明，在墙和框架中使用一个16英寸的钢螺栓后，其平均热阻值比木材低20%～40%。

轻钢框架能抵抗白蚁破坏，因此可以取代木质框架结构用于受到白蚁威胁的地区，如夏威夷瓦胡岛。然而，在寒冷地区，湿度对钢制构件影响较大，可能在墙壁或冷热桥部位形成凝结水从而导致锈蚀。钢框架还会产生静电电荷，在墙壁上产生粉尘。虽然这种现象也时常发生在木框架墙壁中，但在钢结构建筑的墙壁中更为明显。正因为如此，钢结构建筑墙壁需要更加频繁地清理和粉刷。

秸秆和生土材料

1995年1月，笔者用稻草包和夯土轮胎建造了住宅（见图5-5）。虽然南向外墙、部分内墙和屋顶使用了2×6s的木框架作为主梁，但相对于传统的住宅，节省了50%～60%的木材。在此类建筑建造中使用再生材料，如稻草包（垛）、土坯泥、汽车轮胎和回收的报纸，也可以达到减少能耗的效果。

(a)

(b)

(c)

图5-5

为了寻找房屋中减少木材使用的方法，许多人包括作者在内，从世界各地的房屋中找到了秸秆（a）和其他材料，甚至还有汽车轮胎（b）。最终的成品（c）是相当有吸引力的，眼见为实。

来源：Dan Chiras

图 5-6
虽然许多人正在使用替代材料
建造房屋，但木材在制作屋顶
及室内隔墙中仍然发挥着重要
的作用，图中展现了作者利用
夯土轮胎修筑的家。
来源：Dan Chiras

通过使用稻草和轮胎这样的天然可回收材料可以减少木材使用，而且这些材料往往可以在当地获得，从而减少了房屋建造过程中的能源消耗。一些替代产品，如夯土轮胎，能使废品得到很好的再利用。该房屋在被动式太阳能供暖和降温方面具有适用性。由于墙壁用厚稻草做成，太阳所产生的热量被具有良好隔热蓄热性能的夯土墙轮胎所吸收，并释放到房屋内。在第9章里可以更详细地了解这些技术。

使用认证木材

关于减少木材使用量方面提出的建议迄今取得了显著效果，并使濒危森林得到保护。但我们并不禁止木材的使用，即使有了稻草、秸秆、土坯和其他天然材料，我们仍然需要木制的屋顶，另外门、窗和部分内墙也需要使用木材制作（见图5-6）。

为了消除依靠木材建造房屋所造成的不利影响，许多建造者都开始使用可持续木材和木材制品，这些木材采伐于可持续管理的森林，森林离建设地点越近越好。但是怎么知道哪种木材是真正可持续的呢？

1994年，总部设在墨西哥瓦哈卡的森林管理委员会（FSC）发起了一项国际倡议，以促进可持续木材生产（图5-7）。该委员会作为独立的非盈利组织，同商业和政府部门联系，建立了一套标准的森林管理条例，促进可持续木材生产。其标准包括森林区域的具体划分

图 5-7
森林管理委员会官方认证的
木材标志是买方购买的木材
获得可持续既得利益的保证。
来源：Collins Pine

准则，以确保妥善管理各类森林、树种和生态环境，森林管理委员会（FSC）不对森林本身进行监督，而是通过 9 个国际组织的认可来实现其职能。他们通过对木材公司在世界各地的农场、种植园和天然森林的木材采伐进行检查和认证管理，从而保证森林木材的可持续生产。截至 2003 年 5 月，世界各地的树木农场、种植园和天然森林中已有 391 个，约 6900 万英亩通过了森林管理委员会认证，其中近 800 万英亩在北美。

森林管理委员会一直以各种理由批评对环境不利的做法，如当翻种丰收后的土地时，使用除草剂来控制杂草，所以它通常被认为是最严格的认证组织。能通过森林管理委员会的批准是一个相当高的认可，如果森林管理能接受森林管理委员会的指导，全世界的森林状况将比现在更好，这些标准可以确保通过森林管理委员会认证的木材的价值比其他木材更高，这样才能使购买者确信物有所值。

森林管理委员会认证计划要想成功实施，不仅要求委员会是一个独立的第三方考核者，而且还应该有提供认证木材的零售商。有几家公司已经采取了行动率先发展这一市场，包括加利福尼亚州 EcoTimber 的伯克利分公司。EcoTimber 创始于 1992 年，到目前为止已经成长为一个多元化的企业，多年来，公司一直致力于木材的产品认证以及对木材的可持续开采和节约。

1999 年底，供应美国 10% 左右木材的 Home Depot 公司宣布

金融监督委员会认证的木材为房屋建造者提供了一系列满意的服务，这些木材采用了适当的生产方式，实现了资源的可持续发展。

其在全国各地的商店将停止出售传统的非可持续木材，到 2002 年，逐步在木材产品安全合作论坛中得到认证。2000 年夏天，其主要竞争对手 Lowe's 宣布将积极保护濒临灭绝的森林，同时支持通过森林管理委员会认证的木材和木材产品。虽然还远远没有达到理想的可持续发展目标，但其对木材进行合理认证的方式，可显著增加可持续生产的木材和木材产品数量，吸引更多的木材公司加入这场新兴运动。

认证木材为房屋建造者提供了一种令人满意的途径，并且具有适当的生产方式。此外，森林管理委员会的认证保证了木材可持续的生产方式，尊重了当地居民的权利，维护了生态平衡。当然，由于这些原因，通过现场认证的木材价格一般要超过通过常规方式生产的木材。

Collins Pine 公司是森林管理委员会在美国认证的最大的供应商之一，该公司负责营销的副总裁 Wacle Mosby 指出，公司的森林生产周期约为 140 年，其生产运转很少受影响。因此，木材成本越高，证明其质量越好，分工越明确，生产越严格。虽然有少许额外费用，但绝对是超值的。认证木材的生产周期很长，作家 Dan Imhoff 写到："越老的木材，躯干越直。直木减少了浪费，有利于建筑围护结构的整体性。使用没有变形扭曲的木材，可以减少出现裂缝的机率，这样就提高了建筑能源的利用率，增加了舒适度和耐久性。"

建造或购买绿色房屋时，应尽量选择通过金融监督委员会认证的木材、胶合板、木制产品和板材的装饰件。有些公司，如加州的 Hayward Truss of Santa Maria，甚至使用了认证木材预装桁架。

拼合措施

绿色建筑师 Sim Van der Ryn 提出："木材以空间构件形式存在时，只是简单的材料：便于加工，看起来舒服，摸起来手感好，这种材料为北美建筑提供了优质的建筑材料。但是，我们必须将木材产量减少至目前的 50% ~ 80%，因为我们的子孙可能会遇到森林变成玉米地的情况。"Van der Ryn 得出结论说："幸运的是，我们在不破坏森林植被或污染环境进行设计和施工的前提下，有多种选择。建筑业，因为经济和环境的压力，正在开始改变。"

虽然一些绿色建材产品，已经从部分程度上减少了木材的使用，

拼合措施的好处

根据建筑家和作家 Steve Chappell 所述，传统的木构架房屋比现在的木框架结构节约至少百分之三十的木材。框架结构使用巨大的梁柱来建造房屋的框架，其木料通常来自当地采伐的树木，在提供精致建材的同时也降低了材料的物化能。这些木材只经过最低限度的粗加工，节约了建造者的成本。如果木材来自可持续开发的森林，其优势将更加明显。木结构同样可以建造成坚固、持久的建筑。

但相比主流产品来说，市场占有份额比较小。一些施工人员也已经开始节约木材，一场绿色革命已开始在建筑领域开展。

如今，建筑师们发现了许多节约木材的方法，并且已经在本章中讨论过，例如建造小型的房屋；依靠优化价值工程进行设计；使用木材或更好的天然材料，如稻草；购买通过认证的木材等，将以上几项措施有机结合，将为施工人员、房屋主人和我们赖以生存的地球带来许多好处。

通过对木结构建筑进行材料、技术等方面的改造能够真正有助于解决世界的环境问题吗？"当然，"雨林行动网的主管 Randy Hayes 说。"通过精心选择建筑材料和建筑方法，可以影响世界森林的命运，并使世界成为更加生态环保和可持续发展的社会。"木材的合理使用将在这一方面起到很大的作用。

第6章
节能设计与施工

人类家园国际组织（Habitat for Humanity）是一个非盈利性国际组织，他们帮助工薪阶层的人们购买放心、满意、经济的住房，主要依靠志愿者和捐赠的建筑材料。人类家园国际组织由 Millard 和 Linda Fuller 成立于 1976 年，已在 80 多个国家和地区建设了 12.5 万栋房屋，其中 4.5 万栋在美国。建设项目由地方分会即所谓的子公司发起，每栋房屋优先卖给参加建设与社区志愿者的家庭，并给予零利率贷款以进一步减轻负担。他们通过贷款开发后续项目，从而具备了持续供应住宅的能力。

在亚利桑那州图森，当地人类家园国际组织的分支机构为了使更多穷人买得起房，正在减小每栋房屋的规模（见图 6-1）。这些房屋，

图 6-1
这栋位于图森的住宅，采用了人类家园国际组织推荐的设备，燃料消耗控制严格，同时在各个方面采用了提高能源效率的设计。
来源：Jim Moline

平均面积 1200 平方英尺，售价仅 50000 美元。同时，图森市下属的人类家园国际组织与其他全国各地的人一样，正在采取越来越多的生态建筑措施来提高所建房屋的生态环境友好度，减少以往低成本房屋所造成的负面影响。其中重点是提高能源效率，这不仅有助于减少对环境的影响，而且可节省燃料费用，节省更多的钱用于购买食品和其他必需品。

因此，他们对自己的房屋是如此自信，房屋出售时保证：每年用于采暖和制冷的费用将不超过 300 美元,即每月 25 美元或每天 81 美分！

人居署通过与当地电力部门的合作，提供低价格的能源。另外，前瞻性的道路工程与其他非盈利性组织提供的条件都确保了房屋"物有所值"。

图森市电力部门还与当地房地产开发商结为合作伙伴，为各类节能住宅提供优惠的能源供应，甚至包括那些超过 5000 平方英尺的大型住宅，这些大型住宅每日燃料费用仅为 2.50 ~ 3.50 美元。

减少采暖和制冷能耗不是一个新的想法，来自芝加哥的 Perry Bigelow 多年来一直致力于这方面的研究。图森市电力部门是第一个提供实用实施计划的单位，然而他们这样做不只是出于好意。事实上，他们的主要目的在于通过与当地开发商共同开发超级节能住宅，并给予低电费，来建立一个忠诚的客户群，以利于开拓能源市场。换言之，对购买节能建筑的客户保证低电费，使他们继续与公司合作，从而开拓并巩固新的能源市场。

到目前为止，图森市电力公司已取得了巨大的成功，促进了节能建筑的发展，并给业主带来了巨大的实惠。在第一年，业主只支付了大约 115 美元的电费，大大低于其他家庭的支出。他们成功的秘诀是什么？

首先，建造房屋的人类家园国际组织和地区承包商合作，尽最大可能提高能源使用效率，设计标准参照了美国环境保护署的指导方针，比最严格的节能标准——美国能源之星的性能标准还要高。

本计划成功的另一个原因是图森市电力公司的积极参与，这确保了住房建造和设备选择严格按照节能规范执行。检查贯穿了施工的全过程，许多看似微不足道的细节发挥了关键作用，例如正确安装窗户和保温隔热设施，保证了建筑整体有较高的能效和舒适度。

为了进一步达到节能的目的，公用事业部门还规定了采暖和制冷的温度限值。它要求房主将室内温度设置在一定范围之内,以 72 ℉(冬季)和 75 ℉(夏天)为限。多次违反这些规定的家庭将被取消享受低价电费的资格。

成功的另一个关键在于,房主每月都能够看到自己的能源消费账单。如果账单高于预期,或房子的冷热效果不理想,那么房主会主动对建筑和设备进行检查,及时解决问题。

本章将从不同的角度探讨家庭能源使用效率,首先来看一下从节能建筑中我们能够得到怎样的收益。

为什么要建设节能住宅?

节能住宅,也许单位造价会从 1000 美元升至 2000 美元,当然,这是比较夸张的假设。那么,为什么要将额外的钱投在节能上呢?

这个问题有很多个答案。首先,将资金投入节能设计和施工可能会大量减少其他方面的初投资。例如,增加一点额外的保温绝缘层,成本可能会增加 1000 美元,但可以使住户安装一个小得多的采暖空调系统,省下的钱相当于保温投资的 2 ~ 3 倍。

第二,购买或建造的节能住宅,可以为房主带来较低利息的贷款,这将减少每月的还款额。许多金融机构,如联邦房屋管理局、全国房屋贷款机构都提供能源效率贷款。

有些地方的公共事业部门还会对节能住宅提供一定数额的奖励,这些费用可用于安装能效更高的电器和保温材料。

第三,节省了电费,这个优势是节能住宅中最明显的。节省电费的数额,取决于您如何建造您的住宅,安装什么样的节能家电和灯具。经过精心的设计,在建筑全生命周期内,节省的电费可达数万美元,结合第 1 章中讨论的被动式采暖降温技术,可以达到更好的节约效果。

另外,节能住宅与普通住宅相比冬暖夏凉,具有更高的舒适度。节能住宅由于气密性好,保温层又能起到部分隔声层的作用,因此受到室外噪声的影响也比较小,室内环境更加安静。此外,节能措施能够提高房屋的品质,增加其价值,可以卖到更好的价格,这个因素有可能会变得更加重要,因为未来能源将变得更加昂贵。

最后,节省能源有助于保护环境。通过降低能源使用,可减少对环境中油、煤、天然气的需求。减少资源开采来保护脆弱的环境。减少加工、运输和燃烧化石燃料意味着更少的空气污染。

**为什么要购买和建造
节能住宅?**

• 节省能源费用
• 更舒适的生活水平
• 减少来自外界的噪声
• 获得低息贷款
• 降低维修费用
• 提高转售价值
• 保护环境

图 6-2
你的能源开支都流向哪里了?
来源:U.S.Department of Energy

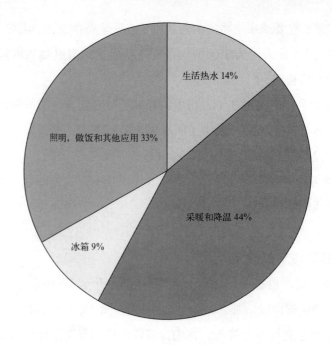

那么"为什么不建造能够有效利用能源的建筑呢?"

能源在建筑中的应用

如上所述,有许多理由来购买或建造节能住宅。实际上,住户最渴望的可能是提高舒适水平。幸运的是,有很多方法在不影响居住舒适和方便的同时能够减少能源的消耗。

在设计和建造节能建筑之前,确定一个"大致的节能方向",就有可能以合理的花费设计建造最节能环保的建筑。如图 6-2 所示,采暖和降温所需能源大致占家庭所需能源的 45%。在这些方面采取措施,可以明显地减少每月的能源消费。

另一个主要的能耗方向是生活热水和冰箱。平均来说,加热水所用的能源占家庭用能的 14%,冰箱则占 9%。

其他能耗主要来源于炊事和家用电器等,约占家庭每年能源支出的 1/3。由此可知,寻找节约能源的方法,应从最大的家庭能源消耗方面——采暖和降温着手。

高效供热和降温

为一所住宅提供采暖和降温措施,应该在房子选址之时,就选择好布局和朝向。正如第 2 章讨论的,一所房子如果有良好的布局,又有好的朝向,可以明显地降低对采暖空调能耗的需求。

环境美化，也影响着家庭采暖和空调的能耗。在住宅周围精心布置树木可以显著降低采暖和空调成本，并节省大笔运行费用（详见第15章）。

规划和设计

一旦选好了场地，并确定了最优朝向，下一步的目标应该是创造一种设计，能提供全年较高的舒适感，同时使能耗最低。这种设计需要运用整体设计的观点，也称为集成设计。旨在营造一个在特定气候条件下，在任意地区都能合理运行的住宅。这里必须记住一个时常被忽略的事实：建筑构件是相互作用的，改变一个组成部分，往往对其他组成部分产生影响。此外，设计者可以采用一体化设计来降低达到高舒适度和环境保护的成本。其目标是最大限度的节能，同时付出最小的环境和经济代价。

集成化设计与传统的住宅设计有很大不同。传统住宅的设计过程，例如采暖空调系统设计，通常会按预想的运行时间和工作模式进行，即按照设计负荷进行系统设计，其结果往往会偏离实际，有时这种片面做法甚至是灾难性的。房子将很低效的工作，最坏的情况是，住户可能一辈子纠缠于高能耗消费的账单，因为设计之初没有充分考虑到部件的相互作用。

为了有效整合设计，必须从房子初始设计阶段即设计图纸确定之前就开始考虑整个系统的运行，这样房子的组成部分能够更好地协同工作，以达到良好的舒适性和最大的经济效益。业主、建筑师和建造师应该经常开会，对工程的目标进行讨论，以确保形成最优的方案。在设计过程中，每个成员都有机会找出更好的节能方法。

这种协调会议也为团队成员提供了互相为对方设计提出改进意见的机会，在加大能源利用效率的过程中，提高各种措施的效果。正如 Jeannie Leggert Sikora 书中所指出的"利润源于绿色建筑本身"，只要设计合理，简单的设计就可以节约能源，对住宅的能源利用效率有重大的影响。例如，在无采暖的空间放置管道，如阁楼或地下室，会降低供暖系统的效率。

虽然在早期规划中动用整体设计可能比老式方法耗费更多的时间，但这种努力是值得的。你会发现大量的费用节省其实来源于整

设计一栋节能住宅比常规施工需要更多的时间，需要认真的研究建筑形式、当地的气候、阳光资源、风速以及其他因素。这些因素有助于确定哪些节能措施是可行的，而且符合成本效益。

集合整体设计寻求以最少的经济和环境代价获取最佳的性能和房屋舒适度。

一些显著的节能收益来源于早期做的决定。简单设计的特点是花费少，例如建筑的合理朝向可以很好地提升建筑的能源效率和舒适性。

个过程中早期的决策，而且简单设计成本低。如果建筑朝向合理，可以大大提高一个建筑的能源效率和舒适性。

集成设计，要求在建造过程中开发商与建造商密切合作，任何小的疏忽都可能会导致潜在的严重隐患。例如，在寒冷气候条件下，在墙体骨架中填充塑料布，可以防止室内空气中的水分渗入保温层。粗心大意的水暖工或电工在施工中为了图省事，可能会破坏或整个毁掉墙体的保温层，这将产生恶劣结果。水暖工们为了本来早应该安好的管道而凿开墙体的保温层，施工完后却不修补。他们这种行为会导致通过不保温的墙体散失大量的热量。

如果住户购买的是一套绿色住宅，应选择应用集成设计思路的房子。如果住户雇用建造者，应该找一个热衷于这种集成设计的开发商，确定建造者和分包者一同密切工作，并经常检查他们的工作，以保证建出高质量的房子。如果住户正自己建一所住宅，则需要更多地了解集成化设计，并付诸实施。为了有效达到目标，需要了解更多关于建造者提高能源效率的方式。可以从本章的其他章节中了解这些知识。

选择合理的建筑围护结构形式，提高能源效率

热量都是通过顶棚、屋顶、墙、窗户和基础进出房间的，能量朝哪个方向流动则取决于季节。在冬天，室外温度低于室内温度时，热量就从室内流到室外。在夏季则相反，热量从室外流到室内。

究竟会有多少热量渗透，主要取决于建筑物的设计和建造，如表6-1所展示的那样，一所房子的各种缝隙及洞口会散失大量的热量，这些部位是室内热量散失的最大来源。因此，注意这些方面，对提高住宅能源效率来说是很可观的。

能源效率要求建筑的外围护结构——墙壁、窗户、地基和屋顶具有足够的隔热性和气密性。

根据美国节能经济委员会的报告，每年通过外墙缝隙、洞口、门窗、基础连接缝隙、水管电线穿越墙体的接缝处等部位，散失了价值大约130亿美元的能量，使每个家庭平均每年增加大约150美元的能源支出，虽然这对于个人来说不是很多，但总和却相当大。浪费能源，意味着需要生产更多的能源，这将导致从居住区环境的破坏到全球气候变暖的一连串的环境污染。

住宅能源损失		表 6-1
墙	15%～20%	
屋顶	10%～20%	
基础／楼层	10%～15%	
窗户	20%～40%	
空气渗透	20%～40%	

在第 4 章和第 5 章的学习中，介绍了很多提高室内舒适度的方法和减少木材使用量的建造技术和建筑材料。这些技术和材料也减少了建筑的采暖和制冷负荷。这里只做简要介绍，目的是帮助建立一个能源有效利用的新观念。

·使用最优价值工程方法，通过提高热桥的保温效果和增加隔热墙的性能来营造效率更高的建筑。

·用隔热混凝土构件建造基础和外墙。

·在外墙、地板及屋顶结构上加保温板材能够形成良好的隔热性能，并减少空气的渗透量。

·用 2×6s 的外墙骨架形成更大的空腔以添加更多的保温材料，或者在 2×4s 的外墙骨架的外表面覆盖硬质泡沫塑料保温层。

·外墙结构用双层墙体结构。尽管造价很高，但可以达到更高的保温水平，减少热桥的热量损失。

·用稻草或草泥和锯末等其他天然保温材料建造外墙，会达到更高的保温水平。

·安装节能型门窗。

·安装遮阳保温一体化系统，降低夏季的热辐射和冬季的热量损失。

·在阁楼或屋顶安装隔热屏障层，减少夏季高温环境下的辐射热量进入室内（在下文进行讨论）。

以上的节能措施中绝大部分都要求安装足够的保温材料。

保温材料可以阻挡热量通过建筑的外墙或其他构件流入或流出室内，一般主要通过热阻来评价一种保温材料的效果。热阻表明材料对热量传递的阻挡能力。热阻越高，隔热能力越好。因此，热阻值为 60 的屋顶比热阻值为 40 的屋顶的隔热性能更好。

保温材料能在冬季阻挡热量流出室内，夏季阻挡热量流入室内，因此能够帮助住户节约能源。但不同于大多数人所认为的是，保温性

保温隔热性能良好的围护结构能降低能源和燃料的消耗量，同时有助于减少我们的住宅在炎热和寒冷季节中对环境的影响。

能好的房子在热气候下的性能和在冷气候下的性能同样重要。事实上，热气候下可能更为重要，因为夏季空调降温的费用一般都会超过冬季暖气采暖的费用。

保温材料有很多种类型，但大体上分为4种：松散的填充保温材料、纤维材料（玻璃棉或纤维）、硬质泡沫塑料和发泡材料。每一种材料都有不同的应用。举例来说，松散的填充保温材料，如使用由废报纸制成的纤维保温材料在阁楼形成厚厚的保温垫层从而阻止热量散失（图6-3）。纤维材料，如玻璃纤维可以填铺在地板和墙体骨架形成的空腔里（见图6-4）。硬质泡沫塑料多应用在基础、地下室墙体或者外围护结构的表面。发泡材料，像聚氨酯材料，可以方便地填充各种缝隙。

当决定使用何种类型时，建造者必须考虑不同产品对健康和环境的影响。多年来，玻璃纤维因为含有甲醛而被限制生产，而硬质泡沫塑料保温材料对住户是相当安全的，但它们是由消耗臭氧层的化学物质制造的。

由于意识到顾客和安装人员对环境和健康的关注，许多制造商都在开发生产一些新型的保温材料。例如，Insulfoam公司所生产的不会破坏臭氧层的硬质泡沫保温制品。大型玻璃纤维制造商Johns

图6-3
湿法纤维保温材料为许多绿色建设者所青睐。可以从报纸中回收，用无毒阻燃剂做防火处理，这种材料具有良好的保温性，不像干法纤维素在墙体夹层中难以安装并导致空隙。
来源：Central Fiber Corporation

图6-4
密封玻璃纤维比无密封玻璃纤维包含更多纤维，并且安装起来更安全、更简便。
来源：Johns Mansville

Manville，已开始用无毒丙烯酸粘合剂取代含有甲醛的结合剂的玻璃纤维。Owens-Corning 推出了一种名为 Miraflex 的无甲醛的玻璃纤维产品。它包含两种不同类型的玻璃纤维，它们在受热或受冷时，膨胀或收缩的比率不同，而自然地结合在一起。因此，Miraflex 无需甲醛粘合剂，一些玻璃纤维制造商也在生产一种包裹式的玻璃纤维，即玻璃纤维被包裹在胶囊或塑料里，此产品可减少工人与玻璃纤维的接触机会，因为玻璃纤维可能导致肺癌。据业内人士所言，玻璃纤维的原材料至少有 30% 取自回收的玻璃。

除了这些改善型的产品，许多建造者还会用由回收材料制成的纤维保温材料。这种材料用回收的废报纸（有时是少量的薄纸板）加工制成，干燥后填充到墙体空洞或屋顶夹层里。表面再涂一层阻燃剂，使用这种纤维保温材料比安装玻璃纤维花费要多一些，但是它具有更好的隔热性能，也使得一些常见的废弃物得到有效利用。为避免被淘汰，泡沫保温产品的制造商也在改造他们的产品，制造更加安全环保的泡沫保温材料。例如 Icynene，既不含甲醛，也不含破坏臭氧层的化学物质，将它灌入到开敞或闭合的墙体孔洞内，然后膨胀填补空间。这种产品不仅防水，还有助于减少空气渗透。

当一所房子做保温隔热处理时，应该特别注意难以达到的施工部位。还应该确保保温层由专业人员来正确安装。安装不当，会降低其效果。为了了解更多的保温隔热知识，可以参考 Daniel D. Chiras 著的《The Solar House》一书关于建筑节能的章节。

窗户。好的窗户对节能来说也是不可或缺的。正如前面所指出的，在冬季，窗户是主要的热损失来源，在夏季，它又是主要的得热来源。尽管在过去二十多年间，窗户设计有了很大的进展，但是即使最节能的窗户，也达不到保温性能良好的墙体的热阻值。墙体的热阻值可能达到 20 左右，但市场上节能效果良好的窗户的热阻值只能达到 3～4。即使表面用隔热窗帘，它的热阻值也只能达到 7～8 而已。

如今窗户在围护结构中占的面积比例非常大，所以在可以负担的范围内，选择最节能的窗户是很重要的。当购买窗户时，会发现有很多不同的种类。不同窗户类型最基本的区别是有些可以打开，有些却不能打开。一般说来，可开启的窗户有更多的空气渗透和热量损失。虽然住宅需要可开启的窗户，但更重要的是，不要太偏离实际需要。在一所房子上有计划地布置合理数量的可开启窗户，通常是在北墙设

"说到保温，它总是发展地越来越好。一般严格的隔热标准是，在温带气候下，被动式太阳能房屋的墙壁为 R-30，屋顶为 R-60，在极热或极冷气候下，墙壁为 R-40，屋顶为 R-80。

Ken Olson and Joe Schwartz"美好的太阳能住宅：被动式太阳能设计入门"《Home Pouer》杂志

注释

科罗拉多州 Aspen Glass 目前正在制造的节能窗户，R 值约为 10。

置一个或两个，在东、西墙设置一个或两个，在南墙适当多设置，这样同样可以达到良好的通风效果。

窗户有单、双层及多层等类型和做法。如今，单层窗户只适合在温暖的气候条件下应用。即使这样，这种做法也是不合理的，因为单层窗户在夏季会大量得热，加大降温的费用。

双层窗户在寒冷气候地区中正经历新的发展。双层窗户之所以节能并不是因为它有两片玻璃，而是因为两片玻璃之间的填充气体——空气是不良的热导体。

比空气更好的是氩气。用来填补窗户之间的空隙时，氩气发挥的作用更好，因为它比空气的热阻更大。另外，窗户的制造商们也会采用其他措施来提高产品的热阻，如在窗户内表面涂一层薄的锡或氧化银，或在双层窗户中间插入一层特殊的薄片。这些物质通过玻璃延缓热传递，这就是被称为 low-E 的窗户（low-E 表示低辐射热或低热量传递）。

也可以通过选择适当类型的窗扇和窗框（窗扇是固定玻璃空间位置的材料，窗框是包住窗扇和连接墙体的材料）提高节能性能。窗扇和窗框是由多种材料组成的，每种材料都有其优缺点，能源效率最高的通常都是由木材制成的。为防止窗扇和窗框上木材受水分和阳光的侵蚀，制造商通常在木材的外表面包一层金属或塑胶层。

窗扇和窗框也可由玻璃纤维、PVC 或乙烯基和木屑构成的复合材料制成。这些材料提供了许多与木材相同的优势，特别是低导热及耐用性。但是，合成材料可能会对生产工人产生危害。例如，乙烯基窗户是由聚氯乙烯（PVC）制造的，而制成 PVC 的原材料是一种致癌物质。因此，PVC 窗户也可能向室内释放有毒气体。

PVC 另一个严重的缺点是随着温度的变化会发生明显的形变。绿色建筑专家 Alex Wilson 说：随着时间的推移，材料的伸缩会降低其密封性能，导致窗角和边缘处出现裂痕。这将导致窗户过早地破坏和渗漏，降低窗户的节能效率。因此，为防止破坏，PVC 窗扇和窗框通常经过热处理，处理后出现问题的机率是很小的。在选择 PVC 窗框或有 PVC 窗户的房子时，首先要确定窗户的转角处已经过热处理。

多年以前，一些窗户制造商采用金属窗扇和窗框。虽然价格便宜，但金属窗框是优良的导热体，导致大量的热量损失，因此应避免使用这种材料。如果已经考虑使用金属窗户，则首先要确保窗户经过断桥处理，以减少热量的损失。

购买窗户的时候，应该对暖边进行谨慎处理。暖边，是指在双层或多层窗户的轴承处安置不导热的材料——垫圈。垫圈降低了窗户边缘处的热量损失，这种效果很明显，可以提高窗户 10% 的节能效率。

暖边同时减少了窗户边缘的冷凝。窗户的湿气冷凝会损坏窗扇和窗框，使木材腐烂。在寒冷的气候下，窗户上的湿气可能会结冰。冰融化时，水会滴到窗扇和窗框上，随着时间的推移，会加大对木材的破坏。因为减少了冷凝现象，暖边降低了维修费用，大大延长了窗户的使用寿命（图 6-5）。

当购买窗户时，还有很多其他因素需要考虑。其中一个最重要的是其节能效率。绝大部分制造商都提供了他们关于窗户节能效率的资料。往往通过以下能效参数来表示：(1)U 值；(2) 空气渗透量；(3) 太阳热增益系数；(4) 透光率。

U 值是用来衡量材料传递热量能力的指标，它与热阻的意义相反。U 值在数值上是热阻的倒数，即热阻为 3 相当于 U 值为 $0.33(1/3=0.33)$。U 值越低，节能效率越高，因此较低的 U 值意味着更少的热损失。

窗户性能报告中的 U 值一般是综合了玻璃和窗框的综合值，即将窗户边缘的热损失也考虑在内。规范规定，绝大部分节能建筑的 U 值要小于 0.3(即热阻为 3.3 或更高)，一些制造商正在开发 U 值低至 0.1 和 0.05 的窗户。

第二个重要的衡量标准是空气渗透量。空气渗透量是由窗户的类型和质量决定的。正如前面所说，质量好的窗户比差的窗户能够阻止更多的空气渗透。一般说来，生产工艺越好、质量越高，空气渗透量越少。空气渗透量的衡量标准是每分钟每平方米渗透多少立方米的空气。节能专家 Paul Fisette 建议，要选用空气渗透率低于 $0.30 \text{cfm}/\text{ft}^2$ 的窗户。

另一个衡量标准是太阳热增益系数。即当太阳照射窗户时，通过窗户传递的热量占辐射量的比率。窗户制造商们将这项特征表述为太阳得热系数 SHGC。它在 0 ~ 1 范围内变化。0 意味着零热量获取，1 意味着获取 100% 的热量。

最后一个重要的衡量指标就是透光率。即透过窗户的光线与透过一个与窗户等面积的空洞的光线的百分比。透光率为 80% 意味着窗户

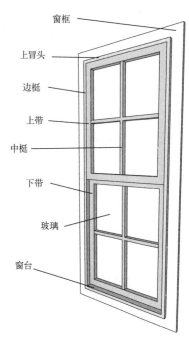

窗框
上冒头
边框
上带
中框
下带
玻璃
窗台

图 6-5
一个标准窗口的组成。
来源：Lineworks

选择节能窗户的标准

- 双层或三层玻璃
- 非导热体的窗框
- 金属外包的外墙表面
- 低辐射玻璃
- 中空充氩气
- 玻璃间隔（导热的边缘）
- 低空气渗透量

关于太阳能得热系数的建议

对于被动式太阳能住宅，东南面的玻璃应具有较高的太阳能得热率，在晚上有足够的 R 值减少热损失。在寒冷气候下，高太阳能得热率是必要的。Paul Fisette 建议，太阳能得热率，在炎热气候下为 0.4。在中等气候条件下，为 0.4 和 0.55。在寒冷气候下，应大于 0.55。

允许 80% 的可见光通过。对大部分人来说，达到 60% 的透光率，窗户看起来就很清晰，低于 50% 看起来就很暗。

如果你正打算建造一栋自己的住宅，你可能想知道更多细节，或与一个更熟悉建筑的窗户供应商合作。业主和专业的建造者可能会注意到 RESFEN—— 一个由劳伦斯伯克利实验室发明的价格合理的窗户分析软件。该软件很有价值，可以用来评价室内窗户的性能，帮助设计者使通过外窗的能量损失最小化，舒适最大化，既控制直射阳光不刺眼，又保证充足的自然采光；还可以根据特定需要进行窗户选型，例如北向和西向的窗户。该软件能够从国家门窗等级委员会获得（见本书资源指南部分）。

辐射反射层。 辐射反射层也是提高节能效率的有效措施，特别是在炎热的气候条件下，例如亚利桑那州、加利福尼亚的南部地区和佛罗里达州。

我们通常使用两种类型的辐射反射层。一类是基层为塑料或纸的铝箔。这种材料用于阁楼等构件上，如图 6-6 所示。为了降低劳动力成本，一些住户在屋顶安装辐射反射层时直接将它钉到屋顶骨架上，称为屋顶抗辐射反射层。这种产品是由夹板或在特定位置安装某个方向的辐射反射层制成，其中铝箔经常安装在构件下表面。

辐射反射层能阻止热量以辐射形式通过围护结构，夏季减少透过屋顶的得热；冬季保留室内热量减少热损失，但与夏季降低得热相比，这项优点不是很明显。

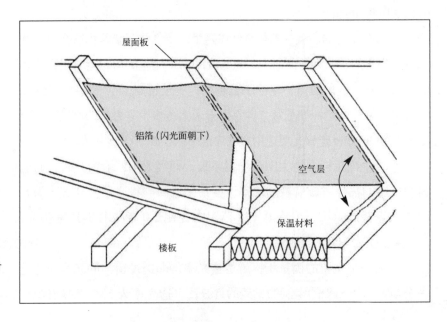

图 6-6
辐射反射层在夏季减少辐射得热并在冬季减少热损失。
来源：佛罗里达州能源中心

根据佛罗里达州太阳能源中心的报告，在佛罗里达州，安装了辐射反射层的住户，降温开支可以降低 8% ～ 10%。

加强建筑外围护结构的气密性

除了安装合适的保温层、节能窗和抗辐射反射层外，绿色建筑的住户们通常进一步装修他们的房子，使其密不透风。

如前所述，相当多的热量通过窗户周围的缝隙、电线接口处、电力管线穿越外墙和基础部位散失。在冬季热空气流出室外会导致大量的能量浪费，引起不必要的能源开支。同样，在夏季热空气流入室内也会降低舒适性并加大降温开支。

由不受控状态下的空气进出室内产生的渗透耗热量会导致平均采暖和降温开支增加 20% ～ 40%。也就是说，如果每个月用来支付采暖和降温的开支是 2000 美元，那么由于空气渗透将浪费 400 ～ 800 美元。

建造具有良好气密性的住宅的关键是确保建筑外围护结构的缝隙被堵住。这个方法对节能建筑来说，是相对容易做到的，而且价格低廉。除了填缝外，设计人员也可在外墙上应用隔蒸汽层进一步降低渗透。如图 6-7 所示。

图 6-7
隔汽层几乎对任何房子都是必要的，能防止水分渗透墙壁，从而有利于保持保温层干燥。即使是少量的水分也能使 R 值大幅度降低。在暖湿气候下，隔汽层通常安装在保温层外侧 (a)。在寒冷气候下，隔汽层通常安装在保温层内侧 (b)。
来源：David Smith

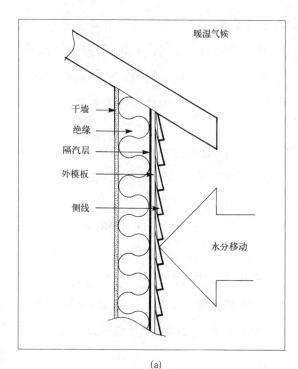

暖湿气候

干墙
绝缘
隔汽层
外模板
侧线

水分移动

(a)

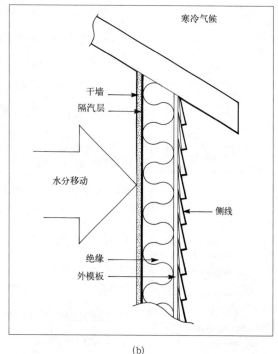

寒冷气候

干墙
隔汽层

水分移动

侧线

绝缘
外模板

(b)

图 6-8
住宅中每一个微小的缝隙和开放的建筑围护结构都会导致空气渗透。这个图显示了围护结构空气渗透的主要途径，以及我们最应关注的问题。
来源：美国能源部

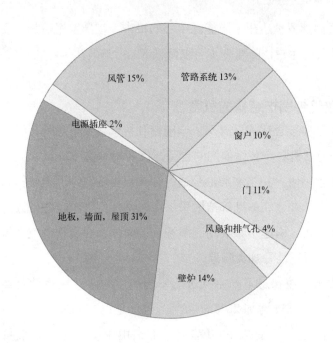

风管 15%　　管路系统 13%

电源插座 2%

窗户 10%

门 11%

地板，墙面，屋顶 31%

风扇和排气孔 4%

壁炉 14%

如图 6-8 所示，空气会通过建筑外围护结构上每一个很小的缝隙渗透进来（或出去）。这张图告诉我们在建造和装修房屋时更应该关注哪些地方。

房子的围护结构做完后，大部分建造者都会对他们的工作做一次检测。如鼓风门的气密性试验，通过这个简单又相对便宜的试验可以确定建筑换气次数，也就是在一定压差条件下有多少空气流入和流出室内。试验时，门窗都应关闭，在门窗上面装有鼓风机的尼龙蒙布。安装完毕后，打开鼓风机，形成压力差。这种机器可以测量在压力作用下进入室内的空气量，然后用这个数据来评估门窗的气密性能。

一个密封良好的房子，换气次数应达到 0.35 ～ 0.5，也就是每小时有 1/3 ～ 1/2 的室内空气与室外空气进行了置换。如果空气的置换速度高于此值，应该对房子的缝隙加强密封。

绿色建筑设计师用这个词语来描述他的设计："建造严密，通风良好。"因此，当房子完成密封后，再安装机械通风设备。利用机械通风设备用室外的新鲜空气来代替室内的污浊空气，帮助消除室内空气的污染。如第 3 章所述，装有机械通风系统的住宅比密封不好依靠自然渗透换气的住宅空气交换更充分。为降低通风热损失，可以参考第 3 章相关内容。

注释

密封的干式墙体能够保证没有丝毫的空气渗透，这些工作应该在墙体安装前就完成。这项技术不使用隔蒸汽层。芝加哥建筑师 Perry Bigelow 在他设计的所有房子里都应用了密封干式墙体技术。由于它们的隔热和密封性能都很好，所以 Bigelow 保证年度采暖支出不高于 400 美元。

被动式太阳能采暖和降温

被动式太阳能采暖和降温主要依靠建筑设计的合理布局和被动式技术措施的运用来实现。在冬季，被动式太阳能采暖系统依靠南向窗户让阳光进入室内（见图6-9）；在夏季，隔热和遮阳装置阻止热量进入室内。

良好的气密性和较高的能源利用率，能大大降低能源消耗，减少昂贵的能源开支，而购买或建造被动式太阳房可以取得更大的节能效益。被动式太阳能采暖利用南向窗户引入阳光，同时通过良好的围护结构保温将热量保留在室内，从而实现采暖，无需使用昂贵的机械采暖系统。

被动式太阳能降温技术，使建筑无需依赖昂贵、高能耗、高噪声的空调或蒸发降温设备即可达到降温的目的。该技术通过适宜的朝向、良好的保温、遮阳等一系列简单有效的措施有效改善夏季的室内热舒适度。

良好的气密性和较高的能源利用率，能大大降低能源消耗，减少昂贵的能源开支。购买或建造被动式太阳房可以不使用昂贵、高能耗、高噪声的空调或蒸发降温设备从而更大幅度地降低能源消耗，这项被称为被动式采暖降温的技术，是通过简单有效的措施来分类的。

有趣的是，许多设计措施都要求房屋必须节能，这样也有助于实现被动式采暖和降温这两个目标。建造高效利用能源的房屋，为达到良好的采暖和降温效果，应该进行有组织的施工，并尽可能地应用可再生能源。被动式太阳能采暖降温详见第11章和第12章。

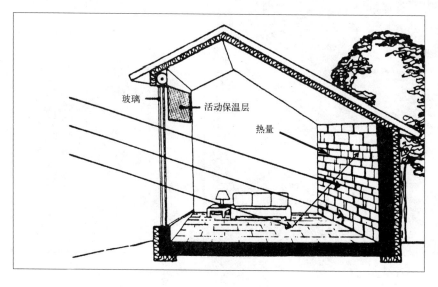

图6-9
被动式太阳房允许冬季低角度的太阳光从南向窗户进入。可见光被固体表面吸收并转化成热量。
来源：美国能源部

高能效的采暖设备

虽然建设主管部门往往要求必须安装采暖和降温设备，但对于采用被动式采暖和降温的节能房屋来说几乎用不到。然而，对于那些没用过被动式采暖和降温的建筑，仍需要通过选择能效更高的采暖设备来节约开支。安装能源效率高的采暖和降温设备不仅能减少开支，还能明显提高室内热舒适度。

采暖设施多种多样，从简单的薪柴炉、壁炉到复杂的地板辐射采暖等可供选择。

薪柴炉工艺简单。新型薪柴炉和壁炉充分利用了生物质能源且高效卫生。它们充分燃烧木材，用相对较少的燃料产生较多的热量，可以长时间维持室内稳定舒适的热环境（见图 6-10）。

但是，薪柴炉会对环境产生污染，而且需要大量的操作和维护。特别是老式炉子，没有自控装置，在房间里没人时仍会继续工作。

如果需要自动供暖，则需要地板辐射采暖和踢脚板热水采暖等机械采暖系统，利用天然气或燃油作燃料，将水在锅炉内加热后通过管道输送到各个房间。在地板辐射采暖系统中，热水在地板里的管道中流动，将热量释放到邻近的房间。在踢脚板热水采暖系统中，热量通

图 6-10
(a) 砌体加热器是由砖块或土砖等砌体材料制成的高质量木质燃料炉。它们高效地燃烧木材，产生极少的污染，很少需要清洗，用很少的木材实现长时间的舒服的供热。
来源：Biofire, Inc.
(b) 砌体加热器中，热空气通过复杂的内部流动系统，将热量传递到砌体中。热量慢慢地再辐射到屋子里。
来源：Nicholas Lyle and Kristin Musnug

(a)   (b)

过特殊的辐射器释放到房间，这些辐射器通常沿墙体的踢脚线布置。

在过去十几年里，制造商们通过引进新型锅炉，使地板辐射采暖系统和踢脚板热水采暖系统的效率提高到了90%以上，从而更加经济清洁。单纯采用高效率的炉子也是可行的，但它们的效率通常达不到80%。

目前锅炉和炉具都使用密封燃烧方式以降低对室内空气的污染（见图6-11）。如第3章所述，密封燃烧能够确保污染物不会排放到室内。许多锅炉和炉子都是强制通风型——利用风扇将新鲜空气引入燃料燃烧室，使燃烧后含有污染物的气体经另一根管子排出，即诱导通风助燃。尽管带有密封燃烧室和强制排风装置的燃烧器和锅炉初期投资较高，但可以节约能源开支，降低日常使用费用。《Profit from Green Building》的作者 Jeannie Leggett Sikora 表示，诱导通风助燃一般都比效率低的炉子寿命更长一些，因为它们产生更少的有害产物，这些有害产物会阻碍燃烧并降低装置的使用寿命。

机械式通风采暖系统是目前最常用且最便宜的机械采暖系统。如同地板辐射和踢脚板热水采暖系统一样，大多都是利用天然气或燃油（也有用电力的）在室内炉子的燃烧来产生热量，再通过一系列风管将热量送到各个房间。

许多家庭用电来加热，但电加热是昂贵且不高效的。国家的电大部分由煤燃烧产生。因此，除非电来自于清洁能源，比如风能或太阳能，否则随之即来的是相当大的环境代价。

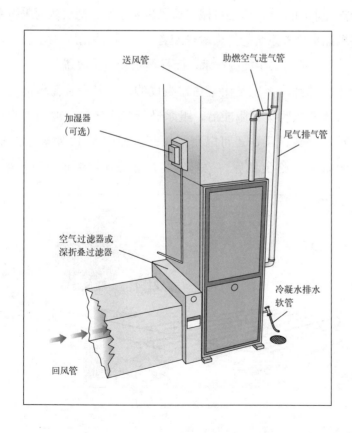

图 6-11
在诱导通风的燃气炉里，外界的空气被引入燃烧室内。废气被赶到外面。燃烧过程是高效的并且大部分的热量被传到屋子里，废气通过塑料管道被排出。
来源：Lineworks

机械式通风采暖系统能够迅速地加热房间，不像地板辐射和踢脚板热水采暖系统那样需要较长时间才能将房间加热到预定的温度。然而，该系统在吹风时可能会加大房屋的空气渗透量，导致其比地板辐射和踢脚板热水采暖系统的综合采暖效率略低一些。同时吹风时给人不舒适的感觉，风机也会产生噪声。

尽管有这些缺陷，机械式通风采暖系统的采暖效率还是相当不错的。要保证最大的效率，管道必须密封良好。有经验的工人用一种耐久性很好的密封膏密封管道，而不是用胶带缠绕。若用胶带缠绕管道，耐久性差，可能几年之内就会损坏，导致有害气体泄露。还要确保管道都安装在采暖空间，不要安装在寒冷的阁楼或地板下面。管道安装在采暖空间能减少 30% 的能量损失。

从能量利用角度来说，燃气炉布置在房间中央是最佳方案。这样可以减少运行管道的长度，降低成本。同时热量在传递过程中也会减少能量损失。

还有两种可以考虑的系统是地源热泵系统和太阳能热水采暖系统。由于它们从地下或利用太阳能吸取热量，受室外空气影响很小，所以即使在室外空气温度很低的情况下，它们仍可以为房屋高效供热。从外界提取的热量，通过机械式通风采暖系统、地板辐射采暖系统或踢脚板热水采暖系统的管道输送到各个房间（见图6-12）。这两种系统也是很好的可再生能源技术，而且热泵效率非常高。

太阳能热水系统是由集热器组成的，一般安装在屋顶上。系统通过液体介质收集太阳能后，跟水进行二次换热，被加热的水可以用来洗衣服或洗澡，还可以用于采暖。如图6-13中展示的新型号Thermomax，造价低廉，效率较高，即使在阴天也可以产生热量，

图 6-12
地源热泵在冬季从地下获得热量并且把热量传到屋子内部，因此没有燃烧且室外能源利用也很少。在夏季，地源热泵将热量带出室外将其传递到土壤中，从而降低室内温度。
来源：David Smith

图 6-13

Thermomax 是最高效的太阳能热水系统型号之一，甚至在阴天也可收集到可观的太阳能。

各种气候条件下都很经济。

采暖系统是非常复杂的。更多有关这种系统的知识和选择标准，可参考《The Solar House》或查找资源指南里面所列的书和文章。

高能效的制冷系统

节能设计也可以大大降低夏季房间降温负荷。第 12 章中会介绍相关实例，房子的颜色、朝向和其周围生长的植被，特别是树荫都有利于房屋降温。综上所述，这些技术会大大降低甚至消除房屋对蒸发式降温装置、空调和热泵等机械降温装置的需求。

蒸发式降温装置安装在窗户或屋顶上。如图 6-14 所示，外部的空气通过风机引进。干燥的热空气在通过这个装置进入室内的过程中，

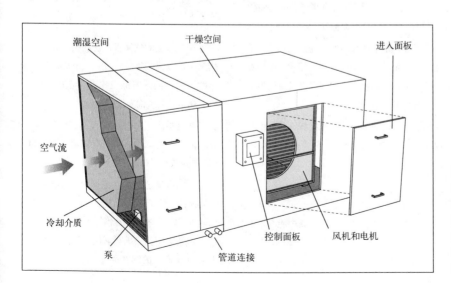

潮湿空间　　干燥空间　　进入面板

空气流

冷却介质

泵　　管道连接　　控制面板　　风机和电机

图 6-14

蒸发式降温装置将室外空气通过一个潮湿的衬垫吹入。凉爽而潮湿的空气随后送入室内提供降温。

来源：Premier Industries Lineworks 绘制。

注释

确保空调室外机不安装在有阳光暴晒的地方，因为这会大大降低其制冷工作效率，将其放在阴凉的地方制冷工作效率最高。

流过一层湿润的丝网（降温媒介），变为凉爽潮湿的空气，再从房子的中央进入室内，提供凉爽舒适的环境。

蒸发式降温装置价格低廉，而且一般不需要在房间内布置大量的管道来输送凉爽的空气。由于它们降温效果显著，被广泛应用于大空间办公建筑。但是，蒸发式降温装置只在干燥的环境下才有效。

空调系统可以布置在屋顶、墙体或窗户上面。外部的空气进入空调装置经除湿降温后送到房间里面。中央空调通过大量的管道，将集中处理后凉爽的空气传送到房间，这些管道通常与中央采暖系统共用。

中央空调工作效果良好，在很多气候条件下都是有效的，特别是在潮湿的地方。但安装和运行费用很高，而且其制冷剂可能会对臭氧层造成破坏。

本章前面提到的热泵，也可以当作降温装置，但其工作方式与蒸发式降温装置完全不同。热泵是将室内的热量抽出并释放到室外。热泵装置在很多气候条件下（从湿热到干热）都能有效地运行。但是，一些新型热泵装置（如地源热泵）的初投资相对较高。

哪一种机械降温系统是最环保的？总的来说，热泵系统还是最好的家用环保降温设备之一，并且已经广泛用于美国东南部地区。虽然在炎热、干旱的天气里，蒸发降温运行效果最好，但会消耗大量的水。最后的选择就是空调。

采暖与降温设备的购买指导　　　　　　　　　　　　　　　　　表6-2

设备	等级	注意事项
利用天然气或燃油的设备	对于以天然气和燃油为燃料的炉子或锅炉，请查阅公平贸易委员会 (FTC) 带有年度燃料利用效率 (AFUE) 等级的能源指南标签。年度燃料利用效率(AFUE)是衡量每年燃料利用效率的标准。炉子一年的燃料利用效率达到90%以上可以获得能源之星授权	系统并不是越大越好。过大的系统成本会更高，运行效率却相对较低。要根据不同的需求选择合适的类型和尺寸的系统
空气源热泵	关于热泵，请查阅能源指南中热泵的季节能效比和采暖季节性能系数。季节能效比测量的是夏季的能源利用率，而采暖季节性能系数测量的是冬季的能源利用率。能源之星最低限度效率水平是季节能效比达到12或者更高	如果住在凉爽的气候里，在购买能源之星热泵时选择采暖季节性能系数高的，这样你购买的产品的节能效率就会在前25%。购买热泵时要咨询专家的建议
中央空调	在能源指南中查阅中央空调的季节能效比指标评价。中央空调的能源之星标准为季节能效比达到12，至少要超过联邦标准的20%	有能源之星认证标识的空调效率可能是现有其他设备的两倍。购买空调前，请咨询一下专业人员
房间空调器	参考带有能效比 EER 指标的能源指南标签。EER 越高，设备运行效率越高。通过能源之星认证的设备是其中能源效率最高的产品	采购房间空调器时应注意两个主要问题：购买制冷量合理和能效比高的产品。如果房间日照非常充足，需要增大10%的制冷量；如果空调区域内包含厨房，则需要增大4000btu/h的制冷量

空调利用消耗臭氧的制冷剂进行降温，与热泵一样，也需要大量能源来运作。但很多制造商已经采取各种措施来节约能源，如：提高能源使用效率，采取更好的措施防止制冷剂泄露等。

购买空调时，请务必购买效率最高的类型。挑选家用空调时，请看一下标签上列的能源利用率，推荐使用能源利用率超过 10 的型号。中央空调的标签上列的是采暖季节性能系数，与能效比大致相同。选择能源利用效率指标达到 12 以上的机型。在潮湿地区，选择合理的型号，可以有效地除湿，使人们感到更舒适。

高效率空调的初期投资成本高一些，但增加的投资会通过以下两种途径得到补偿：电费的降低和获得相关公共事业政策的折扣。购买空调时，要选择带有"可单独开启风机"标识的空调。这种空调的风机可以在夜间单独运行，为室内通风。另一种有用的功能是自动延迟，它可以使风机在空调制冷机停止运行后的一段短时间内继续工作。这样又延长了空气的冷却循环时间，充分利用了冷量，既省钱又降低了能源消耗。使用变速压缩机和风机，也有利于降低能源消耗，可以合理配置风机和压缩机的工作状态来满足制冷需求。与之相反，单速的运作模式是不顾及实际的需求量的，先进的设备可以提供多达 17 级的速度，既高效又节能，为我们提供安静舒适的生活环境。

表 6-2 列出了购买采暖与降温设备的指导方针。消费者可以寻求适合居住地区特点最节能的设备，同时还要询问是否有折扣或提供公用事业政策补助等。如果想得到更多的信息，可参考 Alex Wilson,

合理确定采暖和制冷系统装机容量

合理选择系统装机容量，购买高效的采暖和制冷系统很重要，可以有效节省开支。选型过小不能满足日常需求。选型过大，虽然可满足需求，却会因系统频繁启闭等问题导致大量能源的浪费。例如，过大的装机容量可以迅速使整栋住宅冷却，然后关闭；当室内温度升高后，系统再次启动，导致能耗过高。此外，设备可能无法运行足够长的时间以达到最佳效率。因此，同样提供舒适的室内环境，这些系统往往花费了更多的成本。那么采暖和冷却系统要如何配置才更加合理呢？

通常来说，采暖和制冷系统装机容量不要超过设计负荷的 25%。密封性良好的住宅对采暖和制冷的需求比普通住宅要少，有时候甚至要少很多。不要让设备供应商或销售人员盲目加大配置。

另一种采暖系统节能的方法是在夜间或外出时将采暖系统温度调低。这种简便方法能节省约 10% 的采暖开支，可以手动调低夜间温度或者通过设定来自动实现。

使用温控器同样可以调节制冷系统高效运行，在不牺牲舒适性的前提下减少能源消耗和开支。可以选择带有强制手动调节的产品，以便在使用方式临时改变时进行调节，注意要带有能源之星的标志。

Jennifer Thorne 和 John Morrill 编写的《Consumer Guide to Home Energy Savings》。它提供了浅显易懂的机械冷却系统运作的详尽资料，并列举了现在市场上的几种最节能产品。

节能电器

　　热水器、冰箱、冰柜是排在采暖和制冷系统之后的能源消耗大户，其次是洗衣机、烘干机、洗碗机、电视机、电脑等（见图 6-15、表 6-3）。

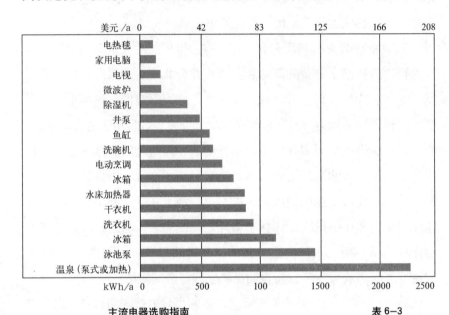

图 6-15
电都用在了哪些方面?
来源：美国能源部

主流电器选购指南　　　　　　　　　　　　　　　　　　表 6-3

电器	等级	注意事项
可设定自动调温器	能源之星的最低要求是：恒温器应至少有两种模式，每个模式有 4 个温度可供选择；可以让用户自行设定来维持室温 2℉温差内	这种恒温器可以让用户方便地使用两种模式和"高级恢复"功能，可以通过设定在特定时间内达到理想的温度；这种设置不会删除预设程序；请认准能源之星的标签
热水器	能源指南标识会标明热水器年消耗能源量。同样可以从 FHR（第一个小时规定值）上看出电热水器在第一个小时内所产生的最大热水量	如果经常一次性需要大量的热水，那么 FHR 值就是很关键的因素。可以打电话到当地相关部分寻求帮助
窗户	NFRC（国家开窗产品能效评价委员会）的标签上标明，U 值和 SHGC（太阳能得热系数）值。U 值越低，窗子的保温性能越好	查看气候区域地图上的标签，来确定选择的窗、门或天窗是否适合你所居住的地点
冰箱和制冷机	能源指南标识上会标明冰箱或制冷剂使用一年所费的电量，单位是千瓦时（kWh）。数值越小越节能。能源之星超过联邦标准至少 20%	选择节能的冰箱和制冷机。冷冻箱在冰箱的上层比在侧面更节能。当然还要注意铰链的质量以保证门的密封性
洗碗机	能源指南标识上用千瓦时（kWh）标明它每年的耗电量，数字越小越节能。能源之星超过美国联邦标准至少 13%	有一些功能可以减少用水量，如快速加热和智能控制。不同型号的洗碗机用水量是不同的。用水量越少开支越少
洗衣机	能源指南标识上用千瓦时（kWh）标明它的年耗电量，数字越小越节能。通过能源之星认证的洗衣机比普通洗衣机节能 50%	以下功能可以帮助洗衣机减少用水量：水位控制、"泡沫收集"的功能、自旋周期的调整和大容量。这些功能能使洗衣机的效率翻倍

图 6—16
电器上的能源之星标识标志着该种电器是市场上最节能的电器之一。
来源：美国环保署

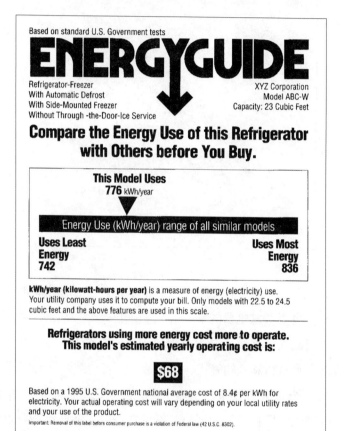

Based on standard U.S. Government tests

ENERGYGUIDE

Refrigerator-Freezer
With Automatic Defrost
With Side-Mounted Freezer
Without Through -the-Door-Ice Service

XYZ Corporation
Model ABC-W
Capacity: 23 Cubic Feet

Compare the Energy Use of this Refrigerator with Others before You Buy.

This Model Uses
776 kWh/year

Energy Use (kWh/year) range of all similar models

Uses Least Energy 742   **Uses Most Energy 836**

kWh/year (kilowatt-hours per year) is a measure of energy (electricity) use. Your utility company uses it to compute your bill. Only models with 22.5 to 24.5 cubic feet and the above features are used in this scale.

Refrigerators using more energy cost more to operate. This model's estimated yearly operating cost is:

$68

Based on a 1995 U.S. Government national average cost of 8.4¢ per kWh for electricity. Your actual operating cost will vary depending on your local utility rates and your use of the product.

Important: Removal of this label before consumer purchase is a violation of Federal law (42 U.S.C. 8302).

图 6—17
家电上的能源指南标识列有帮助消费者在市场中识别高能效和高性价比的商品的数据。然而值得注意的是，能源之星家电往往不在比较之中——因此，买这一级别中的高效单品可能不是最好的选择，除非它也带有能源之星的标识。
来源：《Consumer Guide to Home Energy Savings》

许多绿色建筑建造者都在建筑中安装了节能电器，为客户考虑到各个细节。新建或改建住宅时，可以从住宅节能指南网上获得节能电器方面的信息。同样也可以查看电器上有没有 EPA 能源之星的标识（见图 6—16）。这个标识会标明该电器的节能等级。美国销售的所有电器都配备了鲜艳的能源贴纸，如图 6—17 所示。从中可看出某一特定电器年消耗能源量以及与其他类似产品的比较，但是超低能耗产品不包含在该范围内。可以查询到诸多电器的能耗水平是住宅节能指南网深受欢迎的主要原因。

图 6–18

无水箱的即热型热水器可以节省能源和水，是一项伟大的发明。

来源：Controlled Energy 公司

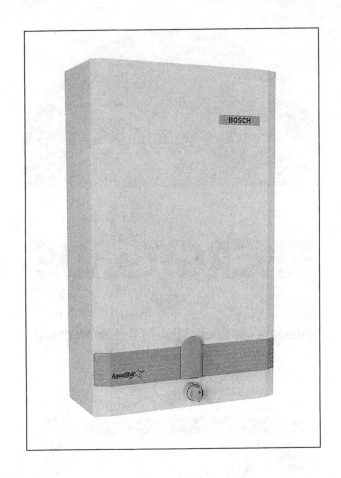

比较电器时一定要注意除能耗外的其他功能，如水资源的使用和容量。同时也要考虑电器的噪声等级和燃料类型。举例说明，热水器可以使用天然气、丙烷、电力或阳光作为加热水的能源。虽然太阳能热水器需要水箱和额外的管道，但它最符合可持续发展的要求。

也许一个无水箱的即热型热水器就能满足正常需要，如图 6–18 所示，以燃气为燃料的热水器，打开水龙头时，瓦斯燃烧器点燃，流经加热器的水瞬间被加热而达到理想的温度。水流动时加热器就持续工作，当水龙头关闭时加热器停止工作。

与传统的热水器不同的是，这种热水器不需要水箱来存储大量热水，热水不会在存储的过程中散失热量。这种无水箱热水器只在需要使用的时候加热水。尺寸更大些的热水器可以同时满足多种需要，例如，两个淋浴器及一台洗衣机。使用即热型热水器每年可以减少燃料消耗 20% 左右。

最近有很多关于节能电器的资料，但不要寄希望于在当地折扣商店找到节能电器。这些折扣商品因为价格最低而成为畅销品。要购买节能节水器具，则很可能得去家电商场。如果想购买最高性能的节能家电，例如超低能耗的 SunFrost 冰箱，你可能得去 Real Goods 这样特定的商场，Real Goods 是一家提供网上订购的节能和可再生能源产品供应商。

谨慎使用下列功能，如冰箱门的实时制冰和冰水功能，这不仅提升了冰箱的价格，还会消耗大量的能量。此外，请针对不同的用途选择不同的电器。例如，一些洗碗机可以根据负载调整工作量，还能关闭烘干环节（烘干已经清洗干净的碗碟）。

运行和更换费用这两点也要注意。请记住，廉价的电器可能初期投资较低，但运行时消耗更多的能源和水，同样也相当于增加了投资。廉价电器维修费用高，使用寿命比制作精良的电器短。从长远来看，购买廉价电器可能最终花销更大。当然，这也消耗了更多的地球资源。

最后，购买时请仔细考察。人们很容易被推销员介绍其产品的优点而说动。请仔细阅读说明书，不要听信推销人员的一面之词。参考《Consumey Guide to Home Energy Savings》，将该产品与表格中所列的产品进行对比。由消费者联盟出版的《Consumer Reports》和《Consumer Reports Annual Baying Guide》也是非常有用的参考资料，它们应用在可靠、方便和有效的基础上评估电器。尽可能和更多的人交流，尤其是那些修理和安装设备的人员，从而再形成自己的想法。不要只听销售人员的介绍，他们往往只指出竞争对手产品的缺陷。

节能照明

节能照明也有助于降低每月的能源开支。节省照明的最简单的方法是减少过度的照明。过度照明的问题在许多新家庭里都存在，客厅和卧室里安装了十几个或更多个壁灯，每个灯槽配有 125W 的白炽灯泡，而且都是由一个总开关控制，等等。实际上，只需要 200W 或 300 W 的照明就可以提供足够的照明了。

减少灯槽，并对灯或灯池设置单独控制开关，使居住者可以调整照明以满足他们的需要，并且有助于降低电能消耗。

把灯具设在书桌或阅读场所等最需要光线的地方。合理设置局部照明，通过降低照明设备配置以及安装的成本可节省资金，实现长期的经济照明。

在墙上的开关中安装内置的定时器或传感器，适用于那些习惯离开房间后忘记关掉灯的家庭。节能灯非常适合用在客厅、厨房和卧

注释

一个简单的节省照明开支的方法就是抵制过度照明，意思是减少不必要的照明。

室等每天都需要照明的地方。由美国能源部编写的《Energy Savers》指出，在需要较高照度的地方，可以使用节能型荧光灯取代标准白炽灯泡，这样可减少一半的照明费用。节能型荧光灯可用于嵌壁式的灯具、台灯、地板灯、手电筒灯、泛光灯和聚光灯等。

节能型荧光灯（CFLs）通过调整自身颜色，使其产生比标准灯泡更柔和的光线。自 20 世纪 80 年代节能型荧光灯发明以来，虽然其价格已大幅度下降，但节能型荧光灯生产成本仍高于标准的白炽灯泡。在零售商店能卖到约 10 美元或 12 美元，而大型卖场如佳世客里，打包购买 4 ~ 8 个灯泡时每只灯泡只需约 3 ~ 4 美元。当然，经验告诉我这些灯泡的质量不如贵一些的产品，虽然节能型荧光灯成本远远超过普通灯泡，但是它们只用 1/4 的电能就产生相同亮度的光。此外，节能型荧光灯的使用寿命是普通灯泡的 6 至 10 倍，高达 10000 ~ 12000h（大多数灯泡的使用寿命仅为 1000 多小时）。在 20 世纪 80 年代末作者的房屋里安装的节能型荧光灯，至今仍在使用。

节能型荧光灯效率高而且寿命长，其使用费用低，节省的费用是初期投资的好几倍。美国的节能型荧光灯制造商"美国之光"称，20W 的节能型荧光灯能够产生相当于 75W 白炽灯泡的照明效果，如果电费是 8 美分 /kWh 的话，75W 灯泡花费 44 美元，这种灯泡仅花费 12 美元，这样就节省了 32 美元；22W 的节能型荧光灯能产生相当于 115W 的白炽灯泡的照明效果，其使用寿命可达 12000h，115 W 的灯泡花费近 90 美元，而这种灯泡花费仅为 14 美元，节省 76 美元。在选购节能型荧光灯时，要选择可更换灯管的型号。因为节能型荧光灯由镇流器和电子装置两个基本构件组成，镇流器的寿命往往长达 65000h，是灯管寿命的 6 ~ 7 倍，即在灯管烧坏时镇流器仍然可以继续使用，所以只需更换烧坏的灯管即可，这样既可以节省开支，又能减少对资源的消耗。

读书时需要全光谱的节能型荧光灯。这种灯生产的光线类似于中午的日光，能够保护视力，使你感到更舒服，并且容易集中精力。节能型荧光灯减少了眼睛疲劳，同时创造了一个平衡而放松的环境。在电脑旁使用一盏这样的灯，使人更容易阅读，这不是标准的白炽灯泡所能达到的。

卤素灯消耗的能源量约为一个标准白炽灯泡的 50% ~ 70%，虽然也比白炽灯效率高，但跟节能型荧光灯相比，其效率仍然较低，同样会产生巨大的浪费。而且，卤素灯也不便宜。选择节能型荧光灯还是卤素灯？答案是节能型荧光灯。节能型荧光灯的耗电量只是卤素灯的 60%～80%。

使用节能型荧光灯不会因为频繁更换而增加支出，它比普通白炽灯的寿命更长。此外，还能减少热量产生，减少夏季制冷开支。

另一个减少电耗的办法是采用日光照明。众所周知，在白天通常利用从玻璃和天窗透进来的自然光来照明。笔者的被动采光住宅日照充足的季节能使更多的阳光进入室内。这些窗户同样可以使光线全年进入，极大地减少了白天对电的依赖。事实上，笔者极少在白天使用电灯，甚至在多云的天气也是如此。

同样也可以用高效的照明来实现室外照明节能。一种方法是安装节能的玄关灯、泛光灯或者是其他长期置于外面的灯。寒冷地区要选择配有寒冷气候型镇流器的灯。

太阳能同样可以为室外的照明提供电能。尤其是布置较远不便布线遥控操作的灯，例如，在屋外或在车道的尽头的灯。我在通向我的住宅的人行道上安装了太阳能路灯，用于夜间照明（见图 6-19）。这个装置是从 Real Goods 购买的，它包括了一个在白天发电的小型太阳能电池。电能被储存在微小的电池中。这些路灯为声控的，感到震动开关就会打开，例如在开前门时或是车停时灯就会亮。

图 6-19
太阳能道路照明灯包含一个小型太阳能电池。白天电能储存在电池里，夜晚灯光照亮车道和人行道。
来源：Dan Chiras

节能与绿色建筑

能源效率是绿色建筑的一个重要因素。正如本章所述，在很多方面都可以实现节能，从安装高品质的保温窗户到提高房屋品质再到使用节能电器。第 1 章中讨论过的用低物化能材料建造建筑也是节能的有效措施。

毫无疑问节能是非常有意义的。它降低了能源的使用量、节省资金并有利于保护地球。这是我们给自己、给我们的孩子、给他们的孩子以及数以百万计的地球上的生物的一份礼物。节能是一种通俗易懂的理念。谁不想购买或建造一所价值较高、运行经济、生活健康、经久耐用、环境适宜的住宅呢？

高能效有效降低了住宅的能源消耗，节省开节，并且有效的保护了地球环境。这也是我们给自己，我们的孩子，孩子的孩子以及和我们一起共享这个可爱的星球的数百万物种的一份礼物。

作者多次在本章提到由美国环境保护署和能源部管理的能源之星计划。在 20 世纪 80 年代，这些机构发起了一项使用节能电脑和其他电器的运动，并认识到节约能源是控制污染的最好办法，这些机构后来关注的是家用电器，如冰箱和洗衣机。

美国环保署和能源部与生产商合作，而不是命令他们，这样有助于激励生产商生产出更高效的电子设备和家用电器。为了帮助消费者识别一流的产品，他们创立了能源之星标识，贴在同一级别中最高效的产品上。

这一领域取得成功后，美国环保局和能源部把节能的家用电器和电子设备推广到住宅建筑中，取得了很好的效果。他们与住宅建造者合作，制定了一系列提高住宅能源效率的建议。

参加该计划的建造者能够获得一枚授予新型住宅的能源之星标识，这种新型住宅比按照示范节能规范建造的同类住宅节能 30% 以上，该示范节能规范曾经被认为是一部相当先进的住宅节能规范，但是没有几个州和自治市采用该规范。

能源之星计划是一项建造者和美国环保局和能源部自愿合作的计划。建造者可自由选择节省开支的材料和技术。没有人要求他们必须做什么。也就是说，该计划的目标是什么、如何达到目标以及是否超额完成目标这些问题，完全取决于建造者。

必须经独立的第三方能源审计机构对细节的审查和检验，才有资格获得能源之星评级，这些细节包括：窗户的保温形式，以及住宅的节能效果是否符合严格的标准。审计员还须执行在另一章节中介绍的鼓风门测试。

购买能源之星住宅，值得放心的是你购买的是能有效采暖和制冷、经济、舒适的住宅。建造自己的住宅时，可以雇用一个参与过能源之星计划的承包商。对于在建的住宅，请遵循这个章节的准则，并查询其他书籍中节能建筑的资源指南。

节能建筑的贷款利息较低。例如 PHH 抵押贷款服务公司和其他公司，往往为建设能源之星住宅的人们提供低利率贷款，比购买标准住宅的贷款平均低约 1/8。因此，即便能源之星住宅花费高一点，购房者仍然首先选择能源之星住宅。试想一下表 6-4 的例子。

如表格所示，虽然能源之星住宅费用高出标准住宅 2500 美元以上，但是由于贷款利率较低，抵押贷款还款几乎是一样的。而节能设施减少了每月的燃料费，因此能源之星房主每月节省 22 美元，每年节省 264 美元。

提供住房贷款抵押的公司除了提供略低利率的贷款，也为房主提供更大额的贷款，有时被称为"延伸贷款"。由于这种住宅提供了很多节能措施，这种贷款比其他类型的贷款多提供 10% ~ 24% 的贷款额。此外，一些贷款公司在签约时提供现金返还，这有可能超过甚至消除需要购买一所能源之星住宅所需的全部额外前期费用。

标准住宅与能源之星住宅的费用比较　　　　　　　　　　表 6-4

项目	标价（美元）	前期花费（美元）	抵押总量（美元）	利息率（美元）	每月还款（美元）	每月的能源消耗（美元）	每月的总的花费（美元）
标准住宅	160000	16000	144000	8.0	1057	100	1157
能源之星住宅	162500	16281	146250	7.875	1060	75	1135

第7章

无障碍、人体工程学和适应性设计

1998 年 9 月，一个周五的傍晚，作者在自己家离瓷砖地面 15 英尺以上的天窗旁工作，做本周工作记录，计划晚上完成两周来的一个兼职项目。作者竖起了梯子下到起居室开大音响的音量。下一件能记起的事情是在瑞典医院醒来，浑身多处受伤。

作者还能记得的是：调完了音量之后，爬上梯子去打磨一个已经受潮的窗户的窗框，然后使用清漆对窗子进行油漆。一段时间后，清漆撒的厨房到处都是，导致梯子突然从下面滑倒，我就跌落到了瓷砖地板上。作者的髋关节、两根肋骨以及几块前臂和手腕的骨头骨折了。几天后医生把断裂的前臂骨牵引回原来的位置，然后把作者放进一个由金属棒、螺丝钉和夹具组成的模具进行固定。作者在医院治疗了两个星期，才从这些外伤和掉下来撞在地板砖上造成的脑震荡当中康复。

作者是坐在轮椅上回家的，由于坐在轮椅上，做很多事情都不方便。通过这件事，作者得到了一条无障碍设计的重要启示：住宅要能同时适应普通人和残疾人的需要，作者在设计和建造自己的住宅时就没有考虑到这一点。

这一点是很显而易见的。对一个健康的、有行动能力的成年人来说是很不错的住宅，对残疾人来说很可能就非常不好用。为什么呢？

笔者的住宅由 3 个错层组成。主要居住区域、厨房和餐厅都在一层。在通往卧室的走廊处抬升了 8 英寸，卧室又抬升了 16 英寸。坐在轮椅上通过这些台阶是不可能的。

不幸中的万幸是作者学到了很多，如用安全实用的方法使住宅对居住者和来访者都方便。作者希望本章的内容可以帮助读者思考，如何使房屋为更广泛年龄段和能力范围的人所使用，这是非常必要的。要使房屋符合人类工程学的要求，更加方便和高效。

无障碍设计和人体工程学设计支持着绿色建筑的一个重要目的：让我们的家园更加适宜居住。正如 Sam Clark 在他的著作《The Real Goods Independent Builder》中指出的，这些方法的好处是使住宅更方便、更节能、更安全和更好地为人们服务。这些方法也更符合环保原则，因为这种住宅具有适应性，意味着居住者上了年纪、出了意外或生病时不需改装住宅。假如家庭结构发生改变的话，比如孩子离开家，这种住宅翻新起来也很简便。综上所述，这种住宅更具适应性，而且从长远来看可以节省资源。

无障碍设计

住宅的无障碍设计，作为一个术语，是指设计者不仅要为身体健康的人服务，也要为那些年老的、身体不健全的人服务，因此需要设计坡度缓和的入口、出口以及建筑内部的智能系统，不同的健康程度和身体条件带来的不同要求使这些功能的设计更复杂。

住宅的无障碍设计是指设计者不仅要为身体健康的人服务，更要为那些年老的、身体不健全的人设计坡度缓和的出入口以及建筑内部的智能系统，不同的健康程度和身体条件需求使得这些功能的设计更复杂。

大多数设计师设计住宅，都是为健康成人和儿童设计的，好像我们的生活永远不会改变。举例来说，当一名建筑师设计一个四口之家（两名年幼子女和他们的家长）的住宅时，应稍微考虑一下这种情况：当某位家庭成员遇到偶然的事故导致身体残疾或家庭成员上年纪时，该住宅是否仍然适合他们居住。

设计无障碍住宅时，如果设计者想象一下自己被局限在一个轮椅或需要使用拐杖的时候生活会变成怎样，那么进行无障碍设计就显得很容易。建造或购买房子时，请花一点时间来看看设计并问自己以下的问题：进入和离开该住宅是否方便？在房间内走动是否方便？哪个房间适宜生病或上了年纪的家庭成员睡眠？淋浴或沐浴方便吗？一个坐在轮椅上的人可以做饭吗？洗衣服方便吗？残疾人能接近水槽吗？这些问题的答案将使居住者、设计师和建设者更多的考虑无障碍设计。

不幸的是，目前的建筑规范一般都不要求新建建筑和改建住宅包含无障碍设计，但也有一些司法管辖区（亚特兰大，乔治亚州和得克萨斯州首府奥斯汀）规定某些新建建筑要包含一些基本的无障碍设计。建造房屋时，要研究一下这些城市的建筑规范，也可以聘请一位无障碍设计专家。该无障碍设计专家应熟悉无障碍守则并且有设计、建设经验，可以在施工技术、室内交通流线和安全性角度完善您的无障碍设计方案。

　　前门是所有无障碍设计的起始。坡道设计，最好是从室外地坪直接进入室内，使人们在轮椅上或用拐杖就能方便安全地进出（见图7-1）。作者受伤后，作者的好朋友兼脊椎治疗师Doug Petty，在作者家门前台阶上面建起了坡道，使作者能方便地进出，但是现有的入口坡道的坡度对作者来说还是有些大。无障碍出入口设计有利于后期使用并节省资源。

　　适当加宽住宅入口宽度，也可使轮椅方便地进入。但是，标准室内门却比较窄，通常只有约30英寸。为便于轮椅通过，建议将室内门尺寸调整为34～36英寸。加宽走廊宽度，或在走廊和其他一些使用频率高的区域做出一个回转区域，使坐在轮椅上的人更容易通行。

　　卫生间应足够宽敞，这样坐轮椅的人也可以方便地从轮椅上移动到浴盆或是便器上。设计一所内部交通便利的住宅需要设置残疾人扶手（如果建设初期不进行安装，那么一定要预留安装空间）。浴缸应该升高3～4英寸，这样可以更好地适应轮椅的高度。一个可移动座位也可以使从居住者轮椅移到浴盆容易得多。淋浴间应该做的更大一些，内部至少36平方英寸，才能方便轮椅进入。淋浴间与盥洗室之间的地面应该平坦，或接近平坦，不能有高差。

　　洗衣间应该做成轮椅可以进入的尺寸。通往储物间的路要方便轮椅到达。浴室和厨房工作台的水槽的高度应配合轮椅的高度并在台面下预留充足的腿部空间（见图7-2）。一定要与热水管道隔绝，以避

也许通行的最大障碍是台阶和较陡的坡道。一些台阶对老年人来说就是通行障碍，一个台阶就是轮椅使用者们绝对的障碍。

Sam Clark
《The Real Goods Independent Builder》

图7-1
台阶对于拄拐的人来说是难以攀登的，而对于坐轮椅的人来说则是完全不可能逾越的。必须为家庭成员安装优质的坡道以防发生意外。可以考虑将入口设置成与室外地坪平齐，无需额外开支就可以实现无障碍设计。
来源：Lineworks

免由于轮椅使用者不经意的触碰而导致灼伤。

在两层和三层的住宅中，一定要在底层设置一间卧室或者有一个可以改成卧室的房间。例如一间客房、书房或家庭办公室，可以改成一个供暂时或永久伤残家庭成员使用的卧室。

为使住宅更便于使用，还要注意门和橱柜上面的把手和旋钮的类型。对于那些手的灵活性有所下降的人来说，例如，患有关节炎或是受了伤的人，会发现橱柜上的 D 形把手比较好用而且比旋钮更易于操纵。杠杆手柄对每一个人来说都很方便。减少设置内、外门上的门槛，并尽量降低住宅入口门上的门槛高度。

侧面开门的洗衣机，也是种不错的选择，坐在轮椅上的人们会欣然接受它们的。而且相较于常规顶开式洗衣机，其能源和用水也更省。

一些可以提升安全性和方便性的功能可以在后期添加。比如说，如果有需要的话可以在住宅内安装一部对讲系统。推荐在建设房屋的同时进行系统布线，因为这样操作比较简单并且建成后的成本更低。为住宅内部通信系统布线需要很少的额外费用。浴室的扶手也可以视需要添加。添加新的空调自动调温器，以满足大量且还在不断增加的视力障碍人士的需要。

不同于房屋建设的其他领域，无障碍设计的参考资料相对有限，想了解更多情况可以索取美国住房和城市发展部的《Adaptable

Housing》、Adelaide Altman 的《Elder House》、Sam Clark 的《Building for a Lifetime》和全美住宅建筑商协会研究中心的《Residential Remodeling and Universal Design：Making Homes More Comfortable and Accessible》这些资料可见资源指南，同时列出了一些关于普通浴室和厨房规划的一些小册子，全美住宅建筑商协会还出版了一份无障碍建筑产品的目录，叫做《Directory of Accessible Building Products》）。

无障碍设计几乎不需要任何额外的资源需求便提高了生活质量，Sam Clark 指出，几乎所有的项目，其中包括新的住宅，都可以被设计成无障碍的，而且这样做"不需要任何昂贵或特别的代价"。任何人都可以前来到访，包括年迈的父母，他们膝盖或心脏可能不好，爬楼梯困难。归根结底，无障碍使你可以随着年龄或健康的变化继续生活你的房子里。Clark 说"它也提供了更好的房子，厨房更好地为所有用户工作。存储将更有效率，容量更大。在房子里可以更容易的移动物品"。无障碍也影响着环境质量，减少了对资源和能源密集型项目及其他项目的调整。

无障碍设计几乎不需要任何额外资源的需求便提高了生活质量。此外，这样做并不需要付出昂贵代价。

人体工程学设计

许多年前，我在科罗拉多州急流协会教授急流皮划艇的课程。我们在阿肯色河河边的科罗拉多州野外活动中心举行了年度春季培训。那位负责修建设施的先生大约 5 英尺高。他几乎对所有的东西都采用标准尺寸。多数情况下，设施运作良好。然而，他安装淋浴喷头时习惯性地考虑了适合他使用的位置，这位置只相当于我的胸部高度。我要费很大的力气才能让我的头发淋湿！

类似的问题发生在许多家庭中。如果你曾经必须要登上一个凳子才可以够到你厨房柜子的上层，你必须爬着才能找到一个电源插座，或忍受着背部的疼痛在很低的厨房操作台上干活时，你就会知道我说的是什么了。

通常认为，住宅并不需要让所有体型的人都可以高效的工作，大多数家庭被设计成适合于积极、年轻、健康、身材中等的成年人。如果你不属于这种类型，你的家可能不太方便，你甚至可能要忍受一些痛苦。

什么是人体工程学。Merriam Webster's Collegiate Dictionary 定义人体工程学为"关于设计和布置人们使用的事物的应用科学，使人和事能够有效、安全的相互作用，人体工程学不仅要考虑到即刻的危险也要考虑到在我们周围长期使用"东西"带来的危险。例如，我使用这款人体工程学键盘，即使在一台计算机上工作 25 年也不会出现严重的背部和颈部疼痛。

使住宅更符合人体工程学，听起来更侧重于厨房、电源插座和灯的开关设计。让我们从厨房开始。

厨房的工作台面定位在方便的高度减轻了背部拉伤，使我们的行动更加有效。但不能采取一刀切的方法，例如，我身高 6 英尺，而我的妻子 Linda，只有 5 英尺 2 英寸。柜台对我来说太低了，对她却太高了。

厨房设计时，台面可以设计为两个层次，分别对应于妈妈和爸爸。如果你准备和你的孩子一起吃饭，你可以为他们也设置一个柜台。因为他们不可避免地长大，所以可调节设计是一个好主意（见图 7-3）。

不需要太多额外的费用，大部分灯的开关、插座、配电盒就可以放置在一个离地板 22 ~ 44 英寸的"最佳达到区"，在这个区域，大多数人能够很方便的工作。研究表明，人们需要消耗更多的体力向下移动或需要下跪才能触摸到一些东西，这是显而易见但容易被忽视的。更困难或更危险的是伸手去触及你头部上方的一些东西，比如当你推冰箱时，你没有看到一个炒锅在它上面，炒锅掉了下来击中了你的脸，将你的老花镜打成两半。表 7-1 列出部分房屋室内设施的标准位置和尺寸以及符合人体工程学的位置和尺寸。

让一个住宅符合人体工程学设计听起来就像使住宅变得更加畅通和便于使用，可以高效地让我们得到所需要的东西。在布置厨房时多

图 7-3
对于家庭成员来说可调节高度的柜台更为有用，另外，它可以为乘坐轮椅的人提供便利。
来源：Lineworks

花点心思，可以使费力的烹饪过程变得比较容易，住宅中的存储空间也变得更加方便。

标准高度与人体工程学高度 表7-1

项目	标准高度（英寸）	人体工程学高度（英寸）
桌子	30	29
厨房柜台	36	可变
第一层架子	55	48～50
垂下的架子	75+	70
出口	12～18	24
插座	48	44
门宽	30～32	34～36

来源：Sam Clark，《The Real Goods Independent Builder》，White River Junction, Vermont：Chelsea Green，1996.

住宅人体工程学相对简单，涉及意识和常识方面的知识。如果想要了解更多，建议阅读由 Niels Diffrient、Alvin Tilley 和 Joan Bardagjy 合著的《Humanscale 1-2-3》（见资源指南）。

适应性设计

随着年龄的增长，我们的健康、关系和对空间的需要也在变化。单身青年居住在小公寓里，结婚后搬到他们的第一个家，这是他们的共同财产；已婚夫妇有了孩子，对空间的需要增加；但随着时间的推移，孩子高中毕业，进入大学或职业学校，然后有了全职工作和自己的家庭。四人家庭又一次变成两人家庭，额外的空间不再是必要的，与其搬离房子和你喜欢的社区（这里有你浇灌了二三十年的花朵和蔬菜）进入一个符合你当前空间需要的小型家庭，却不如你将房子的一部分简单地转变成一所公寓，提供给一个大学生，一个苦苦挣扎的艺术家或者老人。

其实，全国人民都在这样做。一些人甚至将车库变成了令人愉快的宿舍。在科罗拉多州戈尔登，许多业主已经在车库上修建了楼上公寓，为科罗拉多矿业学院的学生提供住处。

随着人口的膨胀，将地下室、卧室甚至多余的车库转变成公寓能够满足社会对于住宅的需要，并且完成这个目标的花费并不大，不用依靠建造房屋就可以完成。因此，我们需要转变住宅用途而不是推倒重建。从合理利用能源的角度来看也是有意义的。根据 William

随着人口的膨胀，将地下室、卧室甚至多余的车库转变成公寓能够满足社会对于住宅的需要，并且完成这个目标是很经济的。无需大量的建造房屋就可以实现满足更多人居住的目标。

Bordass 协会的 William Bordass 的统计，一栋建筑的物化能大概相当于其 5 ～ 10 年的运行能耗。

预先计划可以更加容易和高效率的转化资源。例如，如果预留了厨房的管道，可以很容易将两间卧室和一个浴室转换成一个带厨房的小公寓：一个生活和就餐区、一间卧室和一个浴室，这对于独身者或者财力一般的夫妇是很理想的住处。地下室也可以转换成另一个公寓。当你年老以后，公寓可以成为保姆的住所。

重视出入口的问题。部分居室改公寓后如何进出，当设计一个可变住宅时，你应该能够为未来的租户提供一个私人出入口。而且，这也涉及个人的隐私，在你的居住空间和租户之间的内墙上安装吸声板，对于大家都是有好处的。

适应性设计需要考虑许多其他方面的问题。例如，当选择一个场所或一个新的住宅时，要确保有一定的扩展空间以备你想增加一套公寓。Jessica Boehland 建议兴建围墙，这样可以很容易地增加窗户或门。她还建议协调和排列空间以适应各种用途。当建造时，尽可能地采用机械连接，而不是化学连接。换言之，部分房屋应该用螺栓拧在一起，而不是粘合或焊接，以便拆卸和重构。一般来说，设计越简单，改变房子就越容易。标记一些设备管路的位置，如天然气、电力线路和结构部件也会使转变更容易。欲了解更多关于"适应性"方面的知识，可以查阅《Environmental Building News》2003 年 2 月那期中的文章"Future-Proofing Your Building"。

可以肯定的是，设计具有适应性的房子工序复杂并且增加了成本，但 Boehland 指出，"这种做法可以获取可观的好处，它有效地为建筑提供了一份保险，为我们对其进行重组、改造提供了便利，并最终形成新的、早先难以想象的用途"。

方便，高效，安全以及其他

可拆卸设计和人体工程学设计使住宅对于各类年龄、不同健康状况的人来说更加方便、高效和安全。适应性设计使得房子对于您和您家庭的成长和转变更加有用。上述 3 种设计方法是绿色建筑设计的重要因素，它使我们的住宅更能方便用户使用。通过设计中小的变化，添加很少的费用就可以使住宅增加新的使用功效，让住宅更加舒适、安全，同时减少对资源的需求量。

第8章 使用混凝土和钢材建造绿色建筑

在美国科罗拉多州的普韦布洛城，承包人 Judy Fosdick 正在使用混凝土建造房屋。虽然使用混凝土建造房屋不是什么新鲜事，但是 Judy 使用的建造方法为新一代的环境友好型住宅提供了示范。她建造的房屋达到了严格的能效标准并利用太阳能实现冬季采暖，促进了小型经济型被动式太阳能混凝土住宅设计的发展。Fosdick 的公司在高山气候带建造混凝土住宅时使用了预制混凝土模板现场浇筑（见图8-1），建造时，将这些模板放置在保温的混凝土基础上，加速了

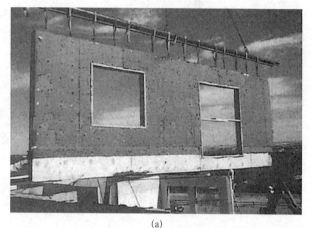

(a)

图 8-1
Judy Fosdick 和她的丈夫使用浇筑的混凝土模板建造房屋(a)，图中所示模板正在被吊起。虽然混凝土看起来可能不像我们认为的绿色建筑材料，但是它耐用，同普通的木构建筑相比可以持续使用几个世纪，也是很好的选择。图(b)是建成的住宅。
来源：Tierra Concrete Homes

(b)

施工进度。这个做法已由她的丈夫申请了发明专利。

建筑的内墙和地板同样是由混凝土浇筑而成的，这样的建筑可能被普遍认为保温效果差、节能效率低并且私密性不好。但实际上，这种建筑是温暖、舒适节能的良好居住建筑。她的公司曾获得了多个知名建筑节能的奖项，包括美国环保署新千年的多项节能住宅奖。

在 Fosdick 的住宅里，混凝土的墙和地板成为蓄热体，可以在冬季晴朗的白天吸收太阳辐射热，并且在晚上或者在寒冷阴天的时候慢慢地向生活空间散发热量。在夏季，蓄热体又为被动式降温提供了有利条件。在外墙的外部有一层 4 英寸厚的硬泡沫塑料保温层，保温层外侧使用典型的砖墙和抹灰的做法。

Fosdick 是众多正在成长的使用常规材料建造绿色建筑的建造商之一。由于材料的高物化能，混凝土看起来并不太像环境友好型住宅的建材，Fosdick 指出这种印象是错误的。她认为："当考虑木材的运输费用和混凝土 100 年之久的寿命时，混凝土完全能够被称为是环境友好型材料。"Fosdick 还提出："混凝土随时间的增加更加坚固，它的寿命极长并且可以重复利用。"像另一种传统建材钢材一样，混凝土还有作为绿色建材的许多其他优点。

用灰色混凝土建造的绿色建筑

许多人像我一样，认为混凝土更加适合于建造大桥、公路和工厂而不是建造住宅。因为混凝土建筑看起来不像是私人住宅并且不够美观。参观了如同 Judy Fosdick 正在建造的一座混凝土住宅后，我的这种看法很快改变了。在一个建成的住宅中，只有很少的混凝土痕迹，如同在木框架的住宅一样，地板上铺着地毯或者地砖，墙面被墙板或石膏铺盖。整座建筑用正确的布局和朝向来最大限度地获得太阳辐射热，并且具有良好的自保温体系，混凝土建筑依靠自身的蓄热性能就能在很大程度上使房间冬天保持温暖、夏天保持凉爽，只需要少许的余热废热就能满足人们对建筑舒适度的要求，为住户节省了开支。

混凝土住宅正在全国范围内建造，尤其在佛罗里达州等沿海地区倍受欢迎（见图 8-2）。混凝土住宅得到普遍认可的一个重要原因就是其能够有效地抵御飓风，尤其随着森林破坏和二氧化碳等温室气体的排放改变了气候，这些地区的风速经常达到每小时 100 英里并且这种情况呈恶化趋势，飓风可能成为几十年后破坏建筑物的主要自然灾害。

1908 年，Thomas Edison 提出了完全使用混凝土建造住宅的专利申请。为了证明这种想法的可行性，他在新泽西州的尤宁社区为雇员浇筑了 11 座混凝土住宅。

我们持续排放二氧化碳等温室气体、破坏吸收二氧化碳的森林，不经意间改变了气候，致使风速经常超过每小时 100 英里，且呈增长的趋势，飓风可能成为几十年后破坏建筑物的主要自然灾害。

图 8-2
在佛罗里达州的沿海区域建造这样的混凝土住宅是很好的选择，它可以有效地抵抗飓风。
来源：Dan Chiras

飓风并不是影响建筑布局、方位、朝向等方面唯一的气候因素，气象学研究显示强雷雨发生的频率在过去的 20 年上涨了两倍。强雷雨每年对住宅建筑造成数千万美元的损失。住宅的建造者和购买者由于这个难题不得不重新考虑他们建造和购买的房屋所使用的材料。普通木框架结构的住宅很难抵抗 5 级飓风或者强雷雨，但是混凝土建筑却能经受住这些袭击而且损失很小。飓风带来的暴风骤雨过后，当邻居们在努力挖掘建筑残骸的时候，拥有混凝土建筑的住户却能重新开始生活，他们的日常生活甚至没有改变。唯一需要修理的是窗户，唯一需要挖掘来恢复正常的可能是被飓风吹倒的树木。

事实上，混凝土建筑也有缺点。例如，在生产过程中消耗相当高的物化能。我们在第 1 章中介绍过物化能，就是生产过程中消耗能量的总和。运输原料和成品的能量同样是物化能的组成部分之一。

混凝土中物化能最高的是硅酸盐水泥，它能把各个不同的材料粘结在一起。硅酸盐水泥主要由石灰石、硅酸和氧化铝组成，需要开采、粉碎并加热到 2000 ℉。然后同石膏混合来控制凝结时间，当浇筑混凝土凝固后，就形成了坚固耐久的材料。

硅酸盐水泥的开采和制造不仅需要消耗一定的能量，还对环境造成了相当大的损害和污染。事实上，水泥工业在美国是二氧化碳排放量最多的行业之一，在英国排到第二。水泥制造业产生的二氧化碳占全球二氧化碳排放总量的 8%。

普通框架结构的住宅很难抵抗 5 级飓风或者强雷雨，但是混凝土建筑却能经受住这些袭击而且损失很小。

混凝土是由硅酸盐水泥（胶凝材料）、聚合物（沙子、石子或两者都有）与水混合后形成的具有较高抗压强度的固体材料。混凝土可以建造出各种建筑物，也大量用于公路、桥梁、堤坝等构筑物。

全球生产的混凝土，大约平均每人1t。虽然混凝土非常有用，但它的生产过程造成了许多环境问题，例如挖掘开矿破坏了山体、混凝土的采矿和制造需要消耗大量的能量，等等。事实上，混凝土制造业产生的二氧化碳占到了全球二氧化碳排放总量的8%。虽然混凝土导致了许多环境问题，但是在建筑物抵抗环境影响方面起到了重要的作用，这意味着混凝土建筑比使用其他材料建造的建筑具有更好的耐久性。

但总体来说，混凝土不能算是完美的材料，原因如下：混凝土难以被重复利用，它不能被粉碎和加水后再灌注。但是在有些情况下可以被压碎和再利用，例如：建造人造暗礁或挡土墙。

为了解决这个难题，很多水泥制造商已开始行动。用粉煤灰——一种烧煤发电厂产生的废物取代一部分硅酸盐水泥。粉煤灰在美国垃圾倾倒场里很常见。但是环保住宅专家 Alex Wilson 指出，粉煤灰制成的"绿色"混凝土中胶凝材料的含量往往低于25%。尽管比起传统制作的水泥有一定的改进，但还是有很多待改进之处。

混凝土浇筑过程也会对工人造成危害，有可能灼伤他们的皮肤。干燥的水泥灰尘中的二氧化硅可能导致硅肺病——一种慢性的呼吸道疾病，通常在二氧化硅尘土环境下工作 20 ~ 30 年的人很容易得这种病。伴随咳嗽、呼吸短促和胸闷等非常明显的症状，后期会发展成呼吸衰竭。英国调查显示混凝土中微量的铬酸盐还会增加水泥工人患胃癌的机率。另外，水泥中的某些添加剂会导致皮肤溃疡、灼伤或其他皮肤疾病，如湿疹等。

混凝土同样需要内部加固。虽然混凝土本身具有较高的耐压强度，可以抵挡相当大的压力，但是其脆性相当高，可能会在遇到横向剪力的时候突然折断，也就是说混凝土的抗拉强度很小。一座仅用混凝土建造的桥梁在压力的作用下可能会崩塌。为了提高其抗拉强度，建造者在其内部增加了预埋钢筋，称为配筋。钢筋用于基础和混凝土墙。在地震区，必须预埋钢筋。虽然增加了劳动力和原料支出，也不是特别符合环保要求，但确实增加了建筑的强度和耐久性。

鉴于混凝土的这些缺点，为什么还有人把混凝土视为绿色建材呢？

由于做好了工厂和施工现场的工人安全防护，一些专家认为混凝土也可以认为是绿色建筑材料。因为，混凝土建筑比传统木框架建筑耐久数百年，其造成的高物化能和污染也被分期清偿到结构的长期寿命中，这样其优点就变得较为明显。如果一栋混凝土建筑的寿命是普通框架建筑的 5 倍，那它造成的污染和环境破坏应该与普通建筑的 5 倍来比较，这样看来，混凝土建筑的优势就比较明显了。

圆顶住宅

一种特别节能和耐久的混凝土住宅是混凝土圆屋顶住宅。我们的大部分住宅直墙面都是相交 90° 角，圆屋顶平面看起来显得很古怪。如图 8-3 所示圆屋顶结构非常引人注意。图 8-4 的平面图也印证了圆形房间布置的合理性，其有足够的空间放置家具。

圆顶建筑有很多优点。它能使用较少的材料提供更多的空间。同样的混凝土建筑，普通平面住宅比圆屋顶住宅多消耗 2～3 倍的混凝土和 3～4 倍的钢筋（见表 8-1）。另外，圆屋顶混凝土住宅在建设过程中仅

图 8-3
圆屋顶混凝土建筑使用较少的材料提供了更多的居住空间，并且对于飓风和强雷雨有很强的抵抗力，而且造型美观。
来源：Monolithic Dome Institute

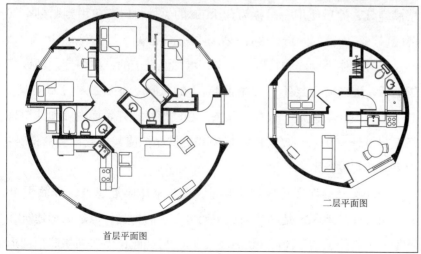

首层平面图　　二层平面图

图 8-4
圆屋顶混凝土住宅的建筑平面图显示其室内空间很大而且很美观。
来源：Monolithic Dome Institute

类型	尺寸（英尺）	面积 （平方英尺）	内部体积 （立方英尺）	表面积 （平方英尺）	混凝土用量 （立方码）	钢筋用量 （英磅）
方形建筑	25×52	1248	9984	2464	69	13300
圆形建筑	直径：40 高：16	1257	12197	2060	38	4200

需要一半的劳动力，并且更加坚固，能更好地抵抗自然灾害，例如飓风和强雷雨。圆形建筑比普通方形建筑本身也更加节能，因为其体型系数较小，暴露在外面的外墙面积小，冬季散热和夏季得热都很少。

来自爱达荷州的 David、Barry 和 Randy Smith 三兄弟是圆形建筑的倡导者。三兄弟先前曾经使用保温的金属材料建造过马铃薯储藏库。现在他们集中精力于建造混凝土建筑。他们的第一次尝试是在 1976 年，采用喷浆方法：将稀释过可以喷涂的混凝土喷在直径 12 英尺的"气球"（膨胀隔膜）上，紧贴于基础。他们初次尝试的生态壳有很多的问题，气球（他们称之为"气囊"）外部的混凝土应用有些糟糕，喷涂只能在好天气的时候进行。更困难的是应用该材料，在风吹雨淋的天气环境中加工混凝土很困难，而且在外表面喷涂混凝土也容易污染施工环境，周边的邻居、车辆、草丛和宠物等也使喷涂施工受到了很大的限制。

经过几年的实践，Smith 三兄弟改变了他们的做法，他们现在采用内部喷涂，这样就可以全年工作也不至于影响到邻居。

他们开始建造称为生态壳Ⅱ代的新型圆形住宅，三兄弟先把空气薄膜紧贴于基础，然后再设置入口通道。用鼓风机把空气薄膜（气囊）填满空气，然后使用一层称为 Stikum 的黏性材料，应用到紧贴空气薄膜（气囊）内部的一层。然后开始逐层喷涂混凝土。当喷涂层达到 0.5 英尺厚时，使用钢筋和特殊的支架，增加混凝土的抗拉强度。埋设好钢筋后，继续喷涂混凝土，墙面混凝土的总厚度为 1.25 ～ 1.5 英尺。

当混凝土凝固后，气囊被除去。在圆形建筑外表面设置泡沫塑料保温层，外设防水层覆盖保温层为其提供保护使其免受雨雪的侵蚀。内表面抹灰或粉刷。

Smith 兄弟现在已建造了超过 400 栋整体圆形建筑，分散于 40 多个州及海外地区，是圆屋顶住宅无可置疑的先驱。但是圆形建筑并不是一个新的发明，Buckminster Fuller 曾经建议建造网格球顶圆形

圆屋顶混凝土建筑的优点

圆屋顶建筑有很多优点。它能使用最少的材料提供更多的空间。圆屋顶混凝土建筑仅需要一半的劳动力，并且建筑更加坚固，与方形平面相比能更好地抵抗飓风和强雷雨，也更加节能。

建筑，伟大的米开朗基罗赞美道："圆形屋顶建筑是一件艺术作品，是雕塑、建筑空间……一切自然建筑形式的完美结合"。

其他同时代的建筑师和结构工程师也同样对圆屋顶建筑抱有很大的热情。Arnold Wilson 博士花了 40 年的时间在犹他州杨格大学教授土木工程学。他曾经设计了很多跨度达 240 英尺的大型圆屋顶结构。他认为圆拱结构的固有强度是它最大的优点，按照他的预想，圆屋顶跨度要大于 1000 英尺。他认为："圆拱结构是一个很好的选择，可以经受住压力，并且建造和维护都很经济。"

Wilson 预言圆屋顶住宅在未来将会受到重视和普及。因为它可以为建造低能耗的住宅提供可行的道路，尤其是在经济发展缓慢的地区，如乡村。虽然让所有人接受圆形结构是一个重大的挑战，但是圆形住宅提供了很多的优点，因而它的未来是一片光明的。人们甚至成立了非盈利组织：集成圆屋顶协会（由 Smith 兄弟创办），致力于促进圆拱结构的发展和推广。协会定期组织圆屋顶结构的研讨会和工厂试验并出版了一本关于集成圆形住宅的书《Dome Dwellings 97》和一本杂志《The Roundup：Journal of the Monolithic Domo Institute》，这些内容可以在他们网站找到。

> 圆拱结构因其结构合理性而流行起来，它可以经受住很大的压力且建造和维护都很经济。
>
> Arnold Wilson 博士
> 杨格大学

用钢建造的住宅

和混凝土一样，钢结构通常用于汽车、桥梁和摩天大厦，而非住宅。但事实上，钢材也已用于很多新型住宅。我们在第 6 章中简单的提到过，小型钢结构可以用于住宅的内部结构和外部墙体，而且已在瑞士、奥地利、新西兰和澳大利亚等国家得到了很好的实践。钢结构也在安大略湖、夏威夷、加利福尼亚、德克萨斯和墨西哥湾沿岸各州得到了广泛的应用，并归为绿色建材。作为能源密集型材料的钢材为什么被视为对环境有益的呢？

钢结构的倡导者、钢铁工业从业人员和许多建设者都认为，在建筑中使用钢材对环境有着众多益处。其中非常引人注意的是小型钢结构可以取代住宅中的木柱。倡导者们还计算出建造一座住宅使用的框架材料相当于生产 4 台老福特车的钢材量或者 44 棵树木的木材。这种强烈的对比说明了钢结构更加有价值：能减少木材的使用量。建造一座新住宅平均需要 400 个立柱，每年要新建 120 万所住宅，85% 的住宅使用木材，这样钢材的优势就显而易见了。大型的钢材厂一年能钢是一种金属合金，是铁和碳、钨、钛等多种元素化合的产物，其中铁是主要成分，来自于地表大型矿山开采的铁矿石。

碾碎后的铁矿石首先与焦炭（由煤制造的碳）和石灰石混合，然后在鼓风炉中高温加热。在此过程中，高温的碳与氧气和石灰石化合，生产出来的废渣漂浮在铁水上，随后与铁水分离，得到了较纯的铁。然后，通过处理进一步清除掉杂质，再向铁水中加入其他的元素如钨，便可提炼出具备特殊性质的合金钢。

钢材的生产需要消耗大量的原料，而且这些原料都是在地表开采的，因此对环境造成了一定程度的破坏。另外，炼钢过程同样需要消耗巨大的能量，并造成空气污染。对钢材进行回收再利用可以帮助减少能源消耗及对环境的影响。

生产出超过 200 万吨镀锌钢材，足够满足 30% 新建住宅的需要，每年至少保护了 2000 万英亩树木免于砍伐。

钢材还有其他重要的优点。例如，它能抵抗潮湿和昆虫的侵蚀。因此，在美国的夏威夷岛，新建住宅中有 60% 使用钢结构。另外，钢材是不可燃建材，对于防火是有利的，但可能会在高温下变弯而不能使用。

钢材也是可回收材料，在处理过程中可以反复使用，倡导者称为"可以无限回收"。回收使用钢材比重新制造可以节省 35% 的能量，这样看来，在钢的长寿命周期内，总的物化能就相当低了。

钢材产量的 35% 是由可回收的废料炼制成的。可以使用废弃金属如废旧的船和汽车来炼钢，这些原料的供应是很丰富的。

Pliny Fisk 和他在德克萨斯州奥斯汀最大的建筑中心合作者指出，考虑到钢结构的循环利用，除非使用耐久年限为 60 ~ 70 年的原生木材，否则，木结构建筑比钢结构建筑对全球环境的影响更大。

钢结构很稳定，它不像木柱那样随时间推移会发生扭曲或弯曲。因此钢结构建筑在结构上更加可靠也更加节能（建筑节能很重要的前提是建筑围护结构不产生裂缝，木框架结构的建筑会由于变弯、扭曲产生裂缝，空气渗透量较大，增加了采暖和降温的成本，也降低了舒适性）。

但是实际画面并不像倡导者描述得那样美好。根据 Nadav Malin 的《Environmental Building News》，在 2000 平方英尺的住宅中，钢结构要比木结构多消耗 20% 的物化能。同样，炼钢过程比木材生产产生更多的污染和有毒气体。

大型的钢材厂一年能生产出超过 200 万吨的镀锌钢，足够满足 30% 的新建住宅的需要，每年可保护 2000 万英亩树木免遭砍伐。

Malin 指出，作为建筑材料，钢材的最大缺点是它的导热系数较大。它会大量传导热量造成严重的热损失。钢柱形成的热桥降低了墙体的节能效率。橡树山国家实验室研究人员的研究结果显示，钢结构墙体的热阻比木结构框架墙体的热阻低 20% ~ 40%。为了解决这个问题，通常可以在钢结构建筑的外墙使用刚性泡沫保温层，可以有效解决热桥问题，但是增加了材料的用量和对环境的影响，也增加了建筑的成本。

钢柱还会导致静电现象。静电会在墙体表面聚集灰尘。这个问题也同样存在于框架结构建筑中，虽然并不明显，但比起木框架住宅，钢框架住宅墙面要经常打扫和粉刷。

炼钢所造成的环境污染同样应该被认真考虑。巴西是生铁的主要生产国，产量占世界的 1/6，其生铁是由铁矿石和木炭提炼而成的。木炭由热带雨林的树木做成，在巴西每年都有大面积的原始森林被砍伐用来生产木炭制成铁。

看了上面的介绍，在建造或者购买新住宅或者改造现有住宅时，你是否还看好小型钢结构呢？

答案是"或许吧"。

要回答这个问题需要进行充分的调查研究。首先，需要确定可循环产品的满意度是否高，可循环的部分越多，消费者越满意就越好。另外，还需要确定炼钢的铁矿石来自哪里，如果使用来自巴西的铁矿石生产钢材，就很难说是恰当的。另一个需要考虑的问题是钢厂和建筑工地之间的距离。距离越远钢材的物化能越大。

如果可再生程度高，材料的来源可以接受，距离工厂近，那么钢材就是适合的材料。其耐久、稳定以及无限回收利用的优点就弥补了其他的缺点。此外，还要注意采取适当措施消除钢结构的热桥问题。

多种途径　全面权衡

阅读了本书以后，你会发现有许多材料可以用来建造绿色建筑。有些看起来完全不适合建造绿色建筑的材料如混凝土和钢，都可以用来建造环境友好型住宅。本书将会在下一章中提到如何使用人们能负担得起的、常见的材料和技术建造绿色建筑。

第9章

自然建筑

事实上，在人类历史进程中，人们一直在使用草、木、泥土等天然建筑材料建造庇护所。直至今天，世界各地仍有许多人还在使用天然材料建造房屋。当看到大约占世界人口一半的居民居住在土制的房子中时，读者可能会感到惊讶，而仅在中国就有 9000 万栋土制建筑。

尽管大多数天然材料建造的住宅都是为穷人提供庇护所，但现在工业国家的许多富人也开始采用这些材料建造住宅。他们打破传统将稻草捆、原木和泥土进行大胆组合。虽然这种做法可能会引起当地一些建筑部门的质疑和传统建造商的嘲笑，但这些倡导者还是为我们绘制了未来的蓝图。

采用天然材料建造房屋的趋势的原因有很多。居住在北美的倡导

天然材料建造的住宅提供了比现代住宅更多的舒适性，并且造型美观（图 9-1）。

图 9-1

作者 Carolyn Roberts 在她儿子和朋友的帮助下建造了这栋漂亮的稻草住宅，位于美国亚利桑那州图森附近的沙漠地区。

来源：Rick Peterson

者摒弃了原始粗糙的稻草建筑的方法。自然建筑经久耐用，用土和稻草建成的厚实墙体能给人持久的安全感，而且造型美观，清洁、舒适。许多由稻草和天然材料建造的住宅都有美观的曲线墙体和圆角，用自然建筑建造者 Ianto Evans 的话来说就是：避难所源于其合适的角度。

自然建筑为使用当地材料建造房屋提供了便利。当地建材无需长途运输，物化能低，也是一种可再生能源。此外，自然住宅非常节能，厚厚的稻草墙为建筑提供了极好的保温效果，可以有效抵抗室外的恶劣气候。自然住宅也同样适合于被动式采暖和降温（详见第11、12章），可以减少不可再生燃料的消耗和对环境的影响。在 Ianto Evans、Michael Smith 和 Linda Smiley 合著的《The Hand-Sculpted House：A Practical and Philosophical Guide to Building a Cob Cottage》中写道：在夏季，当木制建筑还需要空调降温时，隔壁的生土建筑已拥有了凉爽和新鲜的空气。在冬季，当邻居们还在支付取暖费用时，稻草建筑（一种自然建筑形式）却始终保持舒适温暖。

居住在自然建筑中不仅舒适而且健康。由于天然材料不会向室内释放有害气体，所以建筑内部的空气既清新又健康。

此外，在当今社会，当建筑多是以专业化生产流水线建造时，自然建筑则为人们提供了一个很好的自我表现的机会。因为大多数的自然建筑技术相对简单、易于掌握，为我们提供了一个为自己建造住宅的机会，满足了自己的需要，而且可以在建筑里表达自己的个性。正像 Ianto Evans 所说：自然建筑是以人为本的，大多数的自然建筑技术男女老少都很容易掌握，甚至是没有建筑经验的人、残疾人、穷人都可以建起自己满意的房子。自然建筑打破了只有专业人员才能建造住宅的传统观点。

自然建筑也获得了建筑专业人士的肯定。越来越多的建筑师和专业建造商开始探索自然建筑材料和技术，其中包括传统方法与最新技术的创新。每年都会建造数以百计的新型稻草建筑和其他自然建筑。

自然建筑被越来越广泛的认可，也被建筑部门所接受，这都归因于部分先驱者的积极倡导，比如适宜技术发展中心的 David Eisenberg 和建立生态建筑网站的结构工程师 Bruce King。Eisenberg 曾经常年参与编写自然建筑规范，为自然建筑提供了合理的指导方针和条例，King 和其他人研究自然建筑材料的结构特性，为许多地区提供了可靠的信息。他们的成就使得自然材料和技术很快进入到主流

自然建筑适合使用被动式采暖和降温，因而非常节能，自然建筑只需要很少的能量就可以满足舒适要求。不仅运行过程消耗很少的能源，而且因为使用本地可用材料建造，比传统框架结构节省运输能耗。低能量消耗对环境有很大益处，大大减少了温室气体的排放。

建筑的行列。

在本章中，我们将探究业主和承包人如何选择自然建筑，并检验他们建造的自然建筑的优缺点。

使用泥土建造

许多自然建筑都是由简单加工的泥土建成的，这些泥土可以在施工场地的旁边或附近挖掘。

土坯

几个世纪以来，土坯在世界范围内广泛应用，用来建造住宅、教堂和其他建筑。在中国、中东、北非、南美、中美洲和美国，数千座土坯结构今天仍旧很坚固，许多仍在使用中。

传统的土坯结构是由土坯块砌成的，土坯以当地地层中的底土（包括黏土和砂粒）为主要原料，然后添加稻草增加强度。将材料弄湿后混合注入块模中。待土坯稍微干燥后，移到阳光下晒干完成整个过程。

风干土可以在基础上连续叠砌（连续搭接增加强度），用泥灰粘合（使用与制造砖块同样的泥灰）。墙体再涂以泥灰来抵抗风雨的侵蚀。虽然近几年水泥抹灰部分代替了土制抹灰，但效果并不理想（见图9-2）。

土坯结构的优缺点：土坯建筑很容易掌握。只要材料配比正确，制作过程就很顺利。初学者非常容易掌握，一旦出现问题，可以把这

注释

土制抹灰非常适合于土坯结构，因为它与风干土坯有一样的膨胀系数，避免了裂缝的产生。土制抹灰也同样适合土坯直接砌筑的结构，因为它可以允许水汽溢出建筑外墙，同时也提供了有效的屏障阻挡水（土制抹灰就像是聚四氟乙烯制成的雨衣）。

图9-2
与普遍的看法相反，水泥抹灰其实是一个不好的选择，甚至非常糟糕，对风干土坯非常有害。因为这两种材料的膨胀系数不同，导致了裂缝的产生。水泥抹灰内部也携带水汽，侵蚀土坯结构。
来源：Cedar Rose Guelberth

部分墙体拆除重新砌筑。如果不想自己制作土坯块，可以在当地的经销商处购买（尤其是居住在西南部沙漠地区的居民），或者是租一台机器现场同步制作砖块，传统的制砖工人就可以操作。

在北半球，大部分的土坯建筑都分布在温和气候区域的中部和南美洲、美国的西南部。虽然在有着干热夏季和温和冬季的沙漠气候条件下效果最佳，但是在一些寒冷地区也运行良好，形成了墙体保温并减少热量的散失。例如在纽约大约有 40 栋土坯住宅。波士顿的 Paul Revere 的住宅就是用土坯建造的。

土坯建筑不仅广泛适用于各种气候类型，而且可以做出许多建筑造型。在美国，大部分的新式土坯住宅都采用了典型的西南建筑风格。

土坯像其他生土建筑材料一样，很适合使用被动式太阳能采暖和降温系统。另外，土坯结构还可以防火。

尽管土坯建筑有很多优点，但是它也存在少许的缺点。例如，建造土坯结构房屋的劳动强度很高，需要消耗大量的时间。

由于建造土坯建筑需要大量劳动力，因而这种住宅非常昂贵。事实上在美国，劳动力报酬越来越高，土坯住宅成了为富人建造的昂贵建筑。但这种结构昂贵的费用并不只是由于劳动力的报酬高所造成的。这些建筑多是大型多功能的建筑，内部附属设施和建筑设备费用都很高。这些因素都造成了建筑成本的上升。但土坯建筑本身的造价是十分低廉的，并且如果你自己动手建造的话，是十分经济的。

草筋生土

另一种生土建筑材料是英国草筋生土，就是大家知道的草筋生土或单块土坯。"Cob"是一个英国词汇，指圆形的块。

草筋生土住宅是由与土坯同样成分的泥块建成的：砂、黏土和稻草。使用优化配比生产的土坯块、泥块可以徒手或用铲子直接应用于基础（见图 9–3），手工建筑墙壁。草筋生土对建筑美观的弯曲墙体、拱形结构等做法非常有利。

草筋生土建筑建造者 Ianto Evans、Michael Smith 和 Linda Smiley 在《The Hand–Sculpted House》中写道："草筋生土别墅是生态设计的最终表达"。"我们可以想象得到，老式住宅的建筑材料，不外乎是泥土、黏土、砂、稻草和水。草筋生土住宅并不只是适应环境，同时成为了环境的一部分。它们轻巧、节能、舒适、美妙的触感，令人愉快，令人着迷。"

(a)

(b)

图 9-3
草筋生土由与土坯同样的材料制成，但是，它们的砌筑方式不同，使土坯结构拥有厚重、美观以及柔和的墙体。
来源：Dan Chiras

草筋生土住宅是居住空间与艺术的有机结合，《The Cob Builder's Handbook》的作者 Becky Bee 说道："居住在草筋生土结构中就像居住在一个手工建造的巨大容器中。"但它的墙体并不脆弱。事实上，草筋生土建筑的外墙通常至少有 4～24 英寸厚，就像岩石一样坚固。当它干燥时，会像砂岩一样坚固。草筋生土建筑墙体用涂料、石灰、石膏或泥灰涂抹防止气候的不利影响。

草筋生土建筑的优点和缺点：对于自己建造房子的主人来说，这种建筑是非常理想的，因为大部分的工作都是徒手或者采用简单的手工具来完成的。草筋生土建筑非常灵活，就像上面所说的，建造方式很自由而且耐久。在英格兰南部，许多草筋生土建筑已经有500年的历史了。这种建筑同样也适用于使用被动式采暖和降温系统，因为内部和外部的墙体都可以很好的蓄热（吸收热量）。此外这种建筑还适合于多种气候。在多雨地区，对于草筋生土建筑的外墙应加以保护以防止风雨侵蚀，例如运用挑檐和石膏粉刷。在寒冷地区，草筋生土建筑很少应用，因为热量会通过不保温的墙体散失，可以通过加厚墙体或设置墙体内保温等措施解决这个问题。

同其他自然建筑技术一样，草筋生土建筑也得到了越来越广泛的应用。越来越多的专业建造者可以帮你建造房屋或提供咨询。像Ianto Evans、Linda Smiley和Michael Smith都为自然建筑的业主提供了自己动手的车间，并且有志愿者帮助建造房屋。其他技术方面的问题，也有大量的书籍和视频提供参考。在本书最后的索引中也列出了一些资源。

夯实土

另一种传统的天然建筑材料是夯实土，它是由黏土、砂和硅酸盐水泥混合而成的。一些年轻的夯土建筑建造者采用砂子和少量混凝土相混合，而不是黏土。夯实土就像字面上的意思一样，土被夯实（冲压）成墙。在坚固的基础上，工人设置木质或钢质的模板来建造墙体。模板定位后，湿土被放入其中，每次大约6～8英寸厚，然后不断地用设备夯实。反复添加土然后夯实直到模具被填满。夯实之后，拿掉模具即形成了巨大坚实的土块，一般厚为12～18英寸，长为6～8英尺。然后重复上述步骤形成连续的墙体（见图9-4）。墙体建造完成后，安装屋顶、窗户和门框。

夯土墙的外表面可以不做处理或者仅仅抹灰作为保护层。内表面通常不做处理，直接展示自然材料的魅力。

建造师David Easton出版了《The Rammed Earth House》一书由于他的倡导，夯土建筑在美国逐渐盛行。近几年，加利福尼亚、亚利桑那和新墨西哥州都出现了夯土建筑建造者。在澳大利亚西部，新建住宅有1/4都是夯土建筑。

夯土建筑的优缺点：像其他生土建筑一样，夯土建筑比传统的木框架建筑更加坚固、防火性能更好，还可以抵抗飓风和雷雨的侵袭。另外，夯土建筑像其他生土建筑一样有巨大的蓄热能力，也同样适用

夯土建筑的历史

夯实土是一种古老的技术。事实上，夯土建筑的历史可以追溯到公元前7世纪。在中国，最早的长城建造于5000多年以前，就是由夯土技术建造而成的。在北非，中东地区同样发现了古老的夯土建筑，在2000多年前的法国也同样出现了夯土建筑，是Rhone River Valley的主要建筑形式，历史学家相信这项建造技术是由罗马人引入的，这种技术一直延续到今天。

于使用被动式采暖和降温系统。此外，夯土建筑非常适用于干热气候地区。在寒冷地区，外部需要设置保温层来进一步防止冬季热量散失。如果在细节上进行合理设计，这种建筑可以冬暖夏凉，而且造型美观（见图9-5）。

由于建设夯土建筑需要使用大型模板和沉重的设备进行夯实，因此不适合个人自行建造房屋，而更适合于由承包商来建造。承包商可以反复使用昂贵的模板来建造房屋，减少了建造成本，而个人业主却做不到。不过，在西南沙漠地区和加利福尼亚州以外很难找到这种承包商。尽管如此，对于个人来说还是有许多方法来建造经济的夯土建筑，例如利用回收木材建造模板并手动夯实。

图9-4
工人用设备将土夯实，当土完全紧压时，模具就被移除，形成了一面完整而美观的外墙。
来源：Dan Chiras

夯土轮胎住宅

美国每年丢弃将近2.5亿条汽车轮胎。虽然部分得到了回收利用，但很多都会被烧毁，多年来造成了不少火灾。如果这些轮胎被用于建造房屋的话，会怎样呢？会不会是一个很荒谬的想法？

图9-5
由Soledad Canyon Earth Builders的Pat和Mario Bellestri设计的一栋外形美观的夯土住宅。
来源：Soledad Canyon Earth Builders

图 9-6
轮胎夯土房屋即利用废旧轮胎填充土作为墙体。轮胎直接放在地基土上，在轮胎的空隙中填土并夯实，逐层砌成墙体。砌好墙体后，在其表面涂上泥浆，阻止轮胎橡胶气味的散发，而且能够防火。

美国每年大约丢弃 2.5 亿条汽车轮胎，足够建设 3 万~4 万栋 2000 平方英尺的住房。

作者住在一栋由 800 个汽车轮胎制成的房子中。用轮胎建造的房屋，即压实轮胎的建筑物，虽然不完全是天然的，但它具有的生态补偿优点值得我们认真考虑。

用压实轮胎建成的夯土建筑物中，利用去除了化学气味的汽车轮胎，放在压实的地基上构成墙体。轮胎内部用泥土填充，然后冲气压实（见图 9-6）。经过充分的夯实，轮胎变得非常密实（一个压实的轮胎可以填充 300~350 磅的土），再放一块纸板在开口处，防止泥土流失。第一层铺设完成后，在其上错开搭接布置第二层（就像砖坯一样提高强度）。如图 9-7 所示，6~8 排轮胎组成一堵墙。

砌筑完成的轮胎需要用石灰或水泥粉刷后才算做完墙体，邻居看见做完的轮胎墙体后长长出了一口气，他们现在知道这样的房子看起来还不错。

轮胎夯土建筑是美国墨西哥州一个创造性的建筑师及建造者 Michael Reynolds 的革新产物，他自 20 世纪 70 年代中叶起一直致力于轮胎夯土建筑的研究。

轮胎夯土住宅的优缺点：轮胎夯土房屋使大量的废料得以利用，建成了耐用多年的房屋，减少了木材的使用量，只是利用当地的天然材料——土来填充轮胎。

轮胎夯土房屋的另一个优点是它的舒适性。大多数此类建筑是掩土建筑，结合第 10~12 章中描述的被动式采暖和制冷技术，南向大玻璃采光，良好的隔热屋顶使房屋冬暖夏凉。这种感觉很好，同时减少了房主的使用费用。

合理设计建造的轮胎夯土建筑，一般都能获得不错的效果。如在第 10 章中描述的常规掩土建筑，地面出口的设计十分巧妙（见图 9-8）。

尽管上述建筑有很多优点，但也不是十全十美的。最大的缺点也许是建造费力，虽然可以采用气锤来加快施工速度，但建造起来还是特别费力。另外，必须采取有效措施避免墙体受潮。因此，并不是所有的官员都看好这种建筑形式。有些人对"Earthships"（一

图 9-7
作者的家就是轮胎夯土墙。尽管开始邻居认为这种墙体会很难看，通过粉刷，同样呈现出非常美观的曲线效果。

图 9-8
作者的一位学生参观新墨西哥州的一栋地下建筑。

图 9-9
作者使用轮胎和草包建造的被动式太阳房，所使用的比较罕见的材料是邻居们难以想象的。

种被动式太阳房屋）的外表感到困惑，声称它显得过于"时髦"。然而，通过建造者的智慧，完全可以用这种不同寻常的建筑技术来建造外观更传统的房子（见图 9-9）。

"Earthships"包含许多绿色建筑的特点。作者建议大家深入细致研究 Reynolds 的集合系统，其目标就是完全独立运行和经久耐用，这些理念实际上可运用到任何形式的建筑中。

图 9-10
将盛满泥土的袋子压实后放在地基上。压实后这种泥土包像砖砌体一样适合做房屋的外墙。这里所示的是作者家小屋里的泥土包地基梁（在基础的上方）用来支撑备用发电机。

(a)　　　　　　　　(b)

泥土包建筑

　　泥土包建筑是一种新兴的生态建筑形式。泥土包是一种通用耐久的建筑材料，第一位提出用泥土包建造生态住宅的人是出生于伊朗、现居住于加利福尼亚的建筑师 Nadir Khalili，另外两位革新主义者 Kaki Hunter 和 Doni Kiffmeyer，在作者喜欢的山地自行车小镇—犹他州的摩押建造了自己的房子。

　　泥土包表层材质多为聚丙烯袋或麻袋，用于容纳内部的填充物。具体做法：袋子内填充混凝土或水泥土，然后夯实（见图 9-10）。不久，袋子变平整形成石块状的结构。同土坯和夯土轮胎一样，砌筑后的泥土包表面涂刷石灰和水泥砂浆做面层。

图 9-11
在犹他州的摩押，由 Doni Kiffmeyer 和 Kaki Hunter 用泥土包建造的圆形和拱形建筑。

　　泥土包建筑的优缺点：泥土包建筑像夯土轮胎建筑一样适合于自建房。泥土包建筑可做防潮基础使用。也可做墙体、搭棚，甚至整栋住宅。泥土包建筑做成圆顶和拱顶非常理想（见图 9-11）。它们的蓄热性能对被动式采暖和降温是很有利的。

　　尽管泥土包建筑有它的好处，但它建造缓慢且费力，需要大量的夯实作业。而且，由于尚未得到广泛应用，因此被地方建筑管理部门认可还很困难。

图 9-12
这种美丽的筑土建筑是减少建房木材使用量的很好的选择。

筑土建筑

筑土建筑是最新的生土建筑技术，由黏土掺入 10% ~ 15% 的熟石膏制成。首先，在地面上用浆料灌注成各种构件。然后，在同一天内，将构件竖起并浇筑框架连接。最后，在墙体外刷石灰涂料或水泥浆（见图 9-12）。

筑土建筑的优缺点：筑土建筑像其他生土建筑一样具有良好的热工性能，因此也适合于被动式太阳能建筑。像其他的生土建筑一样，筑土建筑适用于干热性气候，但如果加上适当的外墙保温措施，它同样适用于寒冷地区。由于房子是浇筑的，且泥浆有快硬性，所以外墙建造很快。这种施工有助于快速的大规模建设。

筑土建筑的主要问题在于它的一些关键技术需要专利授权使用，不像其他的建筑形式，建造筑土建筑的关键技术具有私人专利权，个人不能随便建造，必须由发明者 Harris Lowenhaupt 授权才能建造（这种由来自凤凰城的冶金学家 Harris Lowenhaupt 于 1993 年发明的技术可以有效保持泥土混合物中各种成分的一致性，通过加入一种化学物质防止它过快成型）。

秸秆房

在 20 世纪 80 年代中期，作者第一次接触到秸秆房，那是作者在朋友家看了一部介绍秸秆建筑的录像片。开始作者认为秸秆建筑只是临时性建筑，随着作者研究的深入，越发觉得该技术可行，出于浓厚的兴趣，作者于 1995 年在自家的房子上做了尝试。

轻松、独立的生活

通常对生态建筑技术如秸秆房感兴趣的人，大多来自美国、加拿大、澳大利亚和欧洲等发达国家，因为他们想要过一种更轻松、更自在的田园生活！

关于秸秆建筑

秸秆建筑是新兴的建筑形式。它发源于 19 世纪末的西部内布拉斯加州的沙丘。由于地处平原，土地沙化，树木稀少，早期的移民者只能利用他们唯一的材料——干草建造房屋，有了打包机后，他们用麦秆建造自己的房子。

开始，大多数的移民者也只是把秸秆房当成临时性的住处，他们一直想建造木头房子（但木头的运费太高）。过了一段时间，他们发现，原来秸秆建筑也可以做的很好，可以遮风挡雨而且耐久性不错。

然而，随着时间的推移，这些秸秆建筑先锋发现秸秆房实际上表现良好，可以保护他们免受内布拉斯加州冬季寒风的侵袭。许多人干脆放弃了建造木头房屋的想法沉醉于自己的秸秆房，把它作为自己永久的居所。令人称奇的是，至今这样的房子还依然保存着（见图 9-13）。

秸秆房有两种不同的结构形式：承重结构和非承重结构。

如图 9-14 所示，承重墙由秸秆制成，起到支撑房顶和保温的作用。附着于墙上的防水材料和整齐的泥块等砖砌体可以"锁住"麦秆墙以增强刚性。

承重秸秆墙与屋面通过预埋件连接，这种连接方式能使屋面的重量平均分配到墙体上，防止墙体局部受力不均。为保证屋顶与墙体之间的牢固锚固，预埋件要有可靠的预埋措施。

非承重秸秆墙是自承重结构形式，最常用的是框架结构，由混凝土柱、梁形成框架承担屋顶的重量，秸秆墙搭砌在框架中间做围护墙，因此这种方式也称为填充墙。

注释

研究表明，通过精心的设计建造，秸秆房墙体的承重能力是 2×4 的木桩的 7 倍多。

注释

通常认为外部钢钉固定是最好的固定连接方式。它可以增加墙体的横向强度以抵抗风荷载。不巧的是，除非紧紧地钉入墙体，否则钉头很难被面层灰浆覆盖。

图 9-13
内布拉斯加州的秸秆房，利用了当地的资源麦秆，节约了大量的木材和不可再生资源，因此非常节能，住起来也非常舒适。
来源：Catherine Wanek

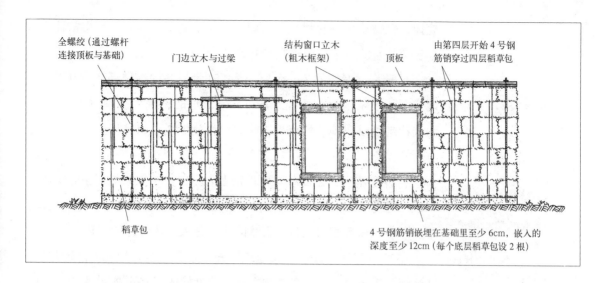

全螺绞（通过螺杆连接顶板与基础）

门边立木与过梁

结构窗口立木（粗木框架）

顶板

由第四层开始4号钢筋销穿过四层稻草包

稻草包

4号钢筋销嵌埋在基础里至少6cm，嵌入的深度至少12cm（每个底层稻草包设2根）

图 9—14
如图所示的承重秸秆房，墙和屋顶由稻草包做支撑，保温效果也很好。

图 9—15
在安大略卡纳塔建造的秸秆房与周围的景色相得益彰，由于在墙体中使用了麦秸，室内冬暖夏凉。
来源：Catherine Wanek

秸秆建筑的优缺点：秸秆建筑是除原木建筑外最受欢迎的建筑形式之一。它有很多优点，首先是节能，当秸秆墙体与保温性能良好的屋顶、窗、门相结合时，节能效果较好。作为被动式太阳房使用时，秸秆房屋是最舒适和高效的。

当意识到处于森林匮乏的危险之中后，人们把秸秆房作为减少木材消耗的一种方式（图9-15）。秸秆房只需要很少的木材用于屋顶和内墙构造。利用密度板或其他材料可进一步减少木材的使用，关于这一点在第5章有详细论述。

秸秆房还可使许多废料得以利用。在世界各地的许多农场，小麦和稻子的秸秆都被当成一种废物，收割后，农民直接在田地里把它们

在最近的测试中显示，在墙体中放置两层麦秸的墙体热阻值能达到32，而2×6玻璃丝棉加芯保温的墙体热阻值是20～22。

烧掉，以减少秸秆对耕地的阻碍，并使土地得到养分。利用秸秆建房是变废为宝的一个有效途径，并且减少了对空气的污染。

秸秆房被看好的另一个原因是，在世界各地，秸秆都是可用的本地资源。通常木材需要经过几百几千公里的运输才能到达施工地点，而秸秆却可以在施工地点周边收集，充分体现了秸秆房在节省物化能方面的优点。

秸秆房施工工艺简单，可被很多人掌握，不像其他复杂的建造技术，需要通过几年的学习才能掌握。因此，秸秆房更有利于个人建房，可使许多人在自家实现自己喜欢的历史悠久的传统房屋式样。

秸秆房与其他许多生态建筑一样，花费较少，现在激涨的房价，远远超出平民百姓的承受能力，秸秆房低价的优势更加明显。

秸秆房的另一个优点是施工简便，古朴优美。一些人喜欢秸秆房的原因是因为它特有的情趣。通常秸秆房涂上一层石灰水泥砂浆，便可保持在很长时间不会出现问题。根据许多类似的工程经验，经涂刷过的秸秆房其防火、隔声性能优良。

秸秆房已被许多建筑管理部门认可，建造秸秆房与建造其他形式的楼房手续一样，花费不高，在许多地方，秸秆房也可以抵押和办保险，出售秸秆房相对更容易些。

尽管有很多优点，秸秆房也存在着缺点。秸秆是谷类作物（如小麦、水稻）的杆状茎。农民在种植时大量灌溉并使用了很多的杀虫剂等化学药品；同时，放弃烧荒利用秸秆建房，在环保的同时却抢夺了土地的养分。另外秸秆也不像人们想象的那么便宜，而且如果房子没做好防水，秸秆墙会受潮甚至损坏。

总的来说，尽管秸秆墙有一些与生俱来的缺点，但它的需求量仍然很大。

草泥

草泥在欧洲有很悠久的使用历史，最初是在德国，可追溯到 500 多年前。近些年才被引进到美国。这要感谢新墨西哥州建筑师 Robert Laporte 的努力。

草泥是用秸秆和黏土加水搅拌而成。通过人工或机械搅拌使黏土和秸秆充分结合，将它放在两层墙中间，用人工填塞（见图 9-16），填满以后，待到墙体慢慢干透，在外墙面用泥灰浆粉刷。

注释

秸秆房建完后防火性能很好，但在施工过程中易起火。施工中，松散的麦秸易被引燃，因此严禁烟火。

秸秆房的建造费用

秸秆房的建造费用取决于是自己建还是外包。费用的多少取决于设计的复杂程度，设计越复杂，费用就越高。此外，还取决于细部做法，如屋面瓦的形式，家具的多少，等等。通常外包的秸秆房费用为每平方英尺 100 多美元。

草泥墙不作为承重结构使用，它只起到保温隔热的作用，如果墙体保温要求高，草泥层的厚度要相应的加大。

草泥的优缺点：对于居住者来说，草泥墙是很适用的。粉刷后可以防火。另外保温性能好，对提高被动式太阳房能效起到关键作用。当室内表面涂上 1 ~ 2 英寸的黏土层或泥浆层后，能提供很好的蓄热性能。

在墙的底部，草泥的蓄热性能也很好。在德国，这种特殊材料已经使用了几个世纪，但在北美人们对它的了解并不多，因此，要想获得建筑管理部门的认可还有一定的困难。

其他形式的生态建筑

上述建筑材料一直沿用至今，还有许多其他的材料也是值得我们关注的，如石材、纸水泥、薪材、原木等。

石材

石材是生态建筑中使用的最古老的建筑材料之一，在欧洲它被用来建造雄伟的城堡、沟渠、城墙、教堂、谷仓、花园围墙、工棚、道路、人行道。除了对外墙的粉刷，石建筑从它诞生以来就没有改变过。

石墙一般砌在砂层或岩石层上。石墙砌筑是用水泥浆或石灰浆按一顺一丁砌筑，砂浆不仅起到粘接墙体的作用，更是为了增加墙体的整体气密性，以减少冷风和有害气体进入室内。

石砌建筑的优缺点：石砌建筑物美观大方，经久耐用，可以使用几个世纪，可就地取材，减少运输费用，承重好，只是花费劳力较大。

石砌建筑适合于被动式太阳能建筑。石头不仅用来砌筑外墙，也可以用来砌筑内墙、地板、壁炉和烟囱；不仅能够满足功能要求，还是很好的蓄热材料。

不设保温的石头外墙最好用在干热地区，像早期的土坯墙一样，除非石头墙的保温性能很好或者非常厚，否则在寒冷地区热量损失会很大。另外，石墙也有很多缺点。石砌建筑工期长，劳动强度大。

图 9-16

作者提供的一个供参观的草泥加工厂，在美国新墨西哥州北部。

石砌建筑对工人技术水平要求较高，花费劳动力较大。如果你对石砌建筑感兴趣，却苦于没有施工经验、时间、财力，不要沮丧，用传统的方法就可以营造出自己理想的石砌住宅。作者在这里给出一些建议，其中之一就是著名的滑模施工法。

这种方法是将一个木制模板安装在基础上，以便建造石制地基和石墙。

在滑模法中，木制模板事先安放在基础之上，然后用线量好位置，模板就位后，再选石头。

沿模板的两边砌好，当所有的工序完成后，用混凝土灌缝。通常的做法是：大块的石头放在下面，既安全又美观。

在这道工序中，墙体是按一顺一丁砌筑的，砌筑完成后，提起模板，便可以继续向上砌筑。

关于滑模施工法，在 Karl 和 Sue Schwenke 合著的《Build Your own stone House Using the Easy slipform Method》中有较详细的讨论。尽管这种施工方法简单，但它需要事先做好 8 个甚至更多的木质模板，这就要消耗更多的木材、劳力，并带来更多的费用支出。这些费用完全可以拿来建造更好的墙体。滑模施工法完全不同于传统的砌筑方式，它的内表面是混凝土的，需要涂刷水泥浆或其他涂料。

如果考虑不周，石砌建筑会遗留很多问题，例如混凝土、石头都是强度高但弹性小的刚性材料。在地震地区，钢材的使用会弥补这种缺陷，用钢筋混凝土结构代替部分石材可以起到一定的作用。

除了上述缺点之外，石砌建筑另一个缺点是冬季很冷，石材像陶制材料一样，是一种良好的导热体，直接的结果是在寒冷的季节，热量通过石墙直接散发出去，导致室内寒冷。再者，室内的湿气会在寒冷的石墙上凝结，为霉菌提供了生长的温床，对居住者的健康构成了潜在威胁。

为解决这些问题，一些建造者创造出双层石墙，即在地基上建造中间被空气隔层分开的双层石墙。空气是一种热的不良导体，因此可以减缓室内热量向外界的传递。如果将保温材料嵌入双层石墙之间的空隙里可以更显著地减少热量的损失。

保温材料也可以布置在石制外墙外侧、屋顶和内隔墙处，比普通的石墙能更有效地阻止热量的散失。

纸水泥

纸水泥大概是最新的一种天然建筑材料之一，它是用回收的旧报纸、沙子、水泥和水制成的循环再利用材料。制造纸水泥，首先将报纸切成碎片，用水浸泡一天或更长时间，等纸泡软后，加入沙子、水泥，搅拌混合成黏稠的泥浆。

将泥浆灌注到块状模具中，像人们通常做的砖块一样，或灌注到事先安装好的墙体模具中，像人们通常做的滑动模板墙一样。

一旦灌注，泥浆就会慢慢凝固，形成坚固隔热的块状纸水泥，不像夯土墙需要那么多土，但比稻草房和秸秆房用量要多。当纸质砌块做好后，用泥灰连续胶结成设计的样式。

纸水泥非常容易制造，我 8 岁的儿子就为 2 年前的一个科学课题做了一些纸水泥。利用随处可见、可以搬动的废弃轻木块做了一面围墙（见图 9-17）。然而，纸水泥还是种新兴材料，在不同气候下的性能还需要进一步研究。我的推测是它在适中的气候下会运行的很好，但是在恶劣的气候下，它需要附加保温措施才能获得最佳性能。

图 9-17
纸水泥可以用来建造外墙，是一种最新的建筑材料。

薪材建造工艺

薪材建造工艺也是一种低成本建房方法，用垂直薪材砌筑墙体（见图 9-18）。建房开始时，平行铺设 2 条水泥砂浆在基础上，一条在内侧，一条在外侧，再将适当尺寸的薪材摆放在水泥砂浆上，当这些短木固定好以后，将保温材料（通常是锯末）灌入墙体中间。第一层完成以后，第二层用泥灰灌入墙体中间。然后如此重复进行，直到砌完整个墙体。

第一座薪材灰浆房，是 19 世纪中叶在美国建成的。这种技术到底

图 9-18
薪材建筑通常是在墙体的空腔中间放入保温材料锯末来增加墙体的密实性和保温性能。

来自何处尚不清楚。近几年来，在美国的 Rob 和 Jaki Roy 以及加拿大的 Richard Flatau 和其他人的推动下，薪材房越来越受到人们的注意。

薪材房屋的优缺点：薪材房屋具有很多优点，可以就地取材，如果你自己建造房子，薪材建筑的技术很容易掌握并且经济实惠。它耐久性能好、强度高，如今 100 多年前建造的薪材建筑仍在使用着。

薪材建筑呈现的乡土气息使人愉悦（见图 9-19），蓄热和保温性能良好，薪材本身和墙体中间的锯末加强了保温效果。薪材建筑的 R 值取决于墙体的厚度和木材的种类。16 英寸的墙体，其 R 值在 16 ~ 20 之间，再加上锯末的保温隔热作用，基本能保持室内温度的恒定。

在干冷潮湿、森林繁茂的地区，薪材建筑较多，如纽约北部和加拿大东南部，在这里，结合被动式太阳房的设计，薪材建筑表现出令人满意的效果。

尽管这种建筑很不错，但薪材建筑建造起来劳动强度大，在北美的一些地区人们并不了解它，要赢得当地建筑管理部门的赞赏更是难上加难。

原木房屋

原木房屋是目前最受欢迎的自然住宅。在美国，每年大约要建 70000 栋这样的房子，通常是在建造地点进行现场组装。像其他建筑一样，原木房屋历史悠久，最早的美国移民者利用原木建造小木屋、

(a)

(b)

谷仓甚至自己的住宅。但原木房屋并不是当地的技术，这种技术大多是由从芬兰、瑞典和德国来的移民者带来的。

原木房屋一般建造在毛石或混凝土基础上，早期的原木房屋是通过凹槽一次连接成的。墙体竖起之后，原木之间的缝隙通常用填缝料封堵（见图9-20），尽管这样看起来很好，但保温性能还是差，填缝料会开裂，导致原木之间的缝隙形成冷风渗透，造成热量损失。

为解决这一问题，瑞典人发明了无缝原木建筑技术。这种技术就是将木材开槽，彼此之间可以紧密结合，减少了缝隙（见图9-21）。这种技术使原木建筑无懈可击，提高了节能性能和室内舒适度，虽然制作凹槽需花费很多时间，但定期维护费用显著降低。

原木房屋的优缺点：原木房屋有很多优点，其中最值得一提的是外观优美（见图9-22），而且可以避免钢结构建筑的生锈问题。归根到底，吸引人的是它的风格，一改过去人们经常看到的棱角分明的建筑形式。

原木房屋在北美地区应用广泛，如果你恰巧是一位精湛的建筑师，可以自己伐木，建造自己的廉价、舒适的房屋。

不幸的是，如果选材不当，原木房屋可能会成为不可持续建筑，尽管原木来源于自然，与其他常规木结构建筑相比，其建造工序也很简单，但是，许多原木房屋的取材是从较远的森林里砍伐的，木材下船后又经过几百公里的运输才能到达施工现场。并且许多房屋公司的木材并不是成材，如果你想建原木房屋，最好选择本地达到树龄的木材。

图9-20
在原木建筑中，原木的空隙用泥土填塞以阻止冷风渗透，在新墨西哥州的北部通常采用这种做法。

图9-21
如图所示，现在的原木房屋做的很密实，冷风渗透量较少。
来源：Lineworks

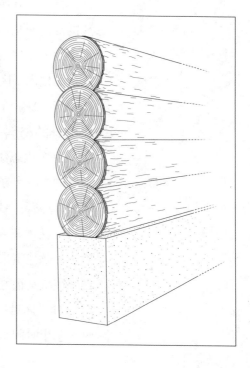

图 9—22
原木房屋是最美丽和最流行的自然建筑之一，一定要选用当地成材的树木建造房屋。

另外，原木墙体在保温隔热方面相对常规的房屋墙体并没有体现出优势。美国国家标准局对原木墙体进行的试验结果显示，除了在最寒冷的严冬，在其他季节里，6英寸厚的原木墙体的耗能与其他常规墙体的耗能持平甚至更高一点。当然，增加较少的投资就能改善原木结构房屋的保温性能。

Jim Cooper 所著的《Log Homes Made Easy》一书和刊登在热门杂志上的许多关于原木房屋的文章都说明：太多的人只是打着节能的幌子，并没有采取有效的节能措施。他们只是疯狂的追求着教堂般的层高而从不考虑能效，在不适合的地方大量使用玻璃幕墙，在选址方面无视使用时的能效问题。在建造房屋时，一定不要走进这样或那样的技术误区。

什么样的材料是最好的生态建筑材料？

每个生态建筑师都有自己偏爱使用的材料和技术。多年来，各类技术的支持者在维护自己观点的同时也阻碍了其他技术的应用。有些时候，尽管许多建筑师也了解到了其他材料和技术的价值，甚至这些材料和技术在实际工程中已开始应用，但就是很难做出选择。其实，对于一栋建筑来说，适当的将2种甚至更多的生态技术措施进行有机结合应该是很好的选择。

如果你对生态建筑感兴趣，作者劝你在早期的方案阶段要非常谨慎，拿出时间来仔细斟酌你的选择，参观在建或已竣工的工程，参观工厂车间，阅读大量书籍，在决定前仔细研究每一种生态建材。作者的著作《The Natural House》全面公正的对每一种生态建筑手段进行了测评，列出了每项技术的优缺点。在书中提供了大量详细的资料帮助你缩小选择范围，而且给予了大量的资源信息。如果你在生态建筑领域有具体的问题，请登录 www.greenbuilding.com 网站进行专家咨询。你的问题将得到本领域有关专家的解答。我也会对被动式太阳能建筑设计及关于生态建筑的一般性问题进行解答。这个网站同时涵盖了绿色建筑其他方面的信息，有一系列的著作提供了关于单项建筑技术更多的细节问题，请务必查阅本书后面的资源指南。

自然建筑：回到未来

尽管看起来标新立异，但许多自然建筑技术的发展历史都比现在主导的一些所谓新技术要久远得多，自然建筑也比现代建筑要久远得多，甚至已经存在了几个世纪，更加增添了它的魅力。

土坯墙和秸秆墙能效高，适合于被动式太阳能建筑，我们将要在第11、12章中就此话题进行细致讨论。结合合理的建筑朝向和优良的窗体材料、密封构造以及良好的屋顶保温等措施，能在花费很小的情况下提供终生的室内舒适环境。

正如本章所提到的，自然建筑不是万能的，各种自然建筑技术都有其自身的缺点。除此之外，尽管生态建筑看起来有点奇怪，但参观几处房屋以后，你就会发现它的确是优雅和舒适的，除了较新的几项技术和材料还没有得到时间的充分考验外，大部分材料和技术都被证明是经济、耐久、适用的，随着时间的推移，越来越多的建筑师会投入到生态建筑的设计领域，创造更多的生态材料。涉足本领域的建筑师、结构师的人数也越来越多，从电视到书籍到商品，涉及自然建筑的信息非常多。不用只是期望于寻找生态建筑师来帮助你设计建造，有很多机会就在你的身边，但是你要善于找到，通过询问朋友或与生态建筑的组织联系就是很好的方式（看一下后面的指南）。

多年来，许多建筑管理部门对自然建筑材料和技术的关注令我非常感动，特别是一些具有颁发结构师和建筑师职业资格证的许可部门，同时也要向对各种生态建筑技术发展水平的进步做出卓越贡献的建造者表示感谢。

随着环境污染问题的不断加剧，建筑领域中，绿色建筑的建设将对改善地球环境起到很大作用。将来有可能在国家的倡导下，我们会在某天住上秸秆房。现在的生态建筑发展就像往上爬山一样，Will Rogers 说过："为什么向上爬，因为那里果实累累"。

第 **18** 章

掩土建筑

2002 年 1 月 5 号，笔者和两个孩子结束了为期十天的佛罗里达州南部之旅回到家中。我们的家位于海拔 8000 英尺以上的落基山脉，四周被丘陵环抱，夜间温度经常持续在零下 20 ℉左右。虽然如此，室内温度却从来没有下降到 52 ℉以下。而家中无人时没有任何的供热系统在运转，这是什么原因呢？

答案是：房屋为掩土结构。房子建在山坡上，大部分屋顶用厚厚的泥土层覆盖，其上还铺有浓密的植被毛毯。春夏季节，野花在屋顶盛开。有时，还能听见麋鹿在头顶啃吃青草的声音。

另一个不同寻常之处在于依靠太阳能供热（见第 11 章）。南向窗可使低角度的冬季太阳光射入室内，白天使室内升温。大量的热量在傍晚也不消散，维持了舒适的室内温度。这一做法适用于许多气候类型和建筑类型，并且比传统建筑花费更少。

掩土建筑能够全年为人们提供较高的舒适性，冬暖夏凉，十分舒适，而其耗能却比传统建筑少很多。当与被动式太阳能措施结合在一起时，掩土建筑在采暖和降温方面具有更大的优势，也能节省数万美元的燃料费用。

设计得当的掩土建筑是极好的居住场所。室内环境轻快明亮，而且与周边风景自然地融合在一起。即使建筑的北向没有开窗，人们也不会有在地下的感觉。大多数来客都会为此感到震惊："简直难以想象。"一位来客在 2001 年全国太阳能建筑参观活动中访问我的住宅时评论到。事实上，我和孩子们在白天很少开灯，因为阳光很充足。

"掩土建筑代表了一种建筑模式"，建筑学作家 Malcolm Wells

> 设计得当的掩土建筑是极好的居住场所。室内环境轻快明亮，而且与周边风景自然地融合在一起。

说道，他是掩土建筑设计方面的专家。掩土建筑不仅环境舒适，能源供给充足，而且还能帮助修复生物圈。如果广泛利用此建筑，可以有效地减轻当前严重的国土资源破坏。

地下掩土建筑实例的剖析

掩土建筑是一种部分或全部被土壤覆盖的建筑模式。一般有 3 种基本类型（见图 10-1）。第一种是部分在地下的形式，典型的是建在山坡上，其所有的墙面除了南向正面以外全部被泥土覆盖。这种设计，具有土质的屋顶，上面可以种些野花野草或其他的本地植物，甚至可

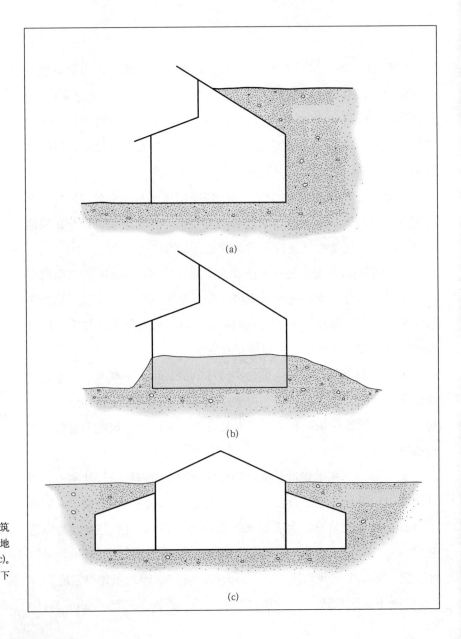

图 10-1
掩土建筑有许多形式。建筑有可能部分在地下 (a)，在地上 (b)，或是完全在地下 (c)。每一种都有自身的优缺点，下面将对此进行介绍。
来源：Lineworks

现代住宅的屋顶大多数是用钢材或者木板建造的，或是由可循环利用环保友好型材料做成，例如回收塑料和橡胶。对于那些想保护原生态自然环境的人来说，往往会考虑种植屋面。

种植屋面是由土壤和植物组成的生态屋顶，下面是不透水的木制或混凝土屋面。在设计种植屋面时所要考虑的最重要的三条因素是：对屋面的保护、防水和排水。

实际上，种植屋面是一种传统的建筑做法，已经使用了几个世纪。它可用于平屋顶、穹顶或坡屋顶。为了保证结构构件如木屋顶中的框架或混凝土屋顶中的混凝土干燥，必须应用防水薄膜。

泥土种植层被放置在屋顶上，其土层厚度从 6 英寸到 9 英尺不等，完全依靠结构构件的力量支撑。

尽量种植本地植物，因为它们适应当地的土壤和天气状况，它们更能在当地特有的气候中生存（注意第一年时屋顶需要浇少量水，以保证种子生根发芽）。在屋顶种野花将极大地美化屋顶，而且屋顶的野草生长率低，减少了除草的工作量。

另一种较好的做法是"草皮种植"。在挖掘地基或修筑车道之前，将草皮移走，当屋顶建好时再将其种植在屋顶上，在加速生态补偿的同时使屋顶更加生机勃勃。

尽管种植屋面既漂亮又实用，但人们可能不希望整个屋顶都覆盖植物，有时需要留一部分屋面用以安装太阳能装置为住宅供应热水或电力（见第 13 章）。笔者使用了较为干净的南向屋顶设计，为天窗留出了空间，在满足采光和冬季得热要求的同时还可以储存雨水（见图 10—2）。

以在屋顶上建造花园。

第二种设计是地面上的掩土建筑。其理想地形是平坦或略微倾斜的地方，这种建筑大部分外露于地上，将泥土堆积于防水墙面外，通常堆至窗檐下。对于这种附加掩土建筑，很多都设计了种植屋面。

第三种，也是最少见的一种，建筑完全埋于地下。这种形式的建筑建在下沉庭院周围，此房间面朝庭院以保证充足的照明。居住者通过楼梯，向下进入下沉庭院。邻近的房间装有天窗，有利于室内获得均匀的照明。很多庭院铺有装饰用的石头，由于直射阳光少，庭院里植物生长缓慢。

地下建筑的对比			表 10—1
对比项目	地上掩土建筑	部分建于地下的建筑	完全建于地下的建筑
视觉影响度	最小	中等	最大
被动式太阳能采暖潜力	很好	很好	最小
热稳定性	好，但是三者中最差的	中等	最好
抗风性	好，但是三者中最差的	中等	最好
外景	所有方向看都很好	很好，但只能看到一个方向	非常不好，仅能看到天空
隔声性	好，但是三者中最差的	中等	最好
自然采光的潜力	很好	好～很好，视建造情况而定	三者中最差的
造价	最低	中等	最高

(a)

(b)

图 10-2

如图所示,作者住宅(a)的北面是大规模的掩土,使住宅免受冬日寒风的侵袭并且在夏季保持室内凉爽。南向屋顶(b)设有由金属屋顶制成的保护层,用来收集雨水和安装太阳能电池板。这栋屋顶布满花朵的房子(c)位于科罗拉多Silverthorne作为幼儿园使用,美丽至极。

来源:Dan Chiras

(c)

每种设计各有利弊，如表 10-1 所示。具体的选择取决于个人的偏好和其他实际条件。

为什么要修建掩土建筑？

明尼苏达州曼凯托市的掩土建筑技术公司负责人 Jerry Hickok 说："有充足的理由说明掩土建筑中的生活适合大多数人，而且适合全世界。"理由如下：

1. 高能效和高舒适性。掩土建筑之所以能够提供全年舒适的生活环境，并不是因为土壤的保温性能好，土壤的 R 值约为 0.25 每英尺，仅是纤维保温材料的 1/14 或某些类型的硬质泡沫保温材料的 1/20。

掩土建筑的秘密实际上在于大地巨大的蓄热能力，在较冷的气候里，土层温度仍能相当恒定地保持在 50 ℉，根据地点的不同温度略有不同。建于土层中的住宅全年都能从土壤的恒温中受益。在冬季，土壤中的热量传入住宅，住宅中的温度像矿井一样维持在 50 ～ 55 ℉ 之间。尽管该温度尚不能满足舒适的要求，但很容易便可把温度提高到令人满意的水平，如 70 ℉，提升这 20 ℉ 的温差所需的能量可以由太阳能轻松的提供。在冬季，一栋传统的地上住宅往往需要更多的热量补充来保持舒适的室内温度。如果室外温度为 −20 ℉，建在地上的住宅将需要提升大约 90 ℉ 的温差。

虽然有些资料声称掩土建筑在寒冷的天气里运行效果最好，但不是所有的情况都是这样的。位于密苏里州绿谷的 Terra-Dome 公司建造了 500 多栋掩土建筑，该公司董事长 Jay Scafe 认为："在沙漠地区，地下温度全年维持在 70 ℉ 左右对于居住者全年来说是更有益的"。

大地温度恒定意味着掩土建筑的房主甚至在寒冷的天气里也不用担心水会结冰。地球的热稳定性为这种住宅提供了非常舒适的环境，冬季采暖和夏季降温的开支也比较少。

2. 建造和运行更加经济。掩土建筑节能和舒适性的提高是通过减少空气渗透区域和面积来实现的。泥土的恒温和低空气渗透量降低了 80% ～ 90% 采暖和降温的开支。Scafe 指出："即使没有采用被动式太阳能设计，燃料开支也往往比传统的地上住宅低 50%。"

掩土建筑不仅运行经济，而且其建造费用是人们可以承担得起的。例如在 Scafe 居住的区域里定制一所与其他住宅一样的掩土建筑，大约仅需要 75 ～ 100 美元／平方英尺。

掩土建筑之所以能够提供全年舒适的生活环境，并不在于土壤的保温性能。每英寸土壤的 R 值约为 0.25，是湿法纤维保温材料的 1/14，或某些类型的硬质泡沫保温材料的 1/20。掩土建筑的秘密实际上在于大地的恒温性。

即便室外温度达到 95 ℉，掩土建筑内的温度依然会维持在 70 ℉，像使用空调的住宅一样凉快，却没有噪声、能耗巨大的空调，也没有令人不适的气流和巨额的电费开支。

3. 明亮和愉快。通过合理的设计，掩土建筑将有充足的自然采光。明亮的内部空间营造了健康的工作和生活空间，更加适宜人们居住。请抛弃掩土建筑等于洞穴的想法。

4. 美观。现代建筑师建造的是实用的和具有非凡吸引力的掩土建筑，能够满足每个人不同的品味和要求。

5. 经久耐用。由于掩土建筑的外围护结构是用混凝土或者水泥砖建造的，因此具有抗虫害、抗侵蚀、抗腐烂和抗震的作用。在泥土的保护下还能抵抗冰雹和暴风的侵袭，而这些不利因素都会对传统木框架结构建筑造成严重危害。掩土建筑的使用寿命在 100 年以上。

6. 维护量少。由于掩土建筑的大部分结构都位于地面以下，暴露在地面以上的部分很少，因此基本不需要维护。掩土建筑不用对墙体和屋顶做定期的修补和粉刷维护，也不用在每年春天清理落水管。

7. 防火和防盗性强。由于掩土建筑只有极少的外墙暴露在外面，使用混凝土且暴露部分涂以水泥或泥浆，因此防火性特别好。此外，由于出入口较少，使得窃贼难以自由进出掩土建筑，因而防盗性也很好。

8. 清洁和健康。掩土建筑空气渗透量较少，使得室内灰尘少，因而花粉过敏的情况相对较少，所以这种类型的住宅特别适合对花粉过敏的哮喘患者。另外，由于掩土建筑的室内湿度比普通建筑稍大，因此这种住宅对于气候干燥地区的鼻窦炎患者也非常适合。在科罗拉多州干燥的气候条件下，笔者的鼻窦炎过去时常发作，可自从 1996 年搬到掩土住宅后，就再也没有犯过。

9. 安静。掩土建筑具有与生俱来的良好隔声性能，它有效降低了来自邻居、动物、汽车、火车、喷气式飞机等的噪声，使得住宅内部异常安静。

10. 环保性好。掩土建筑的环保性非常好，它不但减少了化石燃料的使用，而且腾出了大量的土地用于种植蔬菜等作物，从而减少了对动植物栖息地的破坏，有利于濒危物种的保护。由于维护量小和耐久性好，因此对自然资源的消耗也少。

谨慎设计

像其他的住宅一样，掩土住宅也有很多缺点。当前来说，主要问题是许多地区缺少该领域经验丰富的建筑师和建造商。但是像 Terra-Dome 公司的 Jay Scafe 等一些建造商将在美国的阿拉斯加州

由于掩土住宅的空气渗透较少，因而室内空气洁净。空气渗透减少，花粉水平（过敏）减少，因此这种类型的建筑非常适合对花粉过敏的哮喘患者居住。

和维尔京群岛等地区建造掩土商品住宅。此外，如果那些选择不适合你，像 Davis Caves 和 Terra-Dome 这些公司已经开始出售适合顾客需求的掩土建筑设计。你也可以通过美国地下建筑协会定制专门适合你所在地区的掩土建筑设计，在本书后面有这方面的资源指导。边栏中列举了一些对你或许有用的在线资源。

潮湿气候条件下的掩土建筑更需要慎重设计，特别是墙体的防潮和室内湿度的控制。例如，Terra-Dome 安装了由恒湿器控制的通风系统，由恒湿器控制引入外面的新鲜空气与室内的潮湿空气混合以使室内保持合理的湿度。

当前存在的另一个问题是公众缺乏对掩土建筑的了解。与其他新式住宅面临的问题类似，营销掩土住宅往往比常规住宅需要付出更多的努力。事实上，由于买家没有专业的知识，认识不到覆土设计的优点，而卖家也没注意强调其优点，因此购房者往往并不把掩土建筑列为他们的首选。此外，在过去用掩土住宅申请抵押贷款时也会遭到阻力。然而，今天可通过美国退役军人管理局、联邦住宅管理局或当地开明的银行为掩土住宅申请到贷款。

另一方面，Scafe 建造的掩土住宅也很难买到。他建造的掩土住宅在过去 8～9 年中只有 10 栋被投放市场。居住在他设计的掩土住宅里的人们对这些住宅是如此的喜欢，希望在里面住一辈子。

成功设计和建造掩土建筑的技巧

创作出一个有效合理的掩土建筑设计取决于很多因素，例如土壤类型、地形、地下水和美学等。

全地下的掩土住宅建在下沉庭院周边，可把环境的干扰减到最小，而且可做到与环境的完美融合。这种设计适合土壤渗透性强、排水性好、没有地下水威胁的平地。

半埋式的掩土建筑适用于那些想与环境融为一体且利用被动式太阳能采暖的建筑。这种建筑形式适用于山地和丘陵地区。由于住宅周围的水排向山下，屋顶的水流向住宅的后面，因此最好在合理的位置布置高渗透性的土壤并在掩土墙的四周设置合理的排水系统。

这对于较少关注地下水位和土壤透水性的人们提出了一个较难的问题，此时，选择地表上的掩土建筑可能能够满足要求。

无论选择哪种设计类型，必须遵守以下原则：

登录 www.earth-house.com. 网站可以查到掩土建筑建造商和有关书籍的名单以及美国、加拿大、欧洲和新西兰的建造计划。

登录 architecture.about.com/cs/ earthsheltered/ 可查到关于掩土建筑的总说明、照片、建造计划、政策支持和建设指南。

以前设计的掩土住宅在长时间的使用过程中出现了一些问题。很多早期的掩土住宅外观看起来像掩体碉堡，室内昏暗潮湿。然而，现在的建造商已经认识到了过去建筑中存在的问题，以期建造出坚固、防水、采光好和外形美观的新型掩土住宅。

1. **选择自然排水条件良好的地点**。避免下暴雨或雪水融化时积水，避免在雨水汇集的方向上修建建筑物，务必在建筑工地附近修建自然排水渠道。

自然排水条件良好的地点要求地势逐级倾斜，并且要求土壤具有较好的渗透性。渗透性最高的是含有高比例沙子或石子的颗粒状的土壤，湿气可以较容易地通过土壤。渗透性最差的是含有较高比例黏土的土壤，水分含量的变化会导致黏土膨胀和收缩，引发土壤结构性变化，由于对水具有不渗透性，水便会在土壤表面聚集。因此，建设前期务必要测试建设场地的土质条件。

2. **在潮湿的气候条件下**，房子周围需要安装排水系统，以便排走房子周围的积水。暗沟排水效果良好，具体做法为：将一根直径为4英寸的多孔管用过滤布包裹，在墙的基础部位沿建筑物的周围布置，埋在3/4英寸厚的碎石层中（参见图2-3）。

3. **覆土前对外墙和屋顶做防水处理**。水是一种无孔不入的自然力量，只要有一点地方没做好防水，它总会找到渠道进入室内。防水材料上微小的破损都会导致防水失败，为将来的使用造成很大的隐患。通常，当你发现渗漏时，破坏已经相当严重。由于覆盖着厚厚的土层，发现和修理渗漏非常困难，花费巨大。

覆土技术采用了三层构造的防水系统，包括干燥膨润土层、黏土层和大尺寸的聚乙烯层。这个系统，可以保证终生不渗漏。混凝土圆屋顶上涂有丁基橡胶（膨润土、黏土位于塑料防水层上），然后用称为Paraseal的产品覆盖在可能渗漏的部位。回填时，在木屋顶上，使用了被数英寸厚的泡沫层覆盖的bituthene（"必坚定"）保护防水层。

4. **围护结构的保温**。虽然掩土住宅的性能取决于周围土壤的热稳定性，但在外墙和地面采用良好的保温材料可以使得全年更加舒适。例如，在冬季，保温材料可以减少从室内向室外散发的热量，也可使墙壁温度更高，防止结露。结露后发霉产生的孢子可能会污染室内空气，引发健康问题。

掩土建筑在墙壁和屋顶部位分别安装有3英寸和6英寸厚的硬质泡沫塑料，然后覆盖3英尺以上的泥土来保证舒适性。在顶部、后墙和外露的混凝土上分别安装2英寸、1英寸和2～3英寸的硬质泡沫塑料，随后在塑料保温层外抹灰粉刷或粘贴面砖。

除在掩土住宅的屋顶和墙壁上安装保温材料之外，还要在建筑

虽然掩土住宅的性能主要取决于周围土壤的热稳定性，但在外墙和地面采用良好的保温材料可以保证全年更加舒适。

图 10-3
在任何气候条件下，水都是建造掩土建筑时需要考虑的主要因素。务必要保证墙体的保温和防水，以阻止水汽通过围护结构进入住宅。
来源：Dan Chiras

周边设置保温材料，硬质泡沫被设置在地面下 18 英寸，从墙壁向外延伸 2～4 英尺（见图 10-3）。这一设计可以保存建筑物周围的热量，减少热损失。在我的住宅中，还设置了 6 英寸厚的碎花岗岩以保持墙体周围区域的干燥，另外，在排水沟中满铺 6mm 厚的塑料布，并在其表面铺卵石保护层，用来作为一项额外的防水措施。土壤越干燥，围护结构的热耗量就越低。

5. 在修建房屋之前，应使用土壤氡气测量装置或常规的室内氡气测试工具，检测土壤中氡气的水平。后者可以安放在地面砖上，然后在上面盖一个桶，过一段时间后取走读数。虽然氡气的清除相对比较容易，但是这种辐射性的有害物质危害较大，应予以充分重视。提示：您可以安装一个简单、有效的氡气清除系统（参见第 3 章）。

6. 建造在地下水位之上。当在地下水位之下建造掩土建筑时，渗漏的可能性会大大增加。

7. 为了保证冬季的舒适性，可以采用被动式太阳能设计。首先，将住宅坐北朝南，以便于利用冬季高度较低的太阳高度角获取太阳辐射热进行采暖（参见第 11 章）。由于掩土住宅的热负荷较小，通过被动接受获取的太阳能实际上能够提供你所需要的几乎所有热量，为了满足太阳辐射不足时的采暖，还需要设置小型备用加热系统，系统无需太大，具体原因见第 11 章。

即便因某种原因，无法将房子朝南布置，掩土住宅的性能仍然比按标准做法建于地上的同类住宅更好。建造任何朝向的掩土住宅，甚至是朝北时，在冬季仍然能够节约超过 50% 的能量，在夏季甚至会更多。

8. 有条件的话尽量选择南向斜坡，南向斜坡比北向斜坡更温暖，对于被动式太阳能采暖掩土住宅也更理想。

9. 回填墙体周边以及在屋顶覆土时，要避免损坏保温层或防水层。压紧紧贴墙壁的回填土时，要分层压紧，以防破坏墙体的保温层和埋入的管道。这一阶段的工作需要缓慢而仔细，防止重载突然下落或拖拉机从屋顶驶过时超出建筑物的结构强度，导致损坏或倒塌。

10. 聘请专家为你设计和建造住宅，即便你打算自己设计或修建住宅时也要咨询专业人士。有经验的专家可以保证房屋达到最佳效果。他们可以让你的建筑符合建筑设计规范要求，满足防火安全要求以及屋顶规格和保温材料标准。他们也能帮助你更好的融资，进一步减轻建房的经济压力。

修复地球

就像 Malcolm Wells 在他的著作《How to Build an Unclerground House》中所提到的：“每一平方英尺的陆地和海洋都应是健康、有活力的，不应该全部变为购物中心、停车场、柏油路、混凝土，也不应该被污染和毒害，或者被我们用其他错误的方式践踏。”

Wells 说：“任何建筑活动，都会造成土地的破坏。但幸运的是，一种新的建筑形式可以治愈这种创伤，并且可以改进土地的健康状况。”

“400 年前，我们脚下的这片土地是非常健康的。从今往后的 100 年里，同样能够得到很好的恢复。”关键要看我们是否选择了保护地球的建造方式。

第三部分
可持续系统

第 **11** 章

被动式太阳能采暖

Marc Rosenbaum 是一名工程师和住宅设计师，已经花费了 20 多年的时间，在美国的东北地区研究建造低能耗住宅。他设计的围护结构保温和气密性能优异，采用了高能效照明技术，充分利用了太阳能，有效减少了常规能源的消耗。Rosenbaum 像其他具有环保意识的设计者一样，在促进营造更加美好未来的同时，还为客户省下了一笔可观的费用。

1994 年，一对夫妇委托 Rosenbaum 在美国新罕布什尔州的 Hanover，建造一栋用能效率较高的房屋。虽然 Hanover 并未处在美国太阳能资源丰富地区，但 Rosenbaum 仍欣然接受了这个委托。几个月以后，他设计出了这栋非常出色的住宅，消耗的热量比建筑能耗守则中标准低能耗建筑模型低 95%（见图 11-1），他是怎样做到这一切的呢？

图 11-1
由 Marc Rosenbaum 设计位于寒冷的新罕布什尔州的太阳能住宅，由于采取了多种主被动式太阳能措施，采暖所消耗的能源比典型节能房屋低 95%。这栋住宅已在低能耗方面获得了很多奖项。
来源：Marc Rosenbaum

在非常高水平的围护结构保温和气密性的基础上，Rosenbaum 将被动式太阳能采暖技术与建筑设计进行了有机结合。冬季，可以允许低角度的太阳光从南面的窗户进入室内，在室内，太阳辐射能转化为热量，为人们采暖。

在 Rosenbaum 的设计中，太阳能系统主要依靠被动式措施吸收太阳能量，主动式太阳能系统利用一组设置在屋顶的集热器吸收太阳能量，只起到一定的辅助作用。

令人吃惊的是，该建筑采用主被动结合的太阳能技术，在这个冬季寒冷、多云的地区，提供了全年采暖需求的 95%，节省的费用则更为惊人。根据电脑数据的分析，一栋标准住宅，如果没有利用太阳能，一年将会花费 2400 美元来取暖，而 Rosenbaum 设计的住宅，每年只需要花费 145 美元，这将为房主省下 2255 美元的燃料费用。在几十年以后，由于采用了太阳能技术而省下的这笔资费，能够轻松的负担一到两个孩子上大学的费用。

被动式太阳能采暖系统，可以在房屋立面设计中以任意的形式灵活运用（见图 11-2），只要在一天中的大部分时间内房屋的南向面能够充分的接受阳光就可以了（南面为向光面，能充分接受日光）。许多刚刚接触被动式太阳能技术的人，都很惊异的了解到，实际上美国大部分地区，家庭常规热量的需求，至少有一半以上都可以由充足的太阳能所提供。甚至在美国东北部多云的"阴暗地带"，被动式太阳能利用也可以成为家庭供热的重要组成部分。

只要设计得当，不论在酷热的夏季还是寒冷的冬季，太阳能住宅都可以提供舒适的居住环境。被动式太阳能住宅在乡村地区也有广阔的应用前景，可以为居住者提供光线充足、阳光明媚的室内环境，使居住环境更加舒适。另外，一些被动式太阳能住宅，采用了空心肋板结构设计，给人以非常宽敞的感觉。

很多人认为，被动式太阳能虽然为房主提供了很多益处，但造价肯定也不低。我把这个问题交给美国可再生能源实验室建筑与热量体系研究中心的主任（NREL）Ron Judkoff 来回答，他领导的研究中心是一个政府机构，在被动式太阳能加热系统的研究中处于领先地位。Judkoff 说，被动式太阳能系统的设计和建造，仅仅增加了新建房屋成本的 0%～3%。例如，对于 20 万美元造价的住宅来说，加建被动式太阳能系统最大的额外开支只有 6000 美元。为什么会这样少呢？

被动式太阳能采暖系统，可以在房屋立面设计中以任意形式灵活运用，只要在一天大部分时间中房屋的南立面能够接受到充足的阳光即可。该技术适用于全国各地，并且成为家庭供热的主要组成部分。

(a)

(b)

(c)

图 11-2

如图所示，被动式太阳能住宅
可以设计成各种风格。

来源：Dan Chiras

Judkoff 解释说，现在的建筑法规对窗、墙、屋顶、基础等围护结构节能方面的要求比过去提高了许多。因此，相对而言，建造被动式太阳能住宅所需要的费用，并不会太多的增加房屋成本。另外，被动式太阳能住宅只需要很少的辅助供热设备（如炉子或锅炉）。所以，较低的成本以及后期使用中节省下来的费用，可以用来支付日常生活的其他开支。

Judkoff 对这种太阳能住宅的成本估算，部分建立在由 NREL 和美国太阳能学会发起的一系列研究上。研究收集并统计了不同地区被动式太阳能住宅的资料，包括亚利桑那州、印第安纳州、缅因州、马萨诸塞州、北卡罗来纳州和威斯康星州等（见表 11-1）。根据对这些建筑的分析得出，建造一栋太阳能住宅所需的成本，仅比常规做法高大约 0% ～ 3%。但是，在新墨西哥州的圣达菲，太阳能住宅每年能够节省 220 美元的燃料费；更惊奇的是在新罕布什尔州有的住宅（由 Marc Rosenbaum 设计，在本章有介绍）每年能节省

被动式太阳能建筑的能源和经济效益　　　　　表 11-1

地点（建筑建成时间）	增量成本（美元）	节能率（%）	年节省费用（美元）	30 年使用周期内节省费用（基于当前燃料价格）（美元）	30 年使用周期内节省费用（基于项目年燃料支出增长率5%～10%）（美元）
琼斯波特，缅因州 (1988)	1000	70	300	9000	19900 ～ 48700
法尔茅斯，马萨诸塞州 (1995)	3500	82	1260（使用光伏系统）	37800	76894 ～ 207750
佰灵顿，北卡罗来纳州 (1990)	5000	64	840	25200	55339 ～ 138160
内佰威尔市，伊利诺斯州 (1984)	3000	72	550	16500	36540 ～ 190430
斯蒂文斯波恩特，威斯康星州 (1995)	6000	70	600	18000	42179 ～ 98690
汉诺威市，新汉普郡 (1994)	0	95	2255	67650	141390 ～ 403976
安多弗，康涅狄格州 (1981)	0	58	958	28740	63650 ～ 1157675
圣达菲，新墨西哥州 (1985)	0	81	220	6600	14614 ～ 36196

2255 美元。根据项目所在地和具体情况不同，按现在的燃料价格计算的话，在 30 年里，这些建筑可以给房主节省高达 7000 ～ 67000 美元的客观费用。

能源价格在未来的几十年里很可能会不断增高，因此本书基于对能源价格增长率的预测对太阳能建筑的经济效益进行了计算。假设每年天然气的价格会增长 5%，那么每年能节省的费用按节能量最低住宅来计算的话（220 美元一年）将会在 2023 年涨到 900 美元一年。以节能量最高的住宅来计算的话，现在每年节省 2255 美元将会在 2023 年变为 8800 美元。30 年里，节支总计至少将达 14600 美元，最高可达 141400 美元，令人惊奇。对于初投资者来说，可谓是一个很好的回报。

如果能源价格继续上涨，假设每年增长 10%，那么每年节省的费用将逐渐由 220 美元增加到 3500 美元，30 年里能使房主省下 36200 美元。每年节省 2255 美元的房子将会增加到每年节省 40000 美元，30 年里总计会节省 404000 美元！

谁也不知道，在未来的十年里，燃料的价格到底会涨多快，但根据 2001 ～ 2003 年夏季的迹象表明，由于天然气供应的缩减，美国今后的燃料价格会有巨大的波动。

即使不会出现价格上涨的情况，采用被动式太阳能采暖也是很明智的。"放弃在家里安装太阳能设备是不明智的"我的一个朋友对我说。"你不用费劲的去烧炉子，也不用对这种太阳能源支付费用，为什么不使用呢？"

除了供热以外，被动式太阳能设计在环境保护方面也有很多益处，其中最重要的就是减少了大气污染。Sun Plans 公司（www.sunplans.com）的 Debbie Rucker Coleman 提出，与亚拉巴马州普通家庭住宅相比较，乔治亚州太阳能住宅每月可以节省 12 美元采暖制冷费用，在 30 年里会少排放 574410 磅二氧化碳。

综上所述，被动式太阳能住宅好处多多，那么，如何建造一栋成功的被动式太阳能住宅呢？

被动式太阳能住宅设计的关键

不论是新建住宅还是旧宅翻新，被动式太阳能住宅的设计都需要一定的专业知识，这些知识可归纳为 10 个关键原则。在这里，我将很真诚的为大家介绍这些原则，并且和那些愿意学习并运用被动式太阳能设计的朋友分享一点经验，少走弯路。在这方面，我的书《太阳能建筑——被动式采暖与降温》中有更详细的讲解。

1. 首先，将太阳能集热器布置在合适的位置，确保在上午 9 点到下午 3 点之间能直接受到阳光照射（见图 11-3）。在寒冷地区，例如佛蒙特州或威斯康星州，采暖季从晚秋季直到春季。在温暖地带，例如北卡罗来纳州，采暖季相对短暂，可能只有冬季最冷的两个月。

对房屋合理定位。如果你不能移走房屋南向的树木，就不要把基地放在这些树木的后面。无论选在什么地方，一定要注意避开高大的遮蔽物，例如常青树、山或是邻近的建筑，它们会阻挡冬季低角度的太阳光。如果对于位置的选择有疑问的话，你可以仔细观察 12 月 21 日（这一天太阳高度角最低）房屋在上午 9 点到下午 3 点之间日照最充足的地方。许多太阳能建筑设计师都会使用一种被称为太阳能探索者的便携设备（www.solarpathfinder.com）用一盏茶的功夫统计出全年的太阳能应用潜力。

假如用地面积较小，尽可能选择南北较长的地块，以减少遮挡获取更多的太阳得热。而且这样一来，其他人在你家前面盖房造成的遮挡也就不那么严重了。在农村地区，把化粪池布置于住宅南部对日照更加有利，因为这些地方不能植树，遮挡不了太阳光。

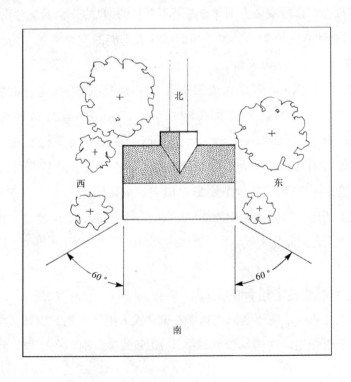

图 11-3
最好的情况是，太阳能住宅在上午 9 点到下午 3 点之间能够直接接收太阳光照射。这就是说，房屋南立面 ±60° 以内不要有乔木之类的遮蔽物。
来源：David Smith

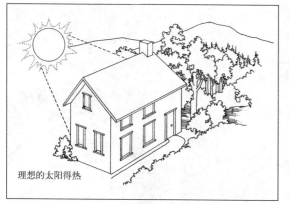

理想的太阳得热

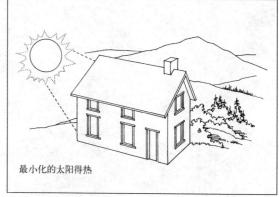

最小化的太阳得热

2. 为获得最佳的太阳得热，住宅的长轴应位于东西方向（见图11-4）。一定要确保住宅的南立面位于正南偏东西10°范围内。地球磁场形成的地理南北极并不是真正的南北方向。磁力线很少与正南北向重合。事实上，在加利福尼亚北部的一些地方，磁力线几乎是东西向的。在其他地方，正南正北向一般与磁场南北向成10°～15°的夹角。

设计被动式太阳能住宅时，首先要确定地磁南北向，然后调整确定真正的南北向。可以向当地测量员了解磁场南极的调整角度。然后，将住宅定位于正南偏10°的范围内，使住宅的主要立面能朝向太阳。

偏离这一范围将降低得热效率。因为偏离正南向会减少冬季得热，增加夏季得热，造成局部区域夏季严重过热。

3. 设计被动式太阳能住宅时，窗户应集中开向住宅南侧（见图11-5）。简单地在住宅南向开几个窗便能节省全年约15%～30%的采暖费用，这便是直接受益式太阳能增温住宅。

为了取得更大的成效，应在南向多开窗，北、东、西向少开窗，住宅南向开窗越多越好，这样就不需要用风机、风管输送热空气。但是，也不要过多开窗！太多的南向窗会导致过热，也会导致夜晚和阴天过多的热损失。

原则上，被动式太阳能住宅中南向窗的面积应占住宅面积的7%～12%。也就是说，面积为2000平方英尺的住宅，其南向窗面积控制在140～240平方英尺为佳。一般来说，气候越寒冷，所需的窗面积越大，建议使用Low-E玻璃和窗帘减少夜间热损失。

安装这种类型的玻璃窗十分重要。在第6章已对高能效窗进行了详细介绍。由于窗户在获得辐射热量的同时也是一个失热构件，因此窗户的选择问题很复杂，读者应综合考虑多方面因素妥善处理。

图11-4
通过合理布置住宅的长轴方向，在冬夏季可以获得丰厚的回报。
来源：David Smith

注释

在一些地方，住宅很难布置到合适的朝向以获取最多的太阳得热。东西向的街道有利于将住宅布置到合适的朝向。在芝加哥外围，Bigelow Homes新建了1100座住宅，通过将街道定为东西向，并尽量减少住宅东西向的开窗，确保了业主长年的低能源开支。

图 11-5

在被动式太阳能住宅中南向窗至关重要。在冬季，太阳高度角比较低，充足的太阳光透过南向窗进入住宅提供热量。在夏季，太阳高度角比较高，在南向窗户中采用遮阳板，可以遮挡大部分太阳光。

来源：Dan Chiras

图 11-6

夏季，遮阳板能控制太阳得热，避免室内过热。

来源：Dan Chiras

采用直接受益方式的窗墙比分配

南向窗——7％～12％；北向窗——不超过4％；东向窗——不超过4％；西向窗——不超过2％。

• 百分比是窗面积与住宅的总面积之比。窗面积是指玻璃部分的面积（除去窗框面积）。

被动式太阳能住宅内的瓷砖和混凝土等重质蓄热材料，能吸收太阳能热量提高室内温度的稳定性。

4. 住宅应安装遮阳板，尤其是住宅南向。遮阳板在提高太阳能建筑舒适度方面起到两项重要的作用。在夏季，遮阳板为住宅窗户和外墙提供遮阳（见图 11-6）。在窗口做遮阳处理可减少强烈的太阳光直射室内，能保持室内凉爽。

合适的遮阳板还能调节冬季太阳得热，控制太阳得热开始与结束的时间（见图 11-7）。换言之，遮阳板能够调节热量的输入。在最北部的地区，2 英尺长的遮阳板就能起到很好的效果，能为 8～9 英尺高的外墙提供遮阳，同时在采暖季节允许太阳光射入。在南部地区，需要的热量较少，需要使用较长的遮阳板。一般来说，气候越温暖，遮阳板的长度越长。登录网站 www.susdesign.com，点击窗口遮阳，便可以得出相应区域的遮阳板设计长度。

虽然我们主要讨论的是遮阳板，其实还可以考虑设计其他合适的遮挡构件和南向门廊。这些构件能为邻近的窗户提供遮阳，阻止阳光进入室内，减少太阳得热。住宅东西侧的门廊同样能有效阻止夏季强烈的直射阳光。

5. 为了实现舒适度的最大化，应设计充足的蓄热墙。由瓷砖和混凝土等重质材料制成的蓄热墙能吸收太阳热量。一些住宅利用储水罐作为蓄热墙，但砖石材料用的更加普遍。当蓄热墙受太阳光直射或其温度低于室内空气温度时，蓄热墙便吸收储存热量，在室内气温低于其表面温度时释放热量。这样便能保持室内平稳舒适的温度，减少室外气温波动的影响。

在南向窗墙比不到 7%，而又需要利用太阳能调节温度的住宅，利用地板、墙板及家具的蓄热功能同样能够吸收相当多的太阳热量。当南向窗面积占 7%～12% 时能获得更多的太阳光能量，但是同样需要设置蓄热墙，防止室内过热，其他如水泥板、砖砌地面、石砌墙和花架绿植等也能起到这些作用。

房子需要多少热量才能提供舒适的居住环境呢？被动式太阳能书籍和软件程序（如 Energy-10）可以帮助建筑师来测算一个房子所需要的热能。若要获得最佳性能，应尽可能多的接受太阳直射辐射，也应拥有尽可能多的朝阳面积以便接受更多的太阳辐射。

6. 所有的太阳能设计都依赖于能源的使用效率。为了最大限度地提高能源效率，更轻松地利用热能与太阳能，普通水平的保温设计是不能满足被动式太阳能住宅的。被动式太阳能住宅需要高保温性能的屋顶、外墙、地板和基础以保存太阳能热量和抵御室外温度波动。具有良好保温性能的房屋在一年四季都具有更高的能源利用效率。国家可再生能源实验室的 Ron Judkoff 建议太阳能建筑保温性能至少应达到国际建筑节能设计标准或 ASHRAE 90.2 中商业建筑的相关标准要求，最好高于这些标准（这些标准提供了各气候分区的具体要求，为热工计算和设备选择提供了参考）。

在第 6 章中讨论了美国环保署和美国能源部的能源之星计划(The EPA and DOE's Energy Star program)，该计划也规定了相应的保温水平。即便如此，许多节能意识比较强的建设者，仍然要求保温水平超过上述建议。

根据 Ken Olson 和 Joe Schwartz 在 Home Power 发表的名为 "Home Sweet Solar Home：A Passive Solar Design Primer" 的文章所述：被动式太阳能建筑的一般有效保温准则为：在温带气候条件下，外墙和屋顶的热阻值分别选 30 和 60；在酷热或寒冷的气候条

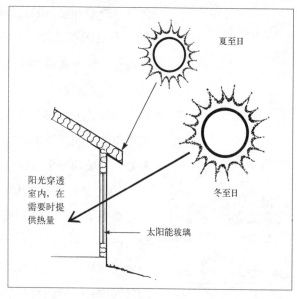

阳光穿透室内，在需要时提供热量

太阳能玻璃

夏至日

冬至日

图 11-7
被动式太阳能建筑窗户，在夏季利用遮阳防止过热；冬季最需要热量时又让阳光进入室内，实现了自动运行。
来源：David Smith

注释

如果受条件制约不能安装足够多的南向窗，那么可以通过增加额外的保温进一步降低热负荷。

件下，外墙和屋顶的热阻值分别设计为40和80。

如果你不能设计尽可能多的南向窗户（直接受益窗），则可以通过进一步提高保温性能来降低热损失。保温层一定要按照有关规范设计施工，注意细节处理。保温材料不应被压缩，防止空气从材料周边缝隙泄露。一些建造者喜欢使用液体发泡保温材料，可将发泡剂喷涂到墙壁和天花板孔洞中，发泡后形成气密和防水的保温结构，这可以有效弥补玻璃纤维等保温材料的不足，使其更有效。

节能窗对被动式太阳能采暖是至关重要的。为了使住宅更节能，一定要采取手段为窗户提供夜间保温，例如保温百叶窗或卷帘。做好建筑围护结构、门窗和其他地方的密封，减少空气渗透。在主要生活空间与其他空间之间设置可密闭的内门等分隔形成风闸，防止在寒冷的气候中，一扇门打开后冷空气大量进入室内。

如第3章所述，良好的气密性设计允许0.35～0.5换气次数的空气渗透量，以确保室内空气健康。虽然良好的气密性是很重要的，但需要采取其他措施，以确保足够的通风。安装中央通风系统与热回收系统，能够保障有足够的新鲜空气维持室内空气品质。

7. 防止保温层受潮。常见的保温材料在受潮后都会失去保温能力，可以通过在温度较高一侧设置隔汽层来解决这个问题，在建筑外侧设置塑料保护层能够更好地避免受潮情况的发生。

8. 使你的房子尽可能直接接受阳光带来的热量。大多数被动式太阳能住宅是长方形平面，这种平面能够最大限度地拥有南向外墙空间和窗口，从而接受尽可能多的阳光，相对正方形平面能够让热量更加深入的渗透到进深深处。这种设计还能确保每个房间独立加热，无需用风扇和导管将暖空气从一个房间传向另一个房间。如果不能设计成长方形平面，将书房、卧室和厨房等热量需求少的房间布置到北边，将经常使用的房间置于南侧，通过接受太阳辐射热保持较高的温度。

另外需要注意的是长方形平面要尽量减少夏天暴露在太阳下的东西向面积，东面和西面的窗户会在空调季产生热量增益，会造成室内轻微或严重过热。

9. 保留无直射阳光区域（见图11-8）。在过去的30年中我参观了许多被动式太阳能住宅，我清楚的看到，保留无直射阳光区对书房或客厅看电视来说是非常必要的，否则房主会非常难受。

不幸的是，20世纪70年代设计的许多被动式太阳能建筑和方盒子没

图 11—8
虽然被动式太阳能采暖是一种宝贵的和经济的热源，但生活空间进入过多的阳光就会让人感觉不舒服，应通过保留无直射阳光的区域来避免室内物品被日照损坏并防止过热。
来源：Dan Chiras

图 11—9
作者在科罗拉多州的住宅平面图中设置了大量的缓冲区，以防止过量阳光造成的危害。
来源：David Smith

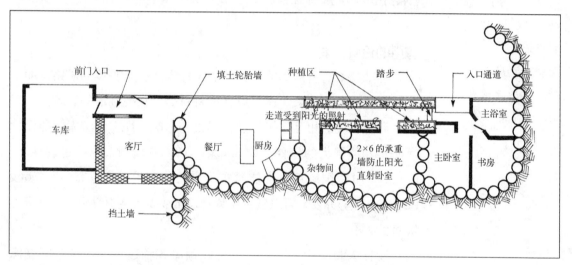

前门入口　　填土轮胎墙　　种植区　　踏步　　入口通道　　主浴室
车库　　客厅　　餐厅　　厨房　　走道受到阳光的照射　　2×6的承重墙防止阳光直射卧室　　主卧室　　书房
杂物间
挡土墙

有区别，只是简单的在南向开有窗户来争取最多的阳光射入。许多房屋白天暴露在炫目的阳光下，棒球帽和太阳镜成为住户白天室内的必备品。

　　虽然被动式太阳能设计的目的是为了让阳光产生热量，但过多的阳光会使房子变的非常热从而导致不舒适，在这样的房间内无法进行任何活动。起居室和书房如果阳光过于充足，产生的眩光对电视和电脑屏幕有严重的干扰，大大降低了住房的可居住性。

　　住房设计既要能利用阳光取暖又要避免过热，避免房间里的人受到阳光的曝晒，防止家具和地毯老化。图 11—9 表明，有许多创造性的办法来实现这一目标。

创建无直射阳光区

　　虽然被动式太阳能住宅设计为通过阳光产生热量，但过度的日照会使房间无法使用。眩光对起居室和书房里的电视和电脑屏幕有严重的干扰，住房的设计既要利用太阳能能够提高室内温度，又不致于过热并导致家具和地毯老化。

10. 大多数被动式太阳能住宅需要某种形式的辅助热源，需要安装效率高、大小适当、环保型的辅助供暖系统。被动式太阳能住宅主要依靠太阳能供热，因此被动式太阳能住宅都具有良好的保温性能，通常只需安装较小的辅助供暖系统，例如一个薪柴炉或壁挂炉就能满足要求，而不是应用一个大火炉或昂贵的地板辐射供暖系统。安装小型系统可以节省资金，抵消因被动式太阳能设计而增加的建筑成本。

合理选择辅助采暖系统以满足住户的需求。被动式太阳能住宅要安装效率高和无污染的辅助采暖系统才更有利于环保。太阳能热水系统、壁炉、清洁燃炉和热泵都是被动式太阳能建筑辅助热源的典型技术。使用辅助热源并不违背被动式太阳能建筑设计理念。第 6 章有这些方案的详细的讨论。如需详细介绍可以参考《The Solar House》一书中的章节。如果需要更深入的研究，可以阅读 Greg Pahl 的《Natural Home Heating》。

一体化设计把房屋看作一个整体。建筑中一部分的建筑设计和材料可能会影响其他部分。由于一些可能的相互作用和潜在的误差很大，许多专业的太阳能设计师都使用功能强大的电脑软件来辅助设计优化方案。

有用的设计工具

正如第 6 章所提到的，太阳能设计需要一个整体的思路，即把房屋作为一个整体来考虑其设计和材料等对住宅性能的影响。为了减少可能出现的相互作用和潜在的误差影响，许多资深太阳能设计师使用功能强大的软件（如 Energy-10）来预测太阳能建筑性能，Energy-10 由国家可再生能源实验室的热利用系统研究中心 Doug Balcomb 领导开发，可以从可持续建筑工业委员会中得到，参见资源指南。

设计人员采用 Energy-10 可以预测各种建筑设计策略的能源表现，通过调整设计以达到最佳的舒适性和经济性。建筑师 Debbie Coleman 选用类似的方法，并使用可持续建筑工业委员会编制的《Passive Solar Design Strategies：Guidelines for Home Building》。这本书附带的软件 Builder Guide for Windows 简单实用，大多数建造者将能够遵循这些准则。这套软件很受欢迎，因为它可以给出太阳能采暖保证率，并可对比不同的设计策略，如增加保温与增加南向窗户哪一个做法更有利。人们可以手工填写工作表格或直接利用计算机软件计算。

被动式太阳能设计是一种极佳的创意。像其他许多好的想法一样它也不是全新的，而是借鉴几千年来人类祖先的想法，其中包括古希腊人和阿纳萨齐沙漠西南的印第安人的想法。今天，随着化石能源特别是天然气的枯竭和对全球气候变化的关注，被动式太阳能设计显得比以往更加重要。要多去了解、细心策划，采用一体化综合考虑和设计或聘请设计师进行综合设计。遵守本章所介绍的设计原则。使用新工具，如 Energy-10 进行设计分析，调整设计使其达到最佳的性能和最低的成本。

剩下的就是请阳光进来吧！

被动式太阳能设计的想法并不是全新的，而是古老而长期被忽视的。几千年前来自不同文明的古希腊人和阿纳萨齐沙漠西南的印第安人都有过这种设计，由于天然气等化石能源的逐步枯竭和对全球气候变化的关注，被动式太阳能利用受到空前重视。

第 **12** 章

被动式降温

笔者搬入他的被动式太阳能住宅后几个月，两位中年女士前来拜访。她们随身带着笔记本表情严肃地站在门口，进行政府机构的官方访问。当笔者打开门时，高个子的女士自我介绍说她们是税务办公室的代表。她们到访的目的是对笔者的住宅做个检测，对住宅估值，制定合适的财产税。

笔者让她们进屋工作。当她们从室外 95 ℉高温下进入自然冷却的室内时，两人都很感叹，然后直接工作。带头的女士看着笔者说："你屋里一定装了中央空调。"

"没有"，笔者礼貌地回答，"屋里是自然冷却。"

她皱了皱眉，表示怀疑。

"真的"笔者说，"这是隔热的生态住宅，屋内是自然冷却。"

另一个人还是很怀疑。

正当笔者要解释时，她的同伴插话说："这是真的。我去过其他的生态住宅，那里也不需要空调。"

随后，笔者继续写作，那两人开始工作，还抱有怀疑态度仔细查看有没有管道、通风口以及压缩机等空调设备，但最终没有找到。

像世界上其他生态住宅一样，笔者的住宅实现了自然冷却，不用其他降温设备。就像不用花费昂贵的能源采暖一样，该住宅也能自然冷却。这个过程被称为被动式降温。

要使住宅实现被动式降温，需要了解当地的气候状况，掌握一些简单高效的方法。为了便于理解，笔者总结为以下 4 点：（1）减少内部得热；（2）减少外部得热；（3）排除室内蓄热；（4）直接给人体降温。

减少内部得热

正如预防就是最好的良药一样，在制冷季节保持住宅室内凉爽最简单、最廉价的方法就是减少内部得热量。

内部的热量来自室内，如人、灯、炉、电器等。下面介绍几种主要的热源。

照明

白炽灯是最常见的内部热源。白炽灯广泛应用于世界各地，是很低效的照明方式，只有 5% ~ 10% 的电能转换成光能，其余转化为热能。将其称为"热灯泡"更为形象！

可以用高效的紧凑型荧光灯（CFLs）（见图 12-1）替代白炽灯。紧凑型荧光灯电能转换成光能的效率远远高于白炽灯，只需 25% 的电能就能达到相同的照度。紧凑型荧光灯不仅减少了电能和费用，而且仅仅释放相同规格白炽灯 10% 的热量。此外，这种灯还调节为令人舒适的光色，而不是普通标准型荧光灯发出的带有蓝色的冷色光。

用紧凑型荧光灯取代白炽灯，特别是在需要长时间照明的地方，能明显减少电耗和内部得热，在夏季，室内将更加凉爽舒适。

另一种减少内部得热的方法是单独设置需要长时间照明的工作空间。这样，在不需要照明的空间就不必开灯，而不是将整个房间照亮。

还有一种有效减少内部得热的方法就是尽量用自然采光取代人工照明。在被动式太阳能住宅中，南向窗、天窗及设置合理的窗户能提供大量的自然光照。笔者的被动式太阳能住宅中大量的南向开窗被证明是很有效的，白天很少需要辅助照明。

为了提供自然采光而不增加制冷费用，窗户需要合理设置，在制冷季节允许太阳光射入，但不会引起室内过热。这就需要在南向墙上设置遮阳板（详见第 11 章）。尽管设置天窗会为住宅北侧带来自然光照，但在夏季往往会导致过热。

家用电器

洗碗机、微波炉、干衣机和洗衣机等家用电器会导致内部得热。如果可以的话，在早晨或深夜使用电器，这时稍微过热一点但影响不大。在夏季，到户外做一些如干燥衣服和烹饪之类的家务活动也有助于减少内部得热。设计师在设计住宅时可以考虑设置露台便于这些户

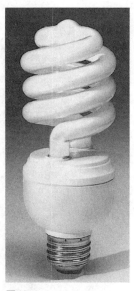

图 12-1
紧凑型荧光灯可以节省能源和金钱，而且寿命比传统的灯泡长 10 年！日光灯泡的光谱类似于中午的阳光，适合阅读。虽然灯光有些偏蓝，但是笔者觉得很适合阅读和工作，办公桌旁就放了一盏。
来源：美国环保产品

外家务活动。围绕露台和门廊的遮阴树木既能保护隐私又有助于给该区域降温。同样，一个小喷水池也能起到降温的效果。

使用高能效的家用电器也有助于减少内部得热。例如，微波炉生产的热量比普通炉子和烤箱少得多。因为新式的家用电器耗能较少，产生的热量也比传统家电少，也有助于给住宅降温。在购买或改建新住宅时，需要选用能效最高的家电产品，现在此类电器很容易通过能耗标签辨别。

此外，可在住宅内设置洗衣房等房间单独放置这些室内热源体。废热直接排出室外。在新建和改造住宅时务必要考虑这一点。

减少外部得热

在制冷季节，较少的外部得热同样重要，因为它是室内过热的原始来源。外部得热有几个来源，如太阳光的直射和住宅周围的热空气等。这些热量会通过屋顶、墙壁、窗户和天窗等传入室内，也会通过住宅开口进入。由于外部得热会明显加重制冷负荷，因此在制冷季节减少或消除外部得热非常重要。

住宅的朝向

防止外部得热最有效的方法就是合理的住宅朝向。正如第11章所提，在北半球长轴定于东西向的被动式太阳能住宅在冬季能最大限度地获得太阳能，而在夏季能最大限度地减少太阳得热。住宅的朝向越是偏离正南，夏季得热量就会越多，制冷费用相应也会越高。气候越是炎热，住宅的制冷费用和被动式降温的难度就越高。

避免两层通窗和天窗

在夏季，外部得热很大程度上源自面积过大的玻璃窗。通透的玻璃幕墙和传统的天窗不利于夏季舒适度。两者都难以遮阴，可能会导致过热（见图12-2）。因此，务必慎用面积过大的窗户，尤其是住宅的东西两侧。可以用导光管代替传统天窗。

生物遮阳：树木和其他植物

像树木和藤蔓等植物，或遮阳板等建筑构件，也有助于减少外部得热，提高住宅舒适度。树木和其他植物通过蒸发作用降低住宅周围的空气温度。水从树叶中蒸发带走空气中大量热量，这个过程称为蒸腾

注释

导光管是代替传统天窗的一种很好的选择。导光管由弯曲的导管通过天花板伸出屋面。利用屋面装有的聚光镜和内部反射镜，导光管可以通过一小块采光区域传送大量的太阳光。因此，传送了大量太阳光而热损失很少。太阳光导管等产品只占据一小部分传统天窗所需的空间。在室内，它们看起来像顶棚射灯，而且并不需要任何特殊的框架。

图 12-2

两层通高的玻璃窗看上去很美观，但是在夏季很难遮阳，导致过热。而且在冬季也很难保温，导致过多热量损失。

来源：Dan Chiras

注释

进行景观设计时，最好选用本地植物。它们适应了本地的自然条件，比外来植物更易存活，也不需要精心护理，依靠自然降雨生长。

作用。不要低估植物对住宅所起的降温作用。正如 Anne S. Moffat 和 Marc Schiler 在《Energy-Efficient and Environmental Landscaping》一书中指出，一棵成年大树吸收的热量相当于 5 台 10000Btu 功率的空调设备，且不污染环境。通过植物遮阳、蒸腾作用给住宅降温时，落叶树是最好的选择。树木和蔓藤等植物能使住宅周围的气温降低至少 9 ℉。草坪也能起到相同的作用，能使气温降低 10 ℉。与裸露地表相比，草地吸收太阳辐射较少并通过蒸腾作用蒸发水分达到降温的目的。

也可通过种植如松树和云杉等常绿植物来遮阳。不过，要注意种植地点。因为它们全年都有树叶（或松针），沿着住宅南墙种植时会挡住部分阳光。沿住宅北、东、西向种植常绿植物能收到良好的效果。但也会阻挡有利于住宅被动式降温的微风。

机械遮阳装置

百叶窗和遮阳棚也有助于减少多余的得热量。最有效的措施是外部遮阳装置，如遮阳棚、外窗百叶、卷帘、镀膜玻璃和太阳光屏障等。

窗帘、遮阳帘、遮阳板等内部遮阳措施也能减少太阳得热。密织、浅色且不透明的窗帘效果最好，因为与深色或透明的窗帘相比，它们能反射更多的太阳光。双层窗帘能反射更多的太阳光，提高隔热率，降低夏季得热量和冬季热损失。很明显，窗帘与窗户靠得越近，效果越好。

尽管内遮阳比起外遮阳安装更便利，却不能有效阻止外部热量进入室内。这是因为外遮阳阻挡了阳光透过窗户，而内遮阳没有这种功

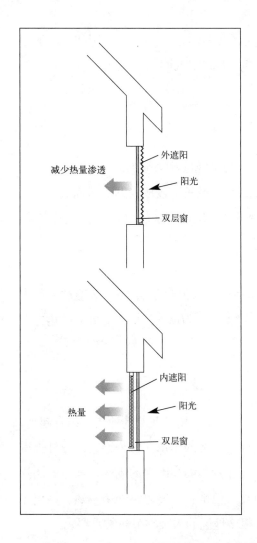

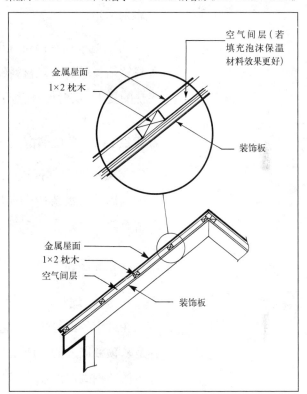

图 12-3（左）
外遮阳装置能更好的阻止太阳得热进入室内，而采用内遮阳，阳光会
透过玻璃进入室内。而采用内遮阳阳光则会透过玻璃进入室内。
来源：David Smith，来自于 D. Chiras 所著的《The Solar House》

图 12-4（右）
在金属屋面下安装木龙骨框架形成的空间能减少夏季得热量。
来源：David Smith，来自于 D. Chiras 所著的《The Solar House》

能（见图 12-3）。大量的热空气会积聚在内遮阳装置与玻璃之间的空
隙内。绝大部分热量会进入室内，增加制冷负荷。

住宅和屋面的颜色

将住宅外表面刷成浅色能进一步降低制冷负荷。浅色墙面能反射
阳光，从而降低得热量。此外，浅色墙面能提高使用寿命，尤其是吸
收大部分太阳直射光的南、东、西向墙面。

浅色屋面瓦也能显著降低外部得热量，提高住宅舒适水平。因为
大部分太阳热量（超过 2/3）来自屋面。如果与本章的其他措施结合，
浅色屋面和墙面能显著降低制冷费用。

屋面材料和构造同样影响得热量。金属屋面安装在木龙骨之上能
形成空气间层，从而阻止热量进入室内（见图 12-4）。将硬质泡沫隔

热材料布置在木龙骨之间的木板上，能进一步降低得热量。

在佛罗里达州等炎热地区，瓦屋面也很受欢迎。例如，西班牙瓦与屋面板之间形成了一个相当大的空气间层，阻止热量进入室内（见图 12-5）。

抗辐射屋顶

可以通过在屋面设置反射材料来降低外部得热，详见第 6 章。例如将铝箔材质的反射材料钉接到屋顶椽子上或顺向贴到屋面板上。在炎热的夏季，反射材料能阻挡热量透过屋顶，在气候炎热地区尤其有效。

高质量 Low-E 玻璃窗

据美国能源部报道，夏季室内多余的热量有 40% 是透过玻璃进入的。因此，需要精心选择玻璃类型。Low-E 玻璃在减少得热方面非常有效，详见第 6 章。

围护结构的隔热

把墙体、地基与楼板隔热处理与本章所涉及的其他措施结合起来，可以在减少外部得热方面起到非常重要的作用。因为绝大部分外部得热是从顶棚进入的，所以要特别注意屋面与阁楼的隔热。墙体的隔热并不像顶棚或屋面隔热那么重要，但是也不能忽略外墙隔热。地板保温对降温基本不起作用，但在很多地区的采暖季节非常重要。

图 12-5
在炎热地区，管状的西班牙瓦能形成空气间层，减少热量透过屋面。
来源：Stan Chiras Sr.

减少空气渗透

从外围护结构的缝隙（如敞开的门窗）进入室内的热量也很可观。要避免这个问题，住宅应当设计成高气密性的。隔汽层、面层和隔热混凝土、结构保温板等材料可以降低空气渗透率（详见第4章）。住宅外围护结构的任何缝隙都要用嵌缝材料、泡沫或挡风条填封密实。

排除室内蓄热

减少内部和外部得热能够显著降低制冷负荷，在某些气候条件下，采取以上措施便可以实现住宅的被动式降温。在其他情况下，内部积聚的热量会造成不舒适的室内温度。需要采取措施去除这些热量。以下是几项措施。

自然通风

全世界范围内，即使是在湿热地区也可以通过自然通风给住宅降温。例如，在热带岛屿，用竹子建造的住宅底层透空，起到良好的通风效果。

只要有可能，住宅应该充分利用自然通风来降温。良好的开窗处理能形成室内贯通的穿堂风。尤其是从后院等阴凉处吹来的风，降温效果更为明显。设有开口的楼梯井也能促进自然通风，详见第15章。正确种植树木或灌木丛能将风导入住宅。

当风力不够时，就需要采用装设在窗口的风机加强通风。风机朝向室外安装，以强制空气排向室外，也可朝向室内安装，引入空气。两种方式结合，能使空气从低温一侧流入室内，从高温一侧排出室外。

自然通风也能通过开设高低窗形成烟囱效应，由于热空气上升，可在住宅二层开设窗口，将底部产生的热空气排出。新风从住宅一层阴凉一侧的窗户流入，排走顶层顶棚附近的热空气。通风塔也能将热空气排出室外。

阁楼和整体式风机

在炎热的夏季，热空气往往聚集在阁楼部分。因为热量会通过天花板进入生活空间，所以将阁楼的热空气排出能创造凉爽舒适的室内环境。

阁楼通风可采取主动方式和被动方式两种，区别在于有没有风机。

尽管浅色面层能吸收70％的太阳辐射，但在夏季气候炎热的地区在屋顶上安装浅色面层或其他浅色材料还是很有意义。为什么呢？因为比起深色材料它们能减少得热量。而屋面是最主要的得热源。当结合浅色墙等措施应用时能够显著降低夏季制冷负荷。

注释

"自然通风的设计准则：有遮挡时窗地比为12％～15％，无遮挡时为6％～7.5％。"

可持续住宅工业委员会
《Green Building Guidelines》

被动式通风通过屋顶或山墙的通风口排出热空气。在通风口处设置小风机只耗费少量电能就可增强散热能力。在炎热季节使用太阳能动力通风口效果更好，太阳光照射到光伏电池板上产生电能驱动风机。

　　更为有效的是整体式风机，安装方便，费用不高。如图 12-6 所示，室外凉爽的空气通过整体式风机从阁楼开启的窗口导入室内，将热空气排出。

　　整体式风机夜间运行，排出白天积聚的热量。整体式风机的运行费用比中央空调低很多。它们只是在室外气温低于室内气温时才运行。

蓄热体

　　蓄热体，详见第 11 章，在某些地区具有被动式降温效果很明显。住宅内的蓄热体能根据室内温度的变化储存和释放热量。当室内空气温度高于蓄热体时，蓄热体吸收热量，反之亦然。

　　在制冷季节，住宅内的蓄热体相当于储热器，吸收室内空气的热量。然后在夜间利用自然通风或整体式风机将热量排出室外。但前提是夜间室外温度明显降低。

　　在干热气候区，蓄热体特别有效，这些地区由于大气中缺少吸收热量的湿气，即使是在最热的月份，夜间气温也会骤降。在夜间，只

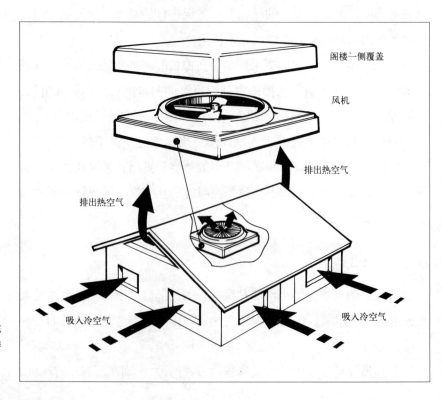

阁楼一侧覆盖

风机

排出热空气

排出热空气

吸入冷空气

吸入冷空气

图 12-6
整体式风机作为被动式住宅降温的有效补充，提高了夏季室内舒适度。
来源：David Smith

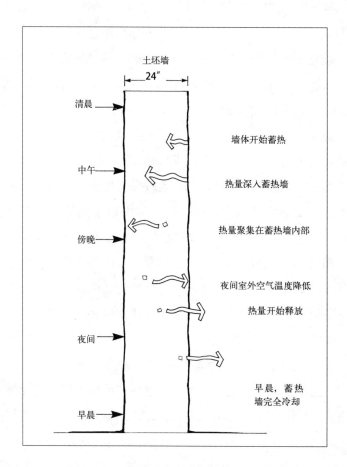

图 12-7
在干热气候里，厚重的外墙有
助于被动式住宅降温。

土坯墙

24″

清晨 ——▶

中午 ——▶ 墙体开始蓄热

傍晚 ——▶ 热量深入蓄热墙

夜间 ——▶ 热量聚集在蓄热墙内部

夜间室外空气温度降低

热量开始释放

早晨 ——▶ 早晨，蓄热
墙完全冷却

需打开少量窗户让冷空气进入室内，就能将墙体、地板等蓄热体中的热量排出室外。到了白天，冷却下来的蓄热体重新吸收热量。

在沙漠地区，外部蓄热墙也能给住宅降温。在白天，外墙吸收进入室内的热量。如果墙体足够厚，热量在日落前不会进入室内，日落后外部气温下降，热量向外散失（见图 12-7）。由于这个原因，世界上沙漠地区建了很多这样的厚重土墙。

然而，在湿热气候地区厚重的外墙是非常不利的。在这些地区，夜间温度还是很高，自然通风不能带走外墙的余热。但可以将蓄热墙与空调等其他降温措施结合。在夜间，业主可以关窗开上几小时空调去除蓄热体的热量。而且，由于夜间运行功率更低，在夜间开空调比白天省钱。

直接给人体降温

降低室内外得热以及排除室内余热有助于被动式住宅降温。不过，还有其他方法能提高舒适度：直接给人体降温。

吊扇

使用吊扇是提高室内舒适度最有效、最经济的方法之一。风扇不仅可以增强通风，将热量从室内排出，还能加速人体周围的空气流动，带走热量，使人感到凉爽。

风扇的作用是通过空气流动带动皮肤周围一个薄薄的热空气层的流动，通过增强皮肤对流和蒸发散热使人体感到凉爽。这在湿热气候区尤为重要，因为人体周围的湿度较大，导致皮肤水分蒸发量少（在冬季，流动的空气从人体周围边界层中带走热量，形成"冷风感"，实际上这是一种错觉，认为周围空气的温度比实际要低）。

最常用的风扇是吊扇。通过调整吊扇的高度从而使夏季地面的热空气流动到顶棚，或在冬季使暖空气流动到地面。尽管台式风扇和吊扇并不能改变室内温度，但确实使人感到凉爽。研究表明，使用吊扇和室温降低4℉给人的感觉是相同的。

吊扇在任何气候区都是有用的，尽管需要消耗电能，但与空调相比，所消耗的电能是相当少的。也可将吊扇与空调结合使用。佛罗里达太阳能研究中心的研究人员估计，在湿热地区，业主可将空调室温上调2～6℉。据《Consumer Guide to Solar Energy》的作者Scott Sklar和Kenneth Sheinkopf所述，温度每调高1℉，可节省8%的制冷费用。同时还能明显降低风机产生的噪声等环境污染。

最后的手段

如果上述各项措施没有提供足够的舒适度，可能有必要考虑如蒸发式冷却器和空调等其他的传统降温措施。

蒸发式冷却器是一种将室外空气蒸发冷却然后泵入室内的机械设备。凉爽微湿的空气先集中处理，然后通过管道输送到室内房间。蒸发式冷却器的能耗比常规空调小得多，但是因为是增加水分蒸发降温，所以在湿热的气候条件下用处不大。此外，还需要相当数量的水。

如果不能使用蒸发式冷却器，可以考虑安装空调或热泵。热泵的效率比较高，能将室内空气中的热量排出室外，给室内降温（详见第6章）。

假如读者想安装或正准备购买空调，务必选用最高效的机型。此外，必须将空调室外机安装在阴凉的地方。在降低室内温度方面，空调最为有效，但如果住宅中综合采用了多种被动式降温措施，则可以使空调的使用时间最小化。可以参考 Alex Wilson、Jennifer

Thorne 和 John Morrill 所著《Consumer Guide to Home Energy Saving》，了解更多关于机械制冷系统及其工作性能方面的知识。

综合措施

在夏季提高住宅的舒适度，需要综合了解气候状况，精心利用各种措施，而且对这些明智而又低成本的方法充满信心。虽然，利用紧凑型荧光灯、区分工作照明及选用高能效家电等措施减少内部得热看上去效果不明显，然而当结合了合理的朝向、准确的开窗位置、浅色的外表面、隔热处理、防止空气渗透等减少外部得热的措施后，其综合效益会非常可观。利用蓄热体和自然通风去除室内热量同样很有效果。用风机排出室内热空气更加促进了自然降温的效果。

无论是木结构，还是砖石结构，无论住宅建在何地，被动式降温都是可行的。结合土坯和秸秆等自然原料，被动式降温的效果更为有效。在夏季，当住宅有相当数量的蓄热体时，结合秸秆制作的外墙隔热效果非常明显。由夯实土砌筑的土坯墙是很好的蓄热体，适用于干热气候地区。然而，在寒冷气候地区，如果不做保温，散热会很严重。

不要懒惰，要明智的设计

当笔者还在学校研究所的时候，住过的公寓都很不节能。由于这些公寓能效非常低，采暖系统需要不停运转来维持舒适的室内温度。从那以后，笔者住过十几座类似的住宅。为什么会出现这种情况呢？

多年以来，建造者追求的是降低成本。为了增加利益而偷工减料，建造了许多廉价而低能效的住宅。为了弥补建造的缺陷，需要安装庞大的采暖和制冷系统。结果导致了过多的能源消耗以及不必要的环境污染。正如读者在本章所见，良好的住宅设计与建造能显著减少采暖和制冷系统的能源消耗，提高舒适度水平，为业主节省大量费用且不污染室内空气。

在夏季提高住宅的舒适度，需要综合了解气候状况，精心利用各种措施，而且对这些明智而又低成本的方法充满信心。

注释

有经验的建造者会在建造期间对不容易采取隔热措施的地方先作处理，这被称为提前隔热。这样一来，这些地方就不会被落下。对科罗拉多 Fort Collins 一处住宅的研究表明，没有事先作隔热处理而结束时忘记做的机率高于事先做处理的两倍。

第13章

绿色能源：太阳能和风力发电

　　加利福尼亚在 2001 年曾有过大面积的电力短缺。虽然越来越多的证据表明，短缺的原因是对丰富的电力资源管理不善，但是该事件还是严重影响了西海岸居民的生活。在电力运行高峰时期，电费高达 1.30 美元 /kWh，而其他地区的电费只有 8 ～ 10 美分 /kWh。

　　在能源短缺问题显现之前，美国第十大建筑商 Shea Homes 在 2001 年 1 月时在圣地亚哥建造了太阳能发电住宅。Shea Homes 与太阳能光伏发电领军制造商 AstroPower 合作，期望在竞争激烈的建筑领域异军突起。Shea Homes 的董事长 Jonathan Done 说："太阳能电力系统能给业主带来舒适与安全，我们已经在住宅中加入高能效系统，进入实质性实施阶段。"（图 13-1）

图 13-1
Premier Homes 在加州新建的住宅中增加了太阳能发电系统。
来源：AstroPower

谢伊并不是唯一的积极投身于 21 世纪新能源的产品建造商。位于加利福尼亚州旧金山市南部帕洛阿尔托的 Clarum Homes 公司，也在住宅开发中为房屋配备了太阳能发电系统。Clarum Homes 公司值得称道的一点是他们在面向首次购房者的低价"起步房"中也配备了太阳能发电系统。另一家开发商 Premier Homes 公司在加利福尼亚州罗斯维尔市新建住宅中使用了屋顶式太阳能发电系统。

加利福尼亚是利用太阳能发电系统的理想地区。由于管制宽松、管理不善、政治掮客暗箱操作等因素造成的电价飞涨，人们现在慷慨地投资太阳能发电系统换取高额回报。对房屋业主更加有利的是他们可以将白天上班时房屋发出的多余电量销售给当地电网。

加利福尼亚州的努力是国家寻求未来可持续能源运动的一个缩影。美国能源部是这场运动的主要参与者之一，他们在全国范围推广能够产生清洁、可再生能源的零能住宅，这些住宅的发电量比耗电量更多。也许某一天你也会成为国家发电系统中的一员。

本章中，我们将探讨如何将新建或既有住宅转变成为电力生产者。首先了解太阳能发电系统，然后将注意力转至风力发电，最后对目前已遍布世界许多地方的绿色能源（清洁可再生能源）系统进行讨论。

太阳能发电系统

据《黄金路线：2500 年来的太阳能建筑和技术》的作者约翰佩尔林考证，太阳能发电起源于一个多世纪前的 19 世纪 70 年代。但是，直到 20 世纪 50 年代，太阳能发电技术才进入实用阶段。1958 年，我们今天使用的硅太阳能电池首次应用于先锋一号卫星。从那以后，几乎所有的美国卫星都由太阳能电池供电，制成电池的硅是世界上储量最多的原料之一。今天，太阳能电池已广泛应用于计算器、手表、欠发达国家偏远村庄的信号站、浮标等用途，近几年开始在越来越多的住宅和商业应用中得到大量应用，在产生清洁电力的同时避免了噪声和大气污染。

什么是太阳能电池?

太阳能或光伏（PV）电池是一种设计用来将光能转化为电能的固态器件。今天的太阳能电池大多由非常薄的半导体硅涂层发电元件

图 13–2
太阳能电池有几个品种，现在最受欢迎的是多晶太阳能电池，它由单电池组装成模块。大多数家庭有十几个或更多个模块。
来源：BP Solar

组成。当太阳能电池暴露在阳光中时就可以产生直流电。

今天的太阳能电池由非常薄的半导体硅涂层发电元件组成。当太阳能电池暴露在阳光中时就可以产生直流电。一块太阳能电池板由很多小的发电元件组成，每一个小元件都可以产生电能，经串并联后供给用户使用。

太阳能电池板由金属外框和抗风化透明塑料保护层组成，既可以透过阳光又可以防止电池板被冰雹或其他自然力破坏。

每一块太阳能电池板一般可以产生 50 ～ 125W 的电力。因此，一块电池板对大多数家庭来说是不够的，大多数太阳能发电系统都包含 10 ～ 30 块电池板，安装在住宅的屋顶、地面或单独的支架上。许多太阳能电池板安装在有太阳跟踪设备的支架上，可跟随太阳调整电池板方位，提高了太阳能系统的效率。

安装在屋顶上的太阳能发电系统是一道美丽的风景线。笔者非常喜爱太阳能发电系统，甚至有些狂热，但这并不代表每个人都喜欢它。近年来，太阳能生产商开始制造小型的太阳能发电组件，例如薄膜太阳能，大多数读者对它都非常熟悉，因为在我们使用的计算器上经常可以见到这种光电池。

应用最广泛的薄膜发电材料是非晶硅，它比早期的光伏组件便宜并且更容易制造。但是非晶硅的发电效率只有 5%。

非晶硅还有其他显著的缺点。它在低照度的情况下工作状态最好，

图 13-3
最新的太阳能商业产品——光伏屋顶，具有双重功能：既像常规屋顶一样保护我们的家园，同时能够发电。许多人喜欢这种产品，因为它在视觉上明显不同于传统的标准太阳能发电模块，与屋顶融为了一体。
来源：Uni-Solar

但在强光下就会遭到破坏，在最初的发展过程中，它的使用仅限于消费产品，例如仅在室内使用而很少受到太阳光直射的掌上计算器。为了弥补这些不足，研究人员发明了涂层技术，可以让太阳能电池更耐久更高效。例如复合多层非晶硅可以达到 8% 的转换效率并可以接受太阳光直射，图 13-3 展示了这些太阳能屋顶材料。这种材料像外衣一样涂在玻璃上，使窗户和天窗变为了发电设备。一般来说，光伏屋顶和光电玻璃都被认为是建筑综合光电技术。

什么是太阳能发电系统?

太阳能电池、太阳能屋顶组件、太阳能发电玻璃是太阳能发电（光伏）系统的能量之源，这些组件能够产生直流电，与电池输出的电流是一样的。直流电产生于导线中电子的单向流动，太阳能组件产生的低压直流电由依附于组件表面的电线引出。

对大多数住宅来说，直流电没有任何价值，世界上几乎所有的电器都使用交流电。与导线中连续的单向电子流动不同，交流电产生于导线中电子的双向交替流动，流动方向每秒钟交替 60 次。

单晶和多晶太阳能电池

第一种投入商业应用的太阳能电池为单晶硅（SCS）太阳能电池，由单一的、纯晶体的半导体硅制成。单晶硅太阳能电池非常昂贵且光电转化率只有 15%。

为了降低成本，制造商开始利用低纯度硅研制多晶硅（PCS）太阳能电池。它包含许多小晶体，多晶硅太阳能电池容易生产，价格相当便宜，但效率低一点，只有约 12%。

把直流电转换为交流电的装置称为逆变器（见图13-4）。除此之外，逆变器还能把电压从24V或28V提高到120V，这样就可以满足电灯等家用电器对电压的要求。它也可以把直流电储存在电池中，然后转换成交流电供家庭使用。

太阳能发电系统有两种基本类型：单机（离网）和并网系统。单机系统包括太阳能组件、支架、逆变器、电池及一个备用发电机。在这个系统中，太阳能产生直流电，并储存在电池中，需要的时候可以转变成交流电。装有这种系统的房子可以独立运行。

单机系统一般安装在偏远地区，在那里架设电线杆或铺设地下电缆的成本非常昂贵。作为一项原则，如果需要铺设电力线路的距离超过半英里，那么其花费足可以安装一个单独的太阳能发电系统。即便如此，许多生活在电网附近的人，希望建造的房屋能摆脱电网的束缚，并有助于推动建立更加可持续发展的未来。

另一种类型是并网太阳能发电系统，通常包括太阳能组件、支架和逆变器，但没有电池或备用发电机。其产生的直流电由逆变器转换成家庭使用的交流电。多余的电力可以发送到公用电网，并分配给其他人使用。

在大多数公用事业电网系统中，电网实际上充当了"电池"的角色，当系统产生的电量超出用户需求的时候，就会把电量储存起来。晚上，当太阳能电池停止工作时，用户就可以申请从电网用电，就像把电能存在电池银行一样。

联邦法律规定，公用电网必须从安装了光伏发电系统的房主或其他小型发电机处购买多余电力。不过，公用电网被要求按照自己的生产率购买光仪电量，大概是居民用电量的三分之一。一些电力公司会把用户电表设置为当光伏电量上传到公用电网的时候倒转，因为这比安装一个单独的电表计量上网电量要容易并且成本较低。电力公司最后根据总的盈亏情况对用户进行电量补偿。例如，如果光伏用户在一个月内的上网电量与消耗电量相同，那么这个月电费清单将会为零（但很可能会有一点抄表费）。如果系统能够产生更多的电力，理论上房主应该能够收到电力公司购买电量的费用（但实际上，电子公司通常通过提高用户的信用额度或保持用户电表电量上的富余来应对此事）。当发电量小于用电量时，房主只需为上网电表上下行电量的差值买单即可。听起来很不错，但是为什么没有更多的人安装太阳能发电系统呢？

图13-4

Xantrex公司制造的太阳能发电逆变器，它可以把电压从24V或48V特提高到120V，就电压来说，几乎满足所有家用电器。

来源：Xantrex

作为一项原则，如果你在离电力线路半英里远的地方建一所房子，那么铺设线路的花费足以安装一个独立的太阳能发电系统。

许多屋主可以通过一套小型光伏发电系统来有效地生产电力，在离公用电网0.2英里的范围内可以安装单机太阳能发电系统。联系当地的公用事业部门咨询连接到公用电网所需的费用，并与太阳能发电系统的费用进行对比。

太阳能发电的经济性

虽然太阳能发电的成本在过去30年里下降了80%，并且其效率提高了1倍，但总体来说，太阳能发电的成本仍然是其他常规能源发电成本的2.5～4倍。一套太阳能发电系统的全寿命周期发电成本大约是24～27美分/kWh。在大多数地方，传统的电力如燃煤电厂和核电厂，到达住户的电费仅为8～10美分/kWh。那么如何让房主倾向于安装本章介绍的这些太阳能发电设备呢？

最早应用太阳能发电系统的业主位于加利福尼亚，在那里用电高峰期电价为50美分/kWh。加州能源委员会对光伏项目会提供慷慨的补贴，州政府还会提供15%的税收抵免，这两项就差不多抵消了太阳能发电系统一半的成本，该州对可再生能源有一系列优惠政策，使太阳能发电更加低廉，甚至是有利可图。

不仅只有加州出台了政策促进利用太阳能和其他可再生能源。在美国其他州，如佛罗里达州、纽约和新泽西州，也对使用太阳能发电项目提供优厚奖励和回报。

如前所述，如果建设项目距离电网半英里以上，选择太阳能发电是明智的。为了架设电力线路，可能会花费房主约50000美元，其花费远远超过了建设大型太阳能发电系统的费用。如果房屋设有高效率的能源系统，太阳能可以节省更多的钱。

太阳能发电的意义在于通过减少对基础设施的依赖来营造人类安全的用能环境，尽管通过分散发电有助于国家提高能源安全水平，可是也存在着种种问题，Alden 和 Carol Hathaway 报道说，在华盛顿特区，太阳能发电系统第一年的运行中，居然使邻居遭受了8次停电。由于是独立系统，这些房主根本不知道断电后该怎么办。在笔者的家里，每到春天都会有2次或3次停电，有时候持续几个小时，无奈，只好去五金店购买手电筒以备急需。

太阳能发电跟其他可再生能源技术相比可以减少二氧化碳的排放量，对全球气候变暖来说有很大的益处。太阳能发电最大的特点是可以给人们提供直接的方便的能源，从而创造真正意义上的独立能源供给。笔者自1996年6月以来还没有交过电费！购买太阳能发电系统能够刺激太阳能发电产业的发展。对于那些安装了太阳能屋顶的人来说，他们不仅获得了太阳能发电系统，而且也得到了可持续发展的屋顶！

多少太阳能是足够的？成本将是多少？

笔者被问到最多的一个问题是"一套太阳能发电系统的费用是多少？"当然，答案要看一个家庭需要的电量。根据太阳能建筑设计师 Stephen Heckenroth 的推算，一个典型的美国家庭每平方英寸的建筑面积需要2W的光伏发电。因此，一个面积为2000平方英尺的家庭将需要4000W的电量。通过提高能源的使用效率，一套2000W的太阳能系统就可轻而易举的满足家庭的用电需求，整套系统的费用大约是16000～24000美元。如果可以得到公共事业提供的折扣，费用可能减半，即终身使用的费用为8000～12000美元。

图 13-5

在世界第三大石油公司
British Petroleum 的努力下，
太阳能发电已成为发展第二快
的发电行业，除了生产太阳能
电池板和逆变器外，BP 公司
还为旗下所有的天然气站安装
了太阳能发电系统。

在 20 世纪 90 年代，太阳能发电是世界上增长第二快的可再生能源形式，它的前途是光明的。英国石油公司 British Petroleum（世界上第三大石油公司）已经收购了 Solarex（太阳能电池的领先制造商），以满腔热情走上了发展太阳能的道路。英国石油公司的许多加油站的顶棚都装有太阳能发电玻璃（见图 13-5）。具有讽刺意味的是一些地方利用太阳能发电驱动泵来抽取濒临耗尽的矿物燃料。

风能和你

对于世界各地的城镇和乡村来说，太阳能发电是非常实际可行的选择。它架设在建筑物的屋顶，并且利用太阳这一免费能源来产生电能。除此之外，另一种选择是风力发电机组。

风能利用是一项古老的技术，从很早以前的风力汲水或磨碎谷物，一直发展到风力机发电（见图 13-6），风电技术也被称作风力发电机、风力机或风电厂。

早在 20 世纪初期，人们就开始用风车发电。事实上，20 世纪 30 年代，在美国有成千上万位于大平原的小农场，不只用风能把水抽送给牲畜，还用其产生电能。随着美国工业化进程的加快，规模宏大的联邦政府电力工业通过推行农村电气化计划将农村的风车淘汰了，像美洲野牛一样，缓慢地灭绝了。电网的电力取代了风力机，电力由电

可再生能源退税

国家公用服务事业为利用太阳能和其他可再生能源提供各种折和和奖励办法，包括税收抵免、财产免税、低息贷款和折扣等。通过当地的太阳能、风能经销商或致电当地的国家能源办公室，看看你所在的地区是否提供折扣及其他奖励（列在附录 D），或在互联网上登录到国家鼓励可再生能源的数据库 www.dsireusa.org 进行查询。

图 13-6
这个小型风车由 Bergey 设计
制造, 可为整栋房屋提供电力。
来源：Bergey

厂集中发电并通过电网传输到农村用户。

全国随处可见的
风力机通常安装在200
英尺高塔上，高塔使
用的八分之一英亩场地
每年需付给当地农民
2000美元租金。

20 世纪 70 年代的两次石油危机，使得人们重新对风能产生了兴趣。由于市场需求和政府资金的资助，80 年代初期有 30 多家公司从事用于发电的风力涡轮机的研发工作。在加州数个公用事业公司架设的风力发电厂共有 100 多台大型风力涡轮机。

早期的风力发电机推广的并不顺利，许多型号的风力发电机因为机械故障多而效率低下。值得庆幸的是这样的局面已经改变。经过 20 多年的研究和发展，风力发电机的效率和可靠性已有很大提高。20 世纪 80 年代以来，大型商用风力发电机的效率提高了 2 ~ 3 倍。现代风力发电机的可靠性也有了很大的改善，商业风力发电机具有相当大的竞争力，其发电成本低于核电。

现代风力发电机

现代风力发电机大小不等，从微型的风力发电机到远程控制的大型商用风力发电机，都旨在为许多家庭甚至整个社区提供电力。

最小的风力发电机被称为微型风力发电机。它们被用来为帆船、充电器以及其他低功率的电器提供电力。根据《Wind Energy Basics》一书的作者 Paul Gipe 所述，当安装地区的平均风速约为 12 英里 /h（5.5m/s）时，例如北美大平原，微型风力发电机年发电量约为 300kwh，对于月用电量高达 900kWh 的家庭用户来说是不适用的。

较大一点的风力发电机是微型涡轮机，通常用来为偏远的度假小木屋提供电力。尽管这些建筑通常会使用光伏系统发电，但是，当有暴风雨挡住太阳或在夜间时，小型涡轮机也可以被用来结合太阳能发电系统提供电力。在平均风速 12 英里 /h（5.5m/s）的地区，微型涡轮机在一年的时间内可以产生 1000 ～ 2000kWh 的电力。但对大多数家庭来说它们还是太小了，因此，厂家开发了稍大一些的家用风力发电机，根据所配发电机规格每年可以产生 1000 ～ 20000kWh 的电力。

最大的风力发电机是商用型风力发电机（见图 13-7）。每台商用机组产生的电力是大型家用规模的风力发电机的 30 ～ 50 倍以上。虽然它们可以单独安装在偏远地区以供整个城镇用电，但大多数都被用在大型风力发电厂为电网发电。

图 13-7
大型商业风力发电机利用风能发电，提供给城市和农村的家庭使用。
来源：国家可再生能源实验室

风力发电系统

像太阳能发电系统一样，风力发电系统既可以独立安装也可以并网形成体系。独立的电力系统包括风力发电机、把直流电转换成交流电的逆变器以及为无风时储存电能的电池。另外，还有各种仪表和控制装置，以防止电池过度充电或放电。并网的风力发电系统可以在电力不足时使用电网供电而无需依靠电池。

将风能发电和太阳能发电结合逐渐成为普遍现象，因为很多新能源的倡导者发现风力和阳光相结合比各自单独设置具有更高的可靠性。在许多地方，冬季风速较大，这个时期风力可以产生更多的电力；而在夏季，风力比较平静，而较高的太阳辐射量又可以满足人们对电力的需求。

风力发电适合你吗?

风力发电并不适合所有的家庭和地区。例如，在城市中，由于风速较小，风力发电效率较低，即使将风力发电机安装在距地面30 ~ 100 英尺的高度效果也不够理想。地面上的树木和建筑物会阻挡风或使风速减小，从而降低风力发电潜能。此外，从景观方面考虑地方法规可能会禁止使用风力发电机。在这种情况下，业主可以从本地公用事业中购买风电（见下文）。

风力发电机在风力较大的农村使用更为实际。涡轮机能很好地适应人口稀少的农村景观。设置支杆、塔架和发电机之类的设施邻居们也不会反感。产生的任何噪声也会被住户之间宽阔的区域所淹没。但要注意，高速运转的风力发电机还是会产生相当大的噪声，所以不要在自己的屋顶或墙壁上安装风力发电机，设备振动将会传进家中，扰乱你平和的心态，甚至扰乱你的睡眠。

在安装风力发电机之前，应对风能资源和潜在的障碍物进行评估。安装并运行一个小型风力发电系统的成本大约为1000 ~ 3000 美元，而大型系统（包括塔架）可能高达 20000 ~ 30000 美元。因此，在确定回收期之前，不要盲目投资。可以参考资源指南中的书目来确定当地的风能潜力。在《The Nature House》一书中有更加详细的介绍。

一定要参考地方建筑法规，因为里面可能会有建筑物高度限制。与专家和使用风力发电机的用户进行沟通，以找出最适合自己使用的模式。对于风力发电机的噪声，笔者强烈建议与《Home Power》杂志(列在资源指南)中介绍的 Mick Sagrillo 风力发电机相比较做参考。

注释

风力发电机应安装在远离树木或其他大型建筑如仓库的地方。另外，应高于障碍物20 ~ 30 英尺，并且远离最近的障碍物 400 ~ 500 英尺。

如果你所在的地区具有风力发电的潜力，某些情况下许多国家社会公用事业可以安装风力发电系统高达 60% 的经济奖励（例如伊利诺伊州和加利福尼亚州），从而抵消了初始投资的增加，降低了成本。

依靠风能可靠吗？

在缺乏调研的情况下盲目依靠风力作为能源的主要来源可能会使你处于冒险的境地，Michael Hackleman 和 Claire Anderson 在《Mother Earth News》中指出："似乎每一天，风都是变化多端的"。但风实际上有可预测的方法。从成千上万的网站中分析半个多世纪记录的数据，在风向和风速方面可以显示出清晰的模式。Hackleman 和 Anderson 指出，有两种截然不同的风：频繁和可靠的盛行风以及阵风，平均来说在两个星期内会有 7 天的盛行风和 3 天的阵风。当风力只有额定最大风速的 20% 时，风力发电机仍然可以产生大约 70% 额定功率的电能。在无风的时段房主利用蓄电池储存能量。

即使在少风的地区，你也可以将房子安置在一个有风的小气候里（如在山脊或山顶上），在那里风力会强一些（明显大于当地记录的平均风速）。由于高海拔地区拥有可靠和强大的风力，因此在更高区域安装风力发电机也可以大大提高其发电能力。Hackleman 和 Anderson 指出：大部分风速测量设备安装在 6 英尺的高度，因为这里测出来的是人们可以感受到的风速。但离地面越高风速越大——在 6 英尺的高度风速为 8 英里 /h，而在 36 英尺的高度风速增长为 11.4 英里 /h，在 96 英尺的高度则增长为 13.9 英里 /h。从 36 英尺到 96 英尺，风速提高了 2.5 英里 /h，将风力机提升 60 英尺高度，电能输出增加了 100%！

风力发电的光明未来

风能的潜力是巨大的，虽然只占全球发电量极小的一部分，但在 20 世纪 90 年代风能是增长最快的能源，并且越来越普及。德国（风力发电处于世界领先地位）、美国、丹麦和西班牙在风能利用上一路领先。美国的爱荷华州、明尼苏达州和加利福尼亚州是风力资源丰富的区域，其他地区也有很大的潜力。举例来说，在南北达科他州，风能储量足以应付美国电力总需求的 2/3。

尽管风能利用有了大规模的发展，但一定要先仔细研究当地的情况，确保为风力发电机提供足够的风力供应。

有两种不同的风，即阵风和盛行风。平均来说在两个星期内会有 7 天的盛行风和 3 天的阵风。结果证明，阵风虽然只有 1/3 的时间但却提供了 70% 的电力，在无风期间可以用电池储存电能。

风在南北达科他州足以满足美国电力需求总量的 2/3。

从当地供电部门购买绿色能源

幸运的是，你不必安装太阳能电板或风力发电机，同样可以获得地球上慷慨供应的可再生能源。很多公用事业部门可以为其用户提供绿色能源，也就是来自风能和其他可再生能源的电能。在科罗拉多州北部，客户可以从 Excel 能源公司不断扩展的风力发电厂中选择购买风能。客户只要额外支付 2.50 美元每 200kWh，就可以从风力农场购买到清洁能源。

即使你的能源供应商没有自己的风力发电厂或光伏电厂，也可以购买来自可再生能源生产者为您提供的绿色能源。截至 2003 年 5 月在撰写本文时，已有 28 个州的 80 个发电部门提供了各种形式的绿色能源。根据 Blair Swezy 和 Lori Bird 发表在《Solar Today》上的文章 "Businesses Lead the Green Power Charge"，1/3 以上的美国家庭可以直接从本地的公用事业部门或企业选择各种类型的绿色能源。加利福尼亚州和宾夕法尼亚州一直是绿色电力最活跃的市场。

所以，如果您的房子不太适合安装光伏系统或风力发电机，可以通过咨询当地有关部门得知可利用的绿色能源。随着电力市场的放开，每月只需多花少量的钱，就可以从许多可再生能源公司买到绿色能源。

如果当地公用事业领域没有提供绿色电力，我们仍然可以发挥积极的作用，来通过购买具有绿色标签的电能来推动电力行业的绿色电力事业发展。电力公司生产的电只要获得了绿色电力的标签就可以得到少量的补贴。这将支持他们的绿色电力项目在生产绿色电力时所付出的额外费用。虽然我们没有得到绿色电力，但别人将从我们的努力中得到绿色电力。

目前，电力行业绿色标签还不够统一。洛杉矶水电和电力主管部门使用的是绿色电力证书。太平洋天然气和电力公司使用的是风能能源证书。在爱荷华州 Waverly 电力有限公司则使用另一种绿色能源标签。

政府机构如芝加哥、旧金山、塞勒姆、俄勒冈州等地的联邦机构，还有美国环境保护局、美国能源部和美国邮政服务决策小组，已经着手制定统一可行的委托书用来购买绿色电力。不久的将来，随着清洁的可再生能源产量的激增，房主将会有更多的机会来购买绿色电力。目前，虽然绿色电力成本要高一些，但笔者要提醒人们，良好的地球环境来之不易，为保护地球的生态系统，创造可持续的生活方式，在环保能源上多花一点钱是值得的。

第14章

水和垃圾的
可持续处理

　　Michael Reynolds 是美国最有创意的绿色建筑师。他不仅建造了采用太阳能发电系统的被动式太阳能房屋，而且建筑材料大都采用废弃产品，如汽车轮胎等。此外，他还花了大量时间创造并改进了废物利用方式，特别是对水槽、淋浴和厕所等处排水的回收利用。水中的污物被用来滋养植物（图 14-1），而不是被冲入排水系统流入化粪池或污水处理厂。

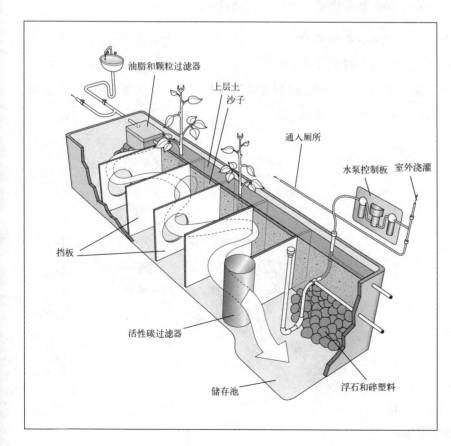

油脂和颗粒过滤器

上层土
沙子

通入厕所

水泵控制板　室外浇灌

挡板

活性碳过滤器

储存池

浮石和碎塑料

图 14-1
该系统有 3 种作用。利用植物既提供了食品和花卉又美化了家庭，还处理了废水。废水通过水槽流入花盆，然后通过一层厚厚的火山浮石进行吸附和过滤，为植物根系提供水分和养料。
来源：Lineworks

Michael Reynolds还在天台收集雨水，并存放在大水箱里。需要的时候，这些水经过滤处理后送入房屋，完全能够保证家庭的用水需求。

虽然收集屋顶的雨水并利用废水来满足植物生长的想法听起来可能有些老套，但这两项技术可以帮助人们解决面临的资源枯竭和环境污染等问题，尤其是为工业化国家提供保证饮用水供应的新方式。在这一章中我们将更加深入地探讨这些问题。

可持续供水

生活用水主要有两个来源：地表水（湖泊、溪流、江河）和地下水（含水层）。不幸的是，世界上许多地区，由于人口不断增长导致地表水和地下水供应日益枯竭。在不久的将来，世界上几乎没有一个国家不面临着水资源短缺。随着最近全球气候的持续变化，当干旱来临的时候，给缺水的城镇供水成为一个棘手的问题。因此，如何在不消耗宝贵的湖泊、溪流、河川和地下蓄水层的同时满足我们对水的需求呢？

保护：使用你所需要的并且高效利用它

节水是保护水资源的重要方式。许多城市由于水管的漏水而流失大量的水，同时也有许多其他途径可以有效避免水的浪费，在公寓和住房安装节水型设施，如节水喷头、水龙头和节水型器具，可以显著节约家庭用水（见图14-2）。

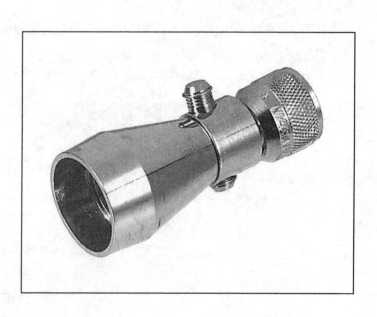

图 14-2
高效喷头有助于在保持舒适性和功能性的同时大幅度降低用水量。
来源：Dan Chiras

在美国许多地区（尤其是在干旱和半干旱气候地区），室外用水（如草坪浇水）占总用水量的比例很大。因此做好室外节水工作是降低用水量的重要环节。如第 15 章所述，为减少水在屋外的消耗可以做很多工作。水作为一种资源，节水的成本总是远远低于修建水库等开发新资源的费用。保护水资源有助于保护河流和野生动物栖息地，还能节省开支。

因此，无论是新购还是新建住宅，一定要尽可能地应用室内外节水措施。这些措施不仅能减少用水需求，降低每月水费，还能更方便的与雨水、融雪等替代水源结合。

雨水和融雪水的收集利用

美属维京群岛，像世界上其他岛屿一样，四面环海，资源广阔。但令人遗憾的是，这些水对人类来说太咸，除非从这个庞大的水库里去除盐分，否则只能望洋兴叹。因此，这里的居民同大多数其他岛屿国家一样从传统的海水淡化逐渐转向天空寻求雨水作为住宅供应水源。落在屋顶的雨水被收集到大型蓄水池储存起来以便日后使用。

在地下水被大规模开采使用之前，蓄水槽就已在美国的许多地方得到使用。即使在今天，一些新的住宅也在建造蓄水池，以收集雨水和融雪水来满足部分或全部的家庭用水。

为获得最佳效果，需要从干净的屋顶表面收集雨水，例如用金属屋顶就不会像典型的沥青油毡瓦一样释放潜在有毒化学品进入水中。水从屋顶流下来，经过排水沟、落水管后经过滤净化进入水箱（见图 14-3）。水箱可以安装在地上或地下，水箱间或地下室。水箱通常由塑料、玻璃、金属、水泥（钢-钢筋水泥）等材料制成。当需要的时候，从蓄水池取水，过滤后使用。

许多家庭将屋顶雨水排水与收集系统进行合并，将水过滤后输入地下蓄水池，以防止尘土、污垢、鸟类粪便和其他潜在的污染物污染蓄水池。

除非收集的雨水仅用于灌溉植物，否则在多数情况下需要用过滤器去除雨水中的微粒和酸性物质等污染物。可以通过组合过滤器去除细菌、有机污染物（比如杀虫剂）、酸和重金属等有害物质。推荐安装带有可回收滤芯的过滤器，这样就不必购买大量的一次性滤芯，从而进一步减少了废弃物排放量。更好的选择是安装包含可再生滤材的

由于室外用水量，如草坪浇水，占总用水量的很大比例，在美国许多地区（尤其是在干旱和半干旱环境中），收集利用雨水来代替部分室外用水显得尤为重要。

通过概测法，每英寸降水，每平方英尺屋顶能够提供大约 0.55 加仑的水。

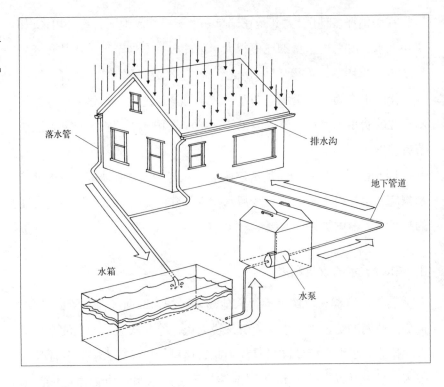

图 14-3
从屋顶收集的雨水和融雪水都存放在一个大的蓄水池中，经过过滤处理后用于洗澡、冲厕、洗碗、做饭和饮用等。
来源：Michael Middleton

落水管

排水沟

地下管道

水箱

水泵

图 14-4
仔细地估计每平方英尺屋顶每年的集水量。注意，这个面积不是屋顶总面积而是下雨时能收集水的总面积，它决定了屋顶将能够获得多少水。
来源：Michael Middleton

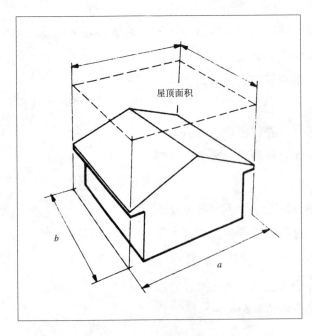

屋顶面积

b

a

系统，这种过滤媒介能够周期性地清洗废物从而实现再生，实现长期使用。

　　除了保证家庭用水的纯净度，在决定安装雨水收集系统之前，还必须考虑其他事情。特别是每年能获得多少水，这些水是否能够满足需要？根据概测法，每英寸降水，每平方英尺屋顶可以提供大约 0.55 加仑的水。举个例子，如果屋顶面积为 2000 平方英尺，所在区域每年有 20 英寸的降雨量，如完全收集，将能获取 22000 加仑水。不要按照您的屋顶的实际面积进行计算，要按照可以集水的有效面积进行计算，如图 14-4 所示。

　　蓄水池应该足够大以满足你和你的家庭度过每年最干旱的季节；我一般建议增大蓄水池的体积。为了防止水用尽，蓄水池应该能与送水车连接。蓄水池应该安装有溢流装置，在多雨的时候及蓄水池达到其储存能力时可以溢流。确保安装有泄水阀，使其能够排干水池中的水。另外，确保能够容易地对蓄水池进行清洗。在寒冷的季节，为防止结冰，可能需要对蓄水池采取保温措施。同时应该保护地上蓄水池免受阳光照射，例如玻璃钢蓄水池应涂有凝胶涂层。

雨水收集系统不仅可以减少对地表水和地下水的依赖，而且在其使用期间还能节约相当可观的能量，因为地下水需要从深井中抽出，市政供水也需要大功率的水泵。当安装雨水收集系统时，不要期待巨大的经济效益，该系统并不是一本万利的，但与传统的地下水供水系统经济性相当。雨水收集系统初期投资可能比传统供水系统（城市或乡镇供水系统）花费更多，但系统一旦运行，可以迅速产生节水效益，因为您将不用支付每月的水费。而且，您不用苦恼于用尽存水，在很多地方，商业送水工能够以合理的价位运送干净、清洁的水。

如果你对安装雨水收集系统为家庭提供饮用水心存顾忌，可以考虑将收集处理后的雨水为庭院、树木和草坪浇灌供水，并可以为市政供水、井水或中水系统提供补充。另外，蓄水池还能够成为备用的消防水池。要想了解更多关于雨水收集系统的细节，您可以查阅本书第13章，或阅读其他一些关于雨水收集系统的书籍，譬如 Suzy Banks 和 Richard Heinichen 合著的《Rainwater Collection for the Mechanically Challenged》。

从废物中提取养料

大部分水进入我们的房屋经短暂的停留后，被废物污染然后排出室外。也就是说，我们其实仅仅消耗了用水量中极小的一部分用于饮用，我们在淋浴、洗涤时却使用并污染了大量的水。各种污水汇集后通过管道输送到房子外面的化粪池或污水处理厂。

在污水处理厂中，大多数废物被迅速的提取或分解，残余的水被氯化，然后排入附近的地表水系——河、湖、海湾或海洋中。有机废料从污水中被提取，以污泥形式掩埋在垃圾填埋场或用作农业肥料。

在这个分解系统中，废物在池中被分解，随后，经过滤装置（见图14-5）过滤，固体废物在池中积累，需定期清理后送到当地废物处理站。

与社会的许多方面一样，家庭污水是线性系统的一部分——营养成分从农场等来源单程流入，在自然界中由有机体变为食物，最终又成为营养成分完成循环。这种循环保证了生活的可持续并且防止自然环境中的毒性物质达到不能忍受的水平。

大部分水进入我们的房屋经短暂的停留后，被废物污染然后排出室外。也就是说，我们其实仅仅消耗了我们使用的水中极小的一部分，但我们在淋浴、洗涤时却使用并污染了大量的水。

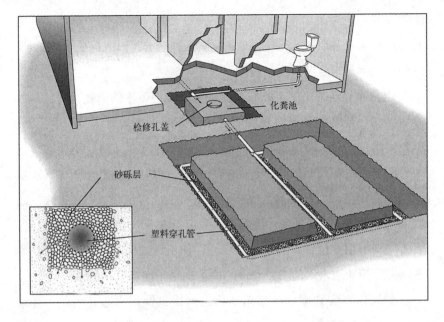

图 14-5
乡村地区的分解系统，包含接收灰水和黑水的化粪池。废物在池中被分解，液体部分流入埋于地下的管道。

来源：Lineworks

化粪池

检修孔盖

砂砾层

塑料穿孔管

我们从自然界中得到的启示就是在废物管理过程中，应该创建更多的将废物转变成可用之物的循环系统。幸运的是，我们有许多方法可以追随自然的脚步。

灰水系统。灰水是从卫生间、杂物间、淋浴、浴盆和洗衣机流出的污水。家庭污水中大约80%都是灰水，包含大量可再生利用的水和许多对植物和土壤微生物有用的营养素。

灰水系统可以收集并有效循环利用这些废物，对污水进行归类有助于回收利用这些有利的成分。最简单的办法是将塑料盆放置在厨房的水槽中回收污水。漂净的水可以用来灌溉植物。另一个简单的系统是将洗衣机上的排水管（见图14-6）直接连接到户外的植物。更多复杂的系统包括接收从洗衣机、水槽和一系列的水龙头或管中流出的灰水，这些灰水被用来浇菜（见图14-7）。

最佳结果是，灰水应该被立刻使用。如果它在储存箱中停留，即使停留很短的时间，也会随着有机物的分解而变臭。虽然还没有发现灰水引起的人类疾病，但多数灰水系统的规范都要求将有机物沉积在地表下（植物根系附近），或树皮、沙子等多孔材料上（见图14-8），避免灰水聚集在人、宠物或野生生物生活的地表附近。

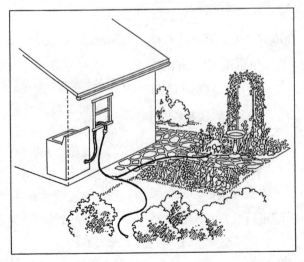

图 14-6
最简单的中水系统仅仅包含将洗衣机中的水排到户外。灌溉植物时务必保证没有使用漂白剂和传统的清洁剂。使用可生物降解的清洁剂，最好是有利于生物生长的清洁剂。

来源：Michael Middleton

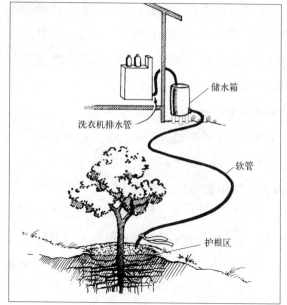

图 14—7
储水箱可能被用来接收从洗衣机流出的水，然后缓慢地被植物消
耗掉。
来源：Art Ludwig

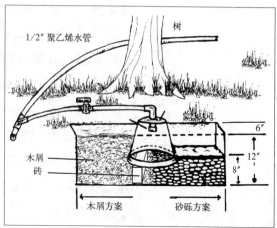

图 14—8
灰水在地下的微型过滤器中被分解掉是最好的结果，就像这里所
示的，避免灰水在地表积存。

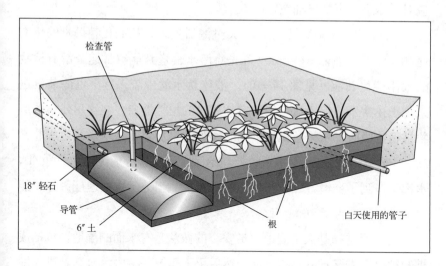

图 14—9
在 Watson-wick 过滤器中，
灰水和黑水进入渗透装置，
过滤后的水通过浮石层流出。
植物在表皮的土壤层生长，并
把根伸入到浮石层，吸收营养
和水分。
来源：Lineworks

　　灰水可用于灌溉蔬菜、花园和果树，但多数专家推荐它只用于灌
溉番茄、南瓜等果实结在地面以上的植物，而不用于灌溉土豆和胡萝
卜等地下茎植物。当浇灌庭院时，确保灰水不要积存在地表。

　　一种在地表之下应用灰水的创新方式是 Watson-wick 过滤器，
由南新墨西哥州的 Tom Watson 发明。如图 14-9 所示，这个系统首
先在房屋地面附近的坑中放置称为渗透装置的塑料设备，然后将浮石，
一种轻质、多孔透水的火山岩埋入坑中，并用土壤覆盖。将果树和蔬

菜种植在覆盖的土壤中。将灰水注入渗透装置，灰水经初级过滤后流入浮石层，在那里它被存在于浮石层中的细菌和其他微生物分解。随着植物的生长，它们的根通过土壤扎入浮石层，进一步获取营养素和水，使家庭废水得到很好的利用。

在大多数地方，灰水被用来灌溉室外植物。实际上，灰水也能在户内使用，例如，给家中室内盆栽植物浇水。有许多方法可以实现户内的灰水利用。Michael Reynolds 设计了一个室内培植器皿，如图14-1 所示。将灰水注入成排的培植器皿，然后流到岩石层下部，随后流经土壤和植物下面的浮石层。当灰水流经培植器皿时，营养素被浮石层中的细菌和其他微生物分解。像在 Watson-wick 过滤器中一样，植物的根生长到浮石层中，吸取水和营养素，在室内的培植器皿中茂盛的生长。

黑水处理系统。20% 的家庭废水来自于洗手间和厨房水槽中，包含肉类的血液和清洗蔬菜的污物（颜色更显棕色），这种深色污水也被称为黑水。黑水比中水危险，因为它可能包含致病性微生物。所以，应对黑水进行更加仔细地处理。

黑水可以通过 Watson-wick 过滤器处理，从而代替昂贵的化粪池和沥滤场。然而 Reynolds 首先将污水输送到能够加速分解有机物的太阳能化粪池（见图 14-10）。液体从水池中流入这个过滤装置进入与上述灰水培植器皿相似的室外成排的培植器皿。在这里残余的废物被植物吸收，水被净化。早期的实验结果显示，这些系统效率非常高。一次野外试验表明，被系统处理的污水硝酸盐含量仅为 $0.5mg/L$，水都干净到了令地方官员产生怀疑的程度。当地污水处理厂最好才能处理到硝酸盐含量 $10mg/L$。

另一个选择是人工湿地，最安全的做法是有水面的湿地，包括成排的被碎石或浮石填充的洼地，然后用土覆盖。室内污水全部排入地下系统，清除任何与人、宠物或野生生物相关的污物。有机物被岩石或浮石中的细菌分解。长在土壤中的植物从污水中吸收水分和营养素。

表面湿地可以用于家庭污水处理，但市政部门和企业使用的更多。在该系统中，污水流入成排的池塘，池塘周围生长着大量的蔬菜，通过这些植物和土壤中的微生物清除废物。污水经一个池塘处理后流入下一个池塘逐级净化处理。

堆肥厕所。另一种可以处理卫生间污水的装置是堆肥厕所，这种

最好的结果是，灰水应该立刻被使用完。如果它在储水箱中停留，即使很短的时间，它也会随着有机物的分解而变臭。

图 14—10

太阳能化粪池利用太阳能加速污物分解。从这个系统中出来的污水并不是排到沥滤场中，而是通过管道输送到成排的培植器皿用来培育植物。

来源：Earthship Biotecture

厕所不仅可以生态地处理卫生间污水，还能够有效地消除异味。一间堆肥厕所包括一个坐便器和一个污物储藏容器，污物储藏容器安装在坐便器下，在那里粪便和尿液被沉积和分解，进而被好氧微生物堆肥。污物中的液体通过通风管蒸发掉。

一个功能完善的堆肥厕所，可以将人类排泄物中的有机物快速地分解成干燥、蓬松、无气味的肥料，这些肥料能为土壤提供营养。

堆肥厕所可以从制造商处购买或在现场根据标准建造。最佳的堆肥厕所是由 Sun-Mar 生产的。在这个系统中，污物被沉积到一个转动的桶中，并在那里堆肥。桶不停地转动以加速有机物的氧化分解。氧气通过装置前面的孔进入，这样就在系统中形成了气流，通过通风管带走所有气味。当桶填充到自身容量的 2/3 时，曲柄转动，部分被分解的污物流到装置底部，在这里有机物被最后分解和干燥。当整个过程完成后，装置底部的盒子被移走和清空，倒入花园土壤中，通常一年只需要清理 1 ~ 4 次。

Sun-Mar 堆肥厕所在适当的温度下几个星期即可将人的排泄物、卫生纸和厨房污物转换成天然堆肥，比化粪池系统分解速度快 100 多倍。该厕所已经通过全国卫生基金会的鉴定，并且被加拿大政府批准采用，因此相对容易地获得了美国和加拿大的安装许可证。

一些读者担心堆肥厕所会不会引起疾病，其实这种担心是不必要的。根据当前的科学证据，正如《The Humanure Handbook》的作者 Joseph Jenkins 所说："在任意一间堆肥厕所中，几个月的发酵时

堆肥厕所可以划分为两大类。一类是堆肥系统与卫生间分离的厕所，其坐便器和粪便收集处理器通常分开布置，例如将粪便收集处理器布置在卫生间外部或卫生间下面的地下室中。通常有以下 3 种基本类型：无水厕所，超低水量冲洗（微冲）厕所，粪尿分类收集厕所。

第二种选择就是我们通常所说的独立装置。它是将洗手间坐便器和粪便收集处理器等所有零部件组合在一起的集成装置。

功能完善的堆肥厕所可以将人类排泄物中的有机物快速地分解成干燥、蓬松、无气味的肥料，为土壤提供营养。

间足以杀灭几乎所有人类病原生物"。因为人类病原生物离开人体之后不能存活很长时间。另外，堆肥厕所中的酸和细菌也能够破坏病原生物。

Jenkins 接着建议，当人类能够合理堆肥时，就可以利用人类自身产物为果树、花坛甚至菜园施肥。他补充说："众所周知，被回收再处理做成混合肥料的人类排泄物中含有潜在的致病微生物，其危险程度与人的健康状态有关。健康家庭堆肥生产和使用中的危险是非常低的。"

如果你听到了关于堆肥厕所的负面信息，那是因为早期没有按照正确的做法执行。然而，多年来堆肥厕所制造商在他们的设计中做了大量重大改进。就如《The Composting Toilet System Book》的作者 David Del Porto 和 Carol Sceinfeld 描写的那样："许多堆肥厕所运行的甚至比系统设计者和制造商要求的更好。并且越来越多的堆肥厕所出现在主流卫生间里。"现在堆肥厕所正在被数以万计的美国家庭满意地使用着。可以通过 Gaim Real Goods 和其他供应商获得相应产品。

满意度和服务

创造可持续住宅需要采用各种各样的措施来减少住宅在建造和运行期间对环境的影响。水处理系统具有非常高的投资价值。无论什么时候，都要研究这些课题，特别是要深入的研究中水系统，或者聘请专家指导和设计这些系统。设计良好的系统可以长久地提供满意的服务并且对环境没有任何影响。

第 15 章

环境友好型景观

George Mitchell 是得克萨斯州的开发商。与大多数同行不同，Mitchell 选择和自然合作，而不是对自然发动战争。在休斯敦附近的一块森林地带，他将他的想法付诸行动，基地选择在一块树木繁茂并且拥有完整自然排水条件的高地上，该地也是野生动物良好的栖息地。房屋和道路的设置同样考虑了保护蓄水层，地表水经渗透成为地下水，并供应休斯敦附近的地区。

在森林地带，通过自然排水省去了雨水管，可以节省 1400 万美元！1979 年左右，在项目完成后不久，该地区遭遇大雨，导致径流增加了 55%。相比之下，那些没有保留自然排水设施的区域，径流增加了 180%，造成了相当大的破坏。

这个例子表明了环境友好型景观的一个最重要但经常被忽视的方面：需要保护自然面貌。通常，环境友好型景观被用来阻挡不好看的景色，在提供树荫的同时也美化了建筑的外部环境。但在今天，越来越多的园丁追求更大范围的环境目标，从建造期间使用本地植物恢复绿地，到提升本土野生动物种群的健康水平，再到提高家庭能源使用效率和住宅的舒适性。就像这本书里提到的许多想法，环境友好型景观既能节省资金又能减少污染以及对环境的破坏，可以创造多赢的局面。也就是说，对人类健康、经济和环境都是有益的。

在这一章，首先简要地回顾一下有利于节能的景观绿化。然后我们将讨论自然排水设施，减少景观用水，以及如何营造适应野生生物种群的景观绿化。最后我们将介绍使用本地物种美化景观的重要性，使土地可以生产食物、纤维及其他的基本必需品。

今天，越来越多的园丁在追求更大范围的环境目标，从建造期间使用本地植物恢复绿地，到提升本土野生动物种群的健康水平，再到提高家庭能源使用效率和住宅的舒适性。

高能效的环境绿化

回顾第 11、12 章可知，植被和绿化是节能设计的关键。它们可以使住宅在冬季更暖和，在夏季更凉爽。高大的树木，在夏天提供树荫并通过蒸腾作用创造更加凉爽的环境。树荫和蒸腾作用提高了自然降温水平并且可以节省大量的燃料消费。但是，如同遮阴对夏季舒适度的重要性一样，需要仔细地布置树木以确保冬季的太阳能采暖效果。住宅的南向遮阴可以显著减少太阳辐射热，落叶树甚至在秋天落叶以后还会阻挡阳光，从而减少太阳能的获取。并且，如果太阳能热水集热器或太阳能电池板被设置在屋顶的话，更要谨慎的遮蔽屋顶。太阳能电池板上一小块遮阴也能显著地减少整个光伏阵列的输出（图 15-1）。

小树和灌木丛应该种植在房屋的东西两侧，使房屋在夏季免受低角度阳光的照射。树和灌木也可以根据主导风向布置，起到导风的作用，在夏天也可以提供自然降温。

树在冬天也能提高热舒适性。在房子的上风向种植树木，可以保护房子免受冬季冷风侵袭。在寒冷的季节，如能沿着房屋种植杜松等常青灌木，会对室外冷环境起到轻微的缓冲作用，减少热量的流失。

尽管景观绿化策略在每一个地方都各不相同，但在设计时必须依靠传热知识和气候特性，满足采暖降温要求。如果想了解更多，可以查阅 Moffat 和 Schiler 所著的《The Natural House》、《The Solar House》、《Energy-Efficient and Environmental Landscaping》。

图 15-1
郁郁葱葱的树木，不仅能美化你的家，还能为住宅遮阴。通过蒸发降温，能缓解全球变暖的问题。
来源：Dan Chiras

自然排水

排水不畅的场地可能会成为居住者的噩梦。糟糕的排水系统可能会导致地下室受潮，致使存放在那里的物品发霉或损坏。潮湿的地下室还会因为发霉而引发潜在的健康问题。

水汽的积聚也会导致房屋结构的损坏，特别是在寒冷的季节，当水汽在基础下面的土壤中凝结进而结冰时，会造成土壤体积膨胀，可能会导致基础位移和裂缝，从而引起房屋墙体的开裂，带来较高的修理费用。当严重到一定程度时，结构便会丧失承载力。

就像 George Mitchell 所说的那样，自然排水策略造价较低但效率很高，自然排水对环境的破坏也远小于常规方式。

自然排水设施利用已有地形排走暴雨和融化的雪水。因此，首先需要为我们的住宅仔细地选址，使水能够自然排走。如同 Mitchell 在森林地带做的一样，在较高的地方修建住宅，但不要选择在水可能流经的地方。同时要避免将房屋建造在洼地等水流自然积聚的地方。保留现有的地貌能够提升自然排水设施的综合效益。

自然排水也需要最大限度地减少对原有地貌的破坏，尽量保存已有植被。一个植被生长得好的地点就像海绵，可以吸收雨水和融雪水。渗入到土壤中的水越多，地表的水越少，地表水径流会导致土壤侵蚀，并会对住宅造成破坏，然后冲入附近的小溪和河流中。渗透到地下的水分可以滋养植物并补充地下水供应。渗入到地下的水越多，房主花费在绿化上的水费就越少。

地面径流量随着不透水表面面积的减小而减少。在任何情况下，建造者都可以采用多孔渗水的铺路材料代替混凝土或沥青（见图15-2)，这些材料可以铺设在停车场、车道、走道和院子里，用土、草或碎石垫起来。多孔渗水铺路材料，如果铺设的恰当，可以为车辆和行人提供一个相当结实的路面，而落在上面的水都渗透到了地下。

建造者采用的另一个减少地面径流的方法是在不渗透的表层，比如在人行道和街道之间布置草皮或花园，这样就可以让水从人行道流入到植物生长区，而不是排水沟里。这不仅减少了进入下水道的水量，也可以且浇灌草坪和其他植被。

建造新家时，一定要研究周边区域。建设场地高地势处由于过度放牧等粗劣的土地管理方式形成的土壤剥蚀区域，能够显著增加地面径流，导致土壤的侵蚀，加剧小溪、河流、湖泊的淤积。为了保护你

> 一个植被生长得好的地点就像海绵，可以吸收雨水和融雪水。植被增加了渗透到土壤中的水量，有效地减少了表面径流。

图 15—2
使用多孔性渗透材料替代混凝土和沥青做路面或天井。这种路面稳定性好，允许水分渗透到地下补充地下水，同时避免了雨洪泛滥。

来源：Nonpoint Education of Municipal Officials, University of Connecticut

的住宅和附近水系，可能需要在被剥蚀的区域补种植物恢复植被。如果你没有那块地的拥有权，可以和那块土地的所有者协商一起种植，你的努力和投资将会有很好的回报。

和自然一起工作——选择合适的建设场地，让住宅远离麻烦区域，利用现有的地形进行自然排水，保护植被，对被破坏的土地进行再植，这样可以节省很多资金和麻烦。从长远来看，我们将会通过与自然合作而获得更有利的地位，自然远比我们更了解自己。

环境绿化节水

在第 14 章中，我讨论了户内节水的重要性，可以通过使用高效的淋浴喷头等措施实现家庭节水。我注意到，许多家庭特别是干旱地区的家庭用水量主要用于浇灌草坪。在这些地区，绿化节水非常有意义。怎样做才能减少室外用水量呢？

保证你的绿化区域土质良好，这就意味着表层土必须厚实且富有氮、磷等无机营养素和有机物。富有营养的厚实的表层土可以为草和其他植被提供营养。土壤中的有机物为土壤中维护植被健康的细菌提供了有利的环境。有机物也能像土壤中的海绵一样储存水，因此水落到庭院或草坪后可以渗入到更深的土壤层中。

如果土壤缺乏营养，种植之前就需要整理，使肥料进入土壤。如果土层太薄（少于 8 ~ 12 英寸深），就需要购买额外的地表土。

一旦土壤处于良好的状态，就可以通过种植不需要水或仅依靠雨水就可以存活下来的植物来获得更大的收益。在北美洲许多干旱的地区，越来越多的人开始种植节水型花园，节水型花园对水的需求可以减到最低程度。节水型花园并不意味着你的前院草坪上种满了仙人掌。多年来，我发现有许多色彩鲜艳、非常漂亮的耐旱花卉、灌木、乔木能够亮化风景。

节水型花园必须要有明智的计划和设计，例如，在人行道、车道，或落水管旁安置用水量多的植物。在这三个地方，需水量特别大的植物可以专设灌溉设施。除了根据需水量分组布置植物外，熟练的花匠还会同时考虑植物对光照的要求及维护量等因素。

节水型花园减少了院子的植草量，特别是那些规模较小，且浇灌和管理困难的庭院，因为普通的草坪草需要许多水，为了避免蒸发损失太多水，许多节水型花园种植耐旱的小麦草类植物，不仅节水，而且生长较慢不需要经常修剪，还能够显著减少因割草导致的大气污染（参见 sidebar）。我在丹佛的后院种植了水需求较少的草，这种草有一点水就可以存活。而我的邻居在整个夏季每 3 天就要浇一次水。在草坪上种植遮阴树和灌木也能减少蒸发利于节水。

在清晨或傍晚浇水也可以减少 60% 以上的水耗。安装自动喷灌装置就可以省去到处拖拉水龙头和喷水头。但是，务必设置定时器在日出之前的几个小时或日落以后喷水。在白天浇水，水大量蒸发会导致巨大的损失。最好深夜浇水并且降低频率。深夜浇水可以保证植物的根扎的更深，并且保证植物更抗干旱。同时，确保自动喷灌装置不要将水喷到路边、街道和车道上。

不幸的是，传统的喷灌装置因蒸发和径流损失了 30% ~ 70% 的水。根系灌溉系统是更好的选择，该系统通过埋在地表以下的管子浇灌草地。滴水灌溉系统对浇灌树、灌木和花是非常理想的。它们通过植物根部附近的细管缓慢滴水。根系灌溉系统和滴水灌溉系统都可以减少室外用水量，并为房主节省大量的时间。使用时注意避免管道漏水。

使用护根，或在花园、菜园以及树木周围的土壤表面堆肥也有利于减少室外用水量。护根减少了从土壤中蒸发量的水量和对浇水的需求。

关于这个主题更多的内容，推荐联系当地的供水部门或苗圃。在干旱地区，许多供水部门为室外节水提供了免费咨询。特别是为绿化环境选择合适的植被时，州农业推广代理商也做了一些协助工作。可以登录 www.waterwise.org 查找室外节水的方法。关于这个主题也可以参考环境资源公司出版的《The Resource Guide to Sustainable Landscapes and Gardens》。

注释

研究表明，自动喷水系统比人工浇水多消耗 20% ~ 30% 的水量。这主要归结于过度的浇灌和泄漏。使用喷灌装置的房主应该考虑使用滴灌系统。

与您所在州的农业推广办公室联系

美国农业部资助了州农业推广办公室的绿化节水项目，能够提供适合当地气候类型的植被信息，并且提供关于滴灌和有机肥料的信息。为获取联络名单，请登录 www.reeusda.gov/ 点击 "State Partners"。

种植本地物种

由于典型的绿化草坪对于大多数野生动植物来说几乎没有提供什么好处，因此减少草坪规模，并且用各种各样的本地植物进行替换，将使院子更

种植本地植物对保水是十分必要的，就像前面提到的，也是保护当地野生动物的需要。本地植被能够在极端气候下生存，在当地苗圃中卖的更好。一旦种植，本地植物不需要像外来物种那样需要经常的维护。比如，它们对当地昆虫具有良好的抵抗性，因为它们早已适应了当地的自然条件，不需要频繁额外的浇水和施肥。因此，绿化你的住宅时，请务必选择本地植物。在我们这个地

天然游泳池：未来的潮流？

游泳池在许多地方都很受欢迎，为人们提供了休闲娱乐的场所。但游泳池也有很多缺点：例如耗水量大。在需要加热水温才能使用的地区，还会耗费大量能源；此外，还需要格外小心地确保化学平衡；其中还加入了氯和酸等有潜在危险的化学品；并且修建价格昂贵。

然而，还有其他的选择，那就是天然游泳池。

"海滩裸泳风靡欧洲……天然游泳池的流行只是一个时间上的问题，"Michele Taute 在《Natural Home》杂志中写到。天然游泳池在欧洲渐渐地受到越来越多人的欢迎，但美国人对此持怀疑态度。作为先驱，奥地利一家名为 Biotop 的公司从 1985 年就开始研究天然游泳池。天然游泳池正在德国、瑞士、荷兰和英格兰逐渐兴起。到目前为止，该公司已经投资修建了 1500 多个天然游泳池。

天然游泳池不需要每个季节末都将池内的水排干，几乎不靠外界能源的供给，而仅依靠植物的天然过滤作用和化学平衡就可以实现水的净化，与传统游泳池相比能大大降低成本。天然游泳池就是在后院开挖一个尺寸适当的"池塘"。其边缘斜坡缓缓地向更深的中部延伸；不需要混凝土或水泥块。池塘由膨润土或人造合成垫层做底层，上面覆盖 5 英寸厚的干净砾石层。

砾石层为微生物提供了栖息地，有利于池塘底部树叶的生物降解及其他天然物质的积累，据说 Douglas Buege 和 Vicky Uhland 在《Mother Earth News》一书中对天然游泳池有详尽的描述。浅层植物区提供额外的水净化（见图 15-3）。这里

生长着百合、莎草、芦苇和其他水生植物。微生物与植物的根系均可净化水质，清除污物和过量养分。据 Taute 所说："这些微生物可以使天然游泳池保持清洁，符合欧盟严格的水质标准。"

浅层植物区与游泳区由低于水表面 1～2 寸的围墙或栅栏分隔，这使得水可以自由流动并进出植物区。同时，阳光加热过滤区内的水，并缓缓注入游泳区使其升温。此外，青蛙以昆虫幼虫（特别是蚊子）为食，这里为它们提供了良好的居所。因此，天然游泳池周边蚊子不是问题。

有些天然游泳池需要曝气和额外的过滤，最常见的是一种廉价滤网，它可以避免泳池附近树木上的叶片和豆荚种子掉入水中，构造简单、造价较低、易于操作、节能高效。

为了更多地了解天然游泳池，我们联系了 Biotop 公司，参考了该公司的文章以及 Tim Matson 在资源指南中所列出的《Earth Ponds Sourcebook》一书。

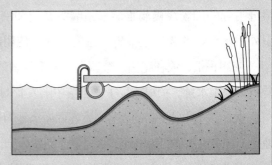

图 15-3
天然游泳池周边的浅水区生长着各种水生植物和微生物，它们能够净化水质，为游泳者营造一个健康、清洁的游泳环境。

方，许多苗圃开始储存本地的草、花、灌木和树。并且通过邮购方式出售本地植物。可以联系您当地的农业推广办公室咨询更好的意见。他们应该能够提供适宜物种的清单以及关于如何购买的建议。本地的政府水务部门将节水作为保障供水的工作措施的话，应该也能在本地植物作为耐旱植物方面提供一些建议，包括供应商的相关信息。

加适于野生物种生存。减少或停止使用除草剂和杀虫剂减少杀灭一些昆虫能够保护许多野生生物物种的食物来源。

可食用性景观及永续生活

不可否认，草坪很美观，但它没有其他的用途。人们不能食用它们，也不能把它们转换为燃料。虽然孩子们可以在草坪上玩耍游戏，但草坪确实是一种外观漂亮却毫无用处的装饰品。但是什么可以替代

为野生动物美化环境

几年前，在我写另一本书时，发现一只罕见的黑色赤狐趴在前方的草坪上。这只小巧漂亮的赤狐猛扑向前方，从地道里捕食了一只毫无戒备的田鼠，接着剥皮吃掉猎物。看到这一幕我十分惊讶。

看着这只奇特的动物在未除草的草地上捕食，我很高兴。因为我喜爱又长又厚的草坪和野花，它们就像海中钻石一样闪闪发光，厚厚的草地提醒了我景观美化的重要性，它为野生动物提供了食物和庇护所。

野生动物是乡村田园生活的重要组成部分，也常存在于郊区、城镇甚至城市（朋友曾在洛杉矶发现了狼！）。在日益扩大的丹佛市郊区，看到狐狸、松鼠、臭鼬、浣熊在院里觅食并不奇怪。还常常发现各种鸣禽和昆虫，甚至是美丽的蝴蝶。

由于人类住房对本地物种有很大的影响，很多人在寻找为流离失所的动物提供住所的方法。我并不是要大家为建造动物栖息地买单。也许浣熊并不讨人喜欢，但是可以促进小鸟、蝴蝶等其他讨人喜欢的物种的生长。对国家或省内野生动物资料进行调研，可以了解周围野生动物的情况以及如何为其创造栖息地。全国野生动物联合会制定了一个计划：把信息提供给那些有兴趣将自己院子的一部分改换成野生动物栖息地的房主。如果有意参与"后院野生动物栖息地计划"，可以按照资源指南中列出的地址联系他们，而且你会发现很多有关这个计划的文章。保护栖息地在建设中是最简单、最符合成本效益的做法。防护措施在第2章中有概述（图15-4）。

图15-4
小水池为野生物种提供栖息地和水域。

它呢？为什么不是一个可食用的景观？为什么不将草地改种果树、胡萝卜和西红柿呢？而当在做以上事情时，为什么不考虑种植树木来做柴火呢？

随着永续生活方式的日渐流行，在住宅周围创建能提供食物、纤维、燃料和其他重要资源的实用性景观的想法在城乡得到越来越多的推崇。由两名澳大利亚生态学家 Bill Mollison 和 David Holmgren 创造的术语 permaculture（永续生活）是由其他两个术语 permanent agriculture（永久性农业）和 permanent culture（永久性文化）组合而成的。

永续生活依赖于生态设计原则。据一名在旱地永续生活研究所工作的教师 Brad Lancaster 说，"通过学习镜像自然环境的运行模式，我们发现可以建立高收益的、多产的、可持续利用的耕地生态系统"，"那是一个具有多样性、稳定性和恢复力的自然生态系统"，无论在自己家后院还是前院都可以建造。

在永续生活的道路上你不会孤单，随着人们对环境友好和自给自足生活方式的追求，永续生活正在全世界不断传播。

永续生活可以实现可持续发展的双重目标：关怀人类、关怀地球。虽然当前重点提倡的是通过耕种植物来提供蔬菜、水果、纤维和其他资源，但永续生活还包括养鸡和牲畜等其他活动，为人们提供食物和衣服。动物有助于促进生态系统的多产。以养鸡为例，鸡以花园中的害虫为食，而粪便可以施肥。

永续生活的原则可以应用在城市、农场和一些遥远的辽阔的地方。虽然这个想法对于城市和郊区的建设者来说有些荒谬且不切实际，但是房屋四周的景观可以提供给你和你爱的人。

郊区的某些庭院已变成了种植农作物的场所。Kimberly Reynolds 和她的丈夫带着 4 个孩子住在郊区的一套小房子里。在他们只有 20 英尺 × 20 英尺大的小花园中种植的玉米和番茄足够一冬天吃的，剩余的冷冻并储存在冰箱中，吃时用微波炉加热一下。有时还会冻些小西葫芦、青椒和辣椒。黄瓜可以制成味美且食用方便的腌菜，甜菜也是腌渍的。厨余垃圾倒入堆肥桶，并转化为丰富的有机物，作为肥料施于花园中。家中取暖用的薪柴来自邻居砍伐的树木。Kimberly 说："我并没有生活在农场或偏远的山区——这些地方远不及郊区这个被我母亲称为乡村的地方，我只是另一种拥有半亩田地和

永续生活主义者认识到，如果没有自给自足的农业基础，就没有任何文化能传承下去。

在线帮助：永续生活和环境绿化

永续生活简介：概念与资源。下面这个网站有丰富的资料、通信、期刊、组织遍及全世界，具有很高的价值。

www.attra.org/attra-pub/perma.html

永续生活、可持续的生活和谋生方式。下面这个网站提供了大量与其他网站的链接，涵盖了很多关于永续生活的话题。csf.colorado.edu/perma/

可持续建筑的资源手册，请查阅高能效景观栏目。http://www.greenbuilder.com/sourcebook/

砖瓦平房的郊区居民。我们的院子很小，但即便是在这样一个小小的地方也可以使一个家庭自给自足。"

图森市永续生活学者 Brad Lancaster 已设想出在城市环境中怎样才能生活长久。Brad 和他的弟弟在郊区附近购买了一栋破旧的房屋。多年来，两个年轻人对该不动产进行了不断修缮，改良了土壤，维修了房屋，将其变成了一个自给自足的生活绿洲。通过把房子刷成白色来减少吸热。此外，增设了挑檐，种植了葡萄（也是水果），这些葡萄藤顺着线往上爬以利于夏季遮荫，还种植了树木和蔬菜，屋顶收集的雨水可以用于灌溉。夏季甚至可以在室外用太阳能烤箱做饭。夜里打开窗户，凉爽的空气吹入室内赶走白天积累的热量。

冬天，用太阳能采暖，热量通过南向窗户进入室内，不足的部分用壁炉作为辅助供热，烧的木柴来自自己种植的树木。全年由太阳能热水器提供热水而不需要其他设备。

屋顶安装的太阳能电池板由两块组件组成，为吊扇提供电力，吊扇则由旧自行车零件制成。"吊扇是由光伏发电驱动的，因此也属于太阳能降温"，Lancaster 说到。过程虽然很慢，但可以肯定的是，一切都可以自给自足，而且全部在城市中实现。

不知疲倦的 Lancaster 还组织了一年一度的植树活动。自 1996 年以来，他和他的邻居们种植了 800 多棵树。"社区环境得到了美化，邻居们渐渐彼此了解，随着 Sonoran 沙漠的植被增多，人们彼此沟通更多，当地市中心鸟的数量和种类也逐渐增加"，Lancaster 说到。他还组织建立了天然有机的社区花园，迷你的天然公园和果园。

若有兴趣跟随 Lancaster 的脚步，请参阅《Superbia》，该书是笔者与 Dave Wann 一同编写的，其中就如何在郊区生活得更自给自足、更经济提供了丰富的见解，并根据实施难度对这些见解进行了分组归类（这本书和已经发表的关于该主题的文章被列在资源指南里）。

作为既能看又能吃的景观，菜园是一个极好的选择。很多果树可以丰富您的餐桌。如果有壁炉或砌筑炉，种植树木或许会满足您对薪柴的需求。一些生长迅速的树木就是很好的选择，例如三叶杨。当然，还有其他的很多选择。

"在家里，每年弟弟和我收集 10 多万加仑的雨水，这些雨水足够城市 1/8 面积大的地方应用。这些雨水灌溉长成的树木、花园、景观形成了天然空调，把野生动物的栖息地变得美丽，还可以提供食物、药物等。通过景观遮阳，该建筑降低了 20 °F 给人清凉的感觉，减少了水和能源的花费。除了该住宅以外，我帮助其他人做同样的事情，营造小股泉水，提高水井的级别，并设置了遮荫、美化了街道"。

Brad Lancaster
www.harvestin—
grainwater.com

一个用于休闲娱乐、享受午后阳光、节约资源的场所，是庭院式生活中不可缺少的要素，它使你的生活更加舒适、惬意。院子可以吸收雨水、融雪水，防止水患，保护有限的水资源，为蝴蝶和鸣禽提供栖息地，甚至提供人们可食用的水果和蔬菜。

后记
使你梦想成真

1995 年，笔者开始建设一栋艺术级的环保建筑。笔者认为在绿色建筑方面有很多关键技术，需要大量的知识和经验，如被动式太阳能采暖和降温技术以及使用天然建筑材料等，但由于经验不足，笔者征求了一位来自科罗拉多斯普林斯的专家的意见。他对该类型的建筑有许多经验，笔者很欣赏他的想法和所提供的草图。所以，笔者雇用他设计出一套图纸。经过几次电话联系，3 月份，设计方案初步完成，而笔者对于他取得的微小进展表示失望。

见面后不久，他便卷着笔者辛苦赚来的 2000 美元现金和部分完成的设计图纸失踪了。笔者最后一次听说他是数年后的一个谣言：他曾为我设计建筑。

不用说，这样卑劣的做法是让人气愤的。

闹剧过去几个月后，笔者聘请了两名有知识、有信誉的专家帮我处理全部的工作。这次，他们之间的合作取得了丰硕的成果。两人及时设计出了一整套方案，并很快在科罗拉多州的 Evergreen 为笔者建造了住宅。由于从未接触过建筑理论，不久便发现自己在学习中走的弯路很多。事实上，正是这种经历使笔者确立了写书的信念，这样，其他人便可以少走很多弯路。本节中，我将与大家分享自己的经验，使生活变得更美好。

购买绿色住宅

虽然购买现成的绿色住宅要比自己从头开始设计简单得多，也是较常见的。但那只是别人帮你设计建造的。在选房时，业主应当具备一些相应的知识。首先，就是选址。

第一步是看当地报纸上的广告。如果有这种建筑一定要联系国家或城市的绿化建设部门。工作人员大概可以提供一份对绿色建筑有兴趣的建设者和开发商的清单，当地建筑师和施工人员同样可以提供给你，类似的资料引导你选择正确的方法。你可以参加当地的绿色建筑会议。通过询问来发现机会，你会发现许多当地的建设者可以建造高品质的绿色建筑。

　　确定人选后，要阅读其宣传材料与并他们会谈，还要与住在他们建造的住宅里的住户进行交流。比较这些住宅的特点，留意其能源效率、可再生能源系统、室内空气质量、绿色建材的使用、用水效率、高效率电器、环境绿化、优化价值工程、可回收利用的建筑废料等。然后比较其作品并分别进行打分，或者按照当地绿色建筑规范的要求进行选择。如果方案缺点很多，就要考虑自己设计建造了。

　　如果你正在考虑购买一栋现有的二手住宅，可以通过当地资源部门查看实际消耗的能源，工作人员通常会免费提供资料。如果是新建住宅，建筑商或开发商会解决能源问题。如果这些都不行，可以聘请能源专家利用精密的电脑软件进行模拟，如 Energy-10 软件，会帮助你估算能源需求，解决住宅的采暖和制冷问题。

　　一旦看中了满意的住宅，请务必测试室内空气质量，包括氡气，并检查空气渗透情况后才能购买。如果是在农村，还需要进行井水测试等。建议合同中增加一项条款：各种测试良好的前提下才能最终敲定这笔买卖。如果不进行检测，可以要求对方退还全部定金。

　　一定要留意一下能源之星关于高能效建筑的特别的房屋抵押贷款。这些问题在第 6 章讨论过。记住，即便是绿色住宅，花费也可能会多一些。通过争取银行降低利息及其他奖励措施可以抵消额外费用。大幅度降低能源费用等同于即时储蓄。

　　如果对这些工作还不明确，可能需要聘请绿色建筑顾问与你一起工作。他们可以对住宅的环境影响做出评估，还可以与其他住宅做对比，提供购买意见。当然，大家不要忘记周围的环境，如消防、治安、学校、噪声等级、空气质量等。

建造或改造绿色住宅

更棘手的问题是新建绿色建筑或改造既有建筑为绿色建筑。你有两种基本选择来达到目的：自己动手或聘请承包商。

个人建造时自己就是总承包商，这并不需要特别的训练或执照。作为总承包商，只需要办理建筑许可证并聘请各分包商，通过设计者和管道工、瓦工等的共同合作才能完成一个建筑作品。务必起草详细的合同，避免分包商的误解。

虽然担任总承包商这一角色可能很困难，特别是如果你不熟悉房屋建筑方面知识的话就更加困难。但这样可以节省间接费用，在施工人员工资方面，可以节省10%～25%。若有兴趣，请向担任过总承包商的人取经。像 Carl Heldmann 的《Be Your Own House Contractor》一书就提供了许多有用的信息。聘请绿色建筑顾问也是一个好主意。或许他可以向你推荐可靠、能干的分包商，与他们沟通，并检查他们的工作，在这些方面他要比你强。

而更多的则需要自己去处理。在这种情况下，您可能需要聘请专家协助你，例如绘图、安装管道或电气线路。

建造住宅是一件辛苦的工作，同时也是费时的工作。如果你不是一个熟练的施工人员，这一过程可能会很艰难，而且会使人灰心。这一过程会持续很长时间，而成本也远远超乎你的想象。不要忘记，这件事曾使许多婚姻破灭。

天然建筑材料因其性价比高，受到很多业主的青睐。但即便如此，结构设计也需要由地方建设部门批准才能施工。

为了指导大家建造自己的住宅，可以阅读笔者的《The Natural House》一书的最后一章。里面介绍了房屋建筑的有关知识和当地建设部门的相关规定。同时也包含了不可缺少的实用信息，可以为你节省几千美元。

如果你对绿色建筑有具体问题，可以登录到 www.greenhome-building.com 并点击"Ask the Experts"。问题将会发送给建筑方面的专家，由专家进行解答。笔者会对被动式太阳能设计和与一般绿色建筑有关的一切问题进行回答。

如果实在不适合担任总承包的角色，可以随时聘请一家总承包商。在这种情况下，面试就更加重要了。确保要找的人与你有同样的责任心，拥有良好的业务素质，能与你合作成功并长期合作下去。提防那

虽然担任总承包商这一角色可能很困难，特别是如果你不熟悉房屋建筑方面知识的话就更加困难。但这样可以节省间接费用，在施工人员工资方面，可以节省10%～25%。

建造住宅是一件辛苦的工作，同时也是费时的工作。如果你不是一个熟练的施工人员，这一过程可能会很困难，而且会使人灰心。这件事会摧毁一段婚姻。

些只涉足绿色建筑方面的人，特别是当你想挑战建筑性能极限的时候。笔者知道有一些聘请过这类建设者的人，他们对最终的建造效果很失望。一定要与承包商签署详细的合同，规定建材的使用和其他重要问题。这样就不会出现被欺骗等状况。

如果你的选择是有限的，不能找到一个可以实现预期目标的承包商，可以聘请绿色建筑方面的建筑师或顾问同施工人员一起工作，以确保住宅实现环保无噪声、健康舒适等性能。要确保施工人员同专家们共同协作，而不是去抵制顾问的建议。许多施工人员都已经熟悉了传统的做法和建材，不愿意尝试新思想新技术。在签订一项合同之前，要开很多会议，将顾问的想法公开的告诉承包商，以及如何使两方在今后工作中很好地相处。

无论选择自己建造还是雇用承包商来建造，对项目来说成功才是最重要的，这在第6章中讨论过。建设开始前的思考和规划是至关重要的。虽然聘请顾问检查并改进计划可能会消耗大量宝贵的时间和金钱，但从长远来看预先规划可以节省大量的资金，同时可以大大提高住宅的质量。其中一个预先节省资金的方法是消除变更，特别是合同中需要修正的地方，或修订原有商定好的计划。改变订单需要花钱，有时会花费很多，所以在建造之前规划得越好，在建造中途发生的变更就越少。

无论是你自己建造还是雇人来建造房屋，一定要做好准备去做大量的决定。有疑问时，可以花时间去研究一下。如果施工人员不熟悉如何安装绿色建材，可以打电话让供应商和制造商来负责安装。

长期性

绿色建筑给人们带来健康和舒适。住宅对于环境来说是一个长期的合同，因此建设绿色建筑是减少对环境破坏的有效途径，它的益处会默默地影响人们和自然环境数十年、甚至是数百年。无论是购买还是建造一所绿色住宅，都对人类、我们的星球和社会经济有很大益处，对绿色建筑房主来说，是无上的荣耀。你不必是个彻底的环保主义者，George W.Bush 在得克萨斯州的住宅便证明了这一点。

虽然聘请顾问检查并改进计划可能会消耗大量宝贵的时间和金钱，但从长远来看预先规划可以节省大量的金钱，同时可以大大提高住宅的质量。

绿色建筑给人们带来健康和舒适。住宅对于环境来说是一个长期的合同，同时绿色建筑能够降低对环境的破坏。它的益处会默默地影响人们和自然环境数十年、甚至是数百年。

德克萨斯州的绿色白宫

2001 年 4 月，《USA Today》报道了关于乔治·布什和他夫人位于得克萨斯州克劳伍德的家。该住宅位于达拉斯和奥斯汀之间，面积 4000 平方英尺，住宅建在 1600 英亩的大草原上，周围种植着橡树。这个住宅已经成为总统远离白宫度假的地方。出人意料的是，总统的住宅也具有许多绿色建筑的特点。

虽然 4000 平方英尺的住宅难以称为一个小型建筑，但以布什的财产和权力，与那些已经拥有 16000 ~ 20000 平方英尺豪宅的人们相比还是相距甚远。布什住宅的外墙由当地石灰石制成，废料来源于当地的采石场，住宅的设计中融入了德克萨斯州景观。以很多人的标准来说，这是所大房子，但由于其低矮的轮廓，住宅并不显眼。

住宅充分利用通风进行被动式散热。房间设计合理，可进行自然通风，毫无疑问，自然采光也相当好。宽大的挑檐可以遮荫，住宅西边的橡树林可以遮挡午后阳光。这栋德克萨斯州的白宫屋顶由三角形桁架组成，屋顶布满白色镀锌板来散热，并减少冷却负荷。

辅助采暖和降温系统是由地源热泵提供的。该系统要比传统系统节电 75%，甚至能够加热游泳池中的水。

屋顶收集的雨水可以装满 25000 加仑的蓄水池，用于灌溉花园和树木。但这还不是全部，布什的住宅配备了中水系统。该系统将从水槽、淋浴器和洗衣机处收集废水进行净化。处理后的中水注入蓄水池，在炎热干燥的天气下，提供充足的灌溉用水。这些水无疑是有价值的，布什夫人劳拉种植了许多当地的野花野草。

住宅设计的相当简单，布局简单明了，没有楼梯，也没有门槛，给年迈的父母或亲戚提供了方便。

大多数房间小巧、简单且非常节俭。大部分建筑面积集中在客厅、餐厅和厨房，这是小空间的设计策略。

该住宅由德克萨斯大学建筑学院副院长 David Aeymqnn 设计，这栋舒适的住宅（符合千万富翁要求的标准）利用少量能量就可以达到冬暖夏凉的目的。"这是环境友好型的建筑"，Heymann 说到，其在节省费用和节约用水方面做的很好，这是干燥、炎热的德克萨斯州所稀缺的。

最后，我认为绿色建筑是这样一种形式：即从现在和长远来看，人们关心未来，并采取行动造福所有的物种。你可以成为绿色建筑这一伟大运动的一份子，哪怕只是其中的一小部分。当然，我们在创建真正可持续住宅方面努力得越多，我们的未来就越加美好。

资源指南

本资源指南按章节编制了清单，包含涉及的著作、论文、影像、杂志、时事通讯、组织和供应商等。其地址、电话号码和网址可能会变化，本指南尝试提供了每个资源的多种联系方式。

第1章 绿色建筑的起源与发展

出版物

Borer, Pat, and Cindy Harris. *The Whole House Book: Ecological Building Design and Materials*. Machynlleth, U.K.: Centre for Alternative Technology Publications, 1988.

A detailed treatment of green building.

关于绿色建筑策略的详细论述。

Chiras, Daniel D. *Lessons from Nature: Learning to Live Sustainahly on the Earth*. Washington, D.C.: Island Press, 1992.

For those interested in learning more about principles of ecological sustainability.

从中可学到很多生态可持续性原则。

"Principles of Sustainable Development: A New Paradigm for the Twenty-First Century." *Environmental Carcinogenesis and Ecotoxicology Reviews* CI3, no.2 (1995): 143-178.

A detailed exploration of the social, economic, and environmental principles of sustainability.

关于社会、经济和环境可持续性原则的详细探索。

Dickinson，D. *Small Houses for the Next Century*. 2nd ed. New York：McGraw-Hill，1995.

One of several books on the subject. Full of good information.

关于小规模建筑专题的著作之一，具有丰富的有价值信息。

Johnston，David. *Building Green in a Black and White World*. Washington，DC：Home Builder Press，2000.

A book for builders who want to learn more about the business side of green building

有助于建筑商了解更多关于绿色建筑商业化方面信息的书。

Susanka，Sarah. *Creating the Not So Big House*. Newtown，Conn.：Taunton Press，2000.

A follow-up to Susanka's popular book listed below.

下列两本书为 Susanka 出版的系列畅销书：

The Not So Big House. Newtown，Conn.：Taunton Press，1997.

A highly popular introduction to the art of building small houses，with floor plans and many exquisite photos.

对小规模建筑技术、场地设计进行了非常通俗的介绍，配有平面图和许多精美翔实的照片。

Sustainable Buildings Industry Council. *Green Building Guidelines: Meeting the Demand for Low-Energy, Resource-Efficient Homes*. Washington，DC：SBIC，2002.

General guide to green building，covering many important topics.

关于绿色建筑许多重要主题的综合指南。

杂志和时事通讯

Environmental Building News. BuildingGreen, Inc.，122 Birge Street, Suite 30, Brattleboro, VT 05301. Tel：(802)257-7300.

Web site：www.buildinggreen.com.

The nation's leading source of objective information on green building，including alternative energy and back-up heating systems. Archives containing all issues published from

1992 to 2001 are available on a CD-ROM.

美国绿色建筑客观资讯领军期刊，包括替代能源和辅助热源等信息。1992～2001年出版的所有文章都可从光盘中得到。

Environmental Design and Construction. 81 Landers Street, San Francisco, CA 94114. Tel：(415) 863-2614.

Web site：www.EDCmag.com.

Publishes numerous articles on green building；geared more toward commercial buildings.

发表了很多关于绿色建筑的文章，侧重于商业建筑。

Mother Earth News.1503 SW 42nd St.,Topcka, KS 66609. Tel：(785) 274-4300.

Web site：www.motherearthnews.com.

Publishes a wide assortment of stories on green building, from natural building to solar and wind energy to natural swimming pools to green building materials.

发表了绿色建筑领域很多的报道，从自然建筑到太阳能和风能，从天然游泳池到绿色建材。

Natural Home. 201 East Fourth St., Loveland, CO 80537. Tel：(800) 272-2193.

Web site：www.naturalhomemagazine.com.

Publishes numerous articles on green building, especially natural building and healthy building products, with lots of inspiring photographs.

发表了很多绿色建筑文章，特别是自然建筑和健康建筑，所配照片很有启发性。

组织

American Institute of Architects.1735 New York Ave.NW, Washington, DC 20006. Tel：(800) 242-3837.

Web site：www.aia.org.

Their National and State Committees on the Environment are actively promoting green building practices, and have been for many years.

很多年来，美国建筑师学会的国家和州环境委员会都在积极促进绿色建筑的实践。

BuildingGreen, Inc.122 Birge St., Suite 30, Brattleboro, VT 05301.Tel：(802) 257-7300.

Web site：www.buildinggreen.com.

Publishes *Environmental Building News, GreenSpec Directory* (a comprehensive listing of green building materials), *Green Building Advisor* (a CD-ROM that provides advice on incorporating green building materials and techniques in residential and commercial applications), and Premium Online Resources (a web site containing an electronic version of its newsletter).

"Building Green 有限公司，发型《环保建筑新闻》；编制GreenSpec 目录（关于绿色建材的综合清单）；发行绿色建筑顾问（一张在居住和商业建筑中提供关于绿色建材和技术建议的光盘）和优质的在线资源（包含时事通讯电子版的网站）。

Building Industry Professionals for Environmental Responsibility.5245 College Ave., #225, Oakland, CA 94618.

Web site：www.biperusa.biz.

A national nonprofit organization that promotes environmentally sustainable building.

建筑环保专家，一个促进环保可持续建筑的国家级非盈利组织。

Center for Resourceful Building Technology.127 N.Higgins, Suite 201, Missoula, MT 59802.

Web site：www.crbt.org.

A project of the National Center for Appropriate Technology.Promotes environmentally responsible construction.

国家适宜技术中心的一个项目，旨在促进建设的环保性。

Ecological Building Network.209 Caledonia Street, Sausalito, CA 94965-1926.Tel：(415) 331-7630.

Web site：www.ecobuildnetwork.org.

Seeks ways to build environmentally sustainable shelter in both industrial and nonindustrial nations.

生态建筑网站，找寻在工业和非工业国家建造环保可持续建筑的方法。

National Association of Home Builders Research Center.400 Prince George's Blvd., Upper Marlboro, MD 20744 Tel：(301) 249-4000.

Web site：www.nahbrc.org.

A leader in green building, including energy efficiency. Sponsors important conferences, research, and publications.For a listing of their books contact www.buildcrbooks.com.

国家住宅建筑研究中心协会，绿色节能建筑的先行者，赞助重要的会议、研究和出版。登录 www.buildcrbooks.com 网站可找到他们的著作名录。

第 2 章 规划选址：选址和场地保护

出版物

Center for Resourceful Building Technology Staff.*Reducing Construction and Demolition Waste*.Missoula, Mont.National Center for Appropriate Technology, 1995.

A guide for builders and homeowners on job-site recycling.

面向建造商和业主的施工现场再循环利用指南。

Chiras, Daniel D.*The Natural House: A Complete Guide to Healthy, Energy-Efficient, Environmental Homes*.White River Junction, Vt.：Chelsea Green, 2000.

Chapter 13 contains more detailed coverage of a number of aspects of site selection briefly mentioned in this book.

在第 13 章对于场地选择各方面有简短地论述。

Clark, Sam.*The Real Goods Independent Builder: Designing and Building a House Your Own Way*.White River Junction,Vt.：Chelsea Green, 1996.

Check out the chapters on choosing a site and site planning.

在选择场地和场地规划时可参考查阅该书相关章节。

Rousseau, D., and J.Wasley.*Healthy by Design: Building*

and Remodeling Solutions for Creating Healthy Homes. 2nd ed.Point Roberts, Wash.;Hartley and Marks, 1999.

This book offers a great deal of advice on site selection.

这本书提供了很多关于场地选址的建议。

Smith, Michael G.*The Cobber's Companion: How to Build Your Own Earthen Home*. 3rd ed.Cottage Grove,ore. The Cob Cottage, 1998.

This book has an excellent section on siting a home.

这本书有非常精彩的章节论述住宅选址。

在线出版物

Bernard, K.E., C.Dennis, and W.R.Jacobi.

Protecting Trees During Construction.

Available from Colorado State University Extension Service at www.ext.colostate.edu/pubs/garden/07420.html.

《施工过程中树木的保护》。科罗拉多州立大学推广服务网站 www.ext.colostate.edu/pubs/garden/07420.html

Johnson, Gary R.

Protecting Trees from Construction Damage: A Homeowner's Guide.

Available on line from the University of Minnesota Extension Service at www.extension.umn.edu/distribution/ housingandclothing/DK6135.html.

《保护树木免遭施工损害：业主指南》。明尼苏达州州立大学推广服务网站

www.extension.umn.edu/distribution/housingandclothing/ DK6135.html

组织

The National Arbor Day Foundation, Building With Trees Program (in cooperation with the National Association of Home Builders).100 Arbor Avenue, Nebraska City, NE 68410.

Web site：www.arborday.org/programs/buildwtrees.html.

For information on ways to protect trees during construction.

美国绿化基金会，住宅绿化计划（与国家住宅建造协会合作）。

有关于在施工期间保护树木方法的资讯。

第3章 健康住宅

出版物

American Lung Association, U.S.Environmental Protection Agency, U.S.Consumer Product Safety Commission, and American Medical Association.

Indoor Air Pollution: An Introduction for Health Professionals.

Publication No.1994-523-217/81322.

Washington, D.C.：U.S.Government Printing Office, 1994.

Dynamite reference for more detailed information on the health effects of the most common indoor air pollutants.Very valuable for diagnosing problems caused by indoor air pollution. Also contains an extensive bibliography of research papers on the subject.Available at www.epa.gov/iaq/pubs/hpguide.html.

美国肺协会、美国环保署、美国消费者产品安全委员会和美国医药协会关于最常见的室内空气污染对健康影响的详细资讯，对于诊断由于室内空气污染引起的健康问题非常有价值，也包含一个本学科研究论文的广泛参考书目。

Baker-Laportc, Paula, Erica Elliot, and John Banta. *Prescriptions for a Healthy House*：*A Practical Guide for Architects, Builders, and Homeowners*.2nd ed.Gabriola Island, B.C.：New Society Publishers, 2001.

Contains a great amount of useful information.

对建筑师、建造商和业主非常实用的指南，包含很多有用的信息。

Borer, Pat, and Cindy Harris.*The Whole House Book: Ecological Building Design and Materials*.Machynlleth, U.K.：Centre for Alternative Technology Publications, 1998.

Contains a wealth of information on building healthy, environmentally friendly homes.

包含很多建造健康、环境友好住宅的信息。

Bower, John.*The Healthy House: How to Buy One, How to Build One, How to Cure a Sick One*.

3rd ed.Bloomington, Ind.:The Healthy House Institute, 1997.

A detailed guide to all aspects of home construction

健康住宅协会关于住宅建设各方面的详细指南。

Bower, John, and Lynn Marie Bower.*The Healthy House Answer Book:Answers to the 133 Most Commonly Asked Questions*. Bloomington, Ind.:The Healthy House Institute, 1997.

Great resource for those who just want to learn the basics

有关于健康住宅基础知识的许多学习资源。

Davis, Andrew N., and Paul E.Schaffman.*The Home Environmental Sourcebook: 50 Environmental Hazards to Avoid When Buying, Selling, or Maintaining a Home*.New York: Henry Holt, 1997.

Overview of the sources of health hazards in homes.

对住宅中危害健康的因素的概述。

U.S.Consumer Product Safety Commission, U.S.Environmental Protection Agency, and the American Lung Association.*What You Should Know About Combustion Appliances and Indoor Air Pollution*.Washington, D.C.: EPA, undated.

A great introduction to the effects of indoor air pollutants from combustion sources.

Available at www.epa.gov/iaq/pubs/ combust.html.

美国消费品安全委员会、美国环保署和美国肺协会发布的燃烧装置和室内空气污染常识，介绍了燃烧源对室内空气污染的影响。在 www.epa.gov/iaq/pubs/combust.html 可查到。

U.S.Environmental Protection Agency.*Model Standards and Techniques for Control of Radon in New Residential Buildings*. Washington, D.C.: EPA, 1994.

This on-line document provides detailed and fairly technical information on ways to prevent radon from becoming a problem in new construction.

Available at www.epa.gov/iaq/radon/pubs/newconst.html.

美国环保署关于新建住宅氡检测的测试标准和技术。这份在线文件提供关于怎样预防新建工程中氡过量问题详细而清楚的技术信息。在 www.epa.gov/iaq/radon/pubs/newconst.html 可查到。

U.S.Environmental Protection Agency and the U.S.Consumer Product Safety Commission.

The Inside Story: A Guide to Indoor Air Quality.

EPA Document No.402−K−93−007.Washington，D.C.：U.S.Government Printing Office，1995.

Very helpful on−line publication for those interested in learning more about indoor air quality issues and solutions.You can access it at www.epa.gov/iaq/pubs/images/the_inside_story.pdf.

美国环保署和美国消费品安全委员会发布的《室内空气质量指南》。对于那些有兴趣学习室内空气质量问题和解决方法的人非常有帮助。你能在 www.epa.gov/iaq/pubs/images/the_inside_story.pdf 网站访问到。

U.S.Environmental Protection Agency，U.S.Department of Health and Human Services，and U.S.Public Health Service.A Citizen's Guide to Radon：The Guide to Protecting Yourself and Your Family from Radon.4th ed.Washington，D.C.：EPA，2002.

A very basic on−line introduction to radon.

Available at：www.epa.gov/iaq/radon/pubs/citguide.html.

美国环保署、美国医疗和社会服务部、美国公众健康服务中心。《氡公众指南 ：保护你和你的家庭免受氡影响》。

关于氡非常基本的在线介绍，在 www.epa.gov/iaq/radon/pubs/citguide.html 网站可获得。

组织

Air Conditioning and Refrigeration Institute (ARI).

4100N.Fairfax Dr.，Suite 200，Arlington，VA 22203.

Tel：(703) 524−8800.Web site：www.ari.org.

Information on in-duct air filtration/air cleaning devices.

空调和制冷学会 (ARI)。

管道空气过滤和空气清洁装置的信息。

American Academy of Environmental Medicine.

7701 East Kellogg, Suite 625, Wichita, KS 67207.

Tel：(316) 684-5500.Web site：www.aaem.com.

Contact them for the name of a physician who is qualified to diagnose and treat multiple chemical sensitivity.

美国环境医疗学会。

寻找有诊断和治疗多种化学过敏资格和经验的医生请联系他们。

American Society of Heating, Refrigerating, and Air-Conditioning Engineers (ASHRAE).

 1791 Tullie Circle, NE, Atlanta, GA 30329.

Web site：www.ashrae.org.

Provides information on air filters.

美国供暖、制冷和空调工程师协会 (ASHRAE)。

提供关于空气过滤器的信息。

Association of Home Appliance Manufacturers (AHAM).

1111 19th St.NW, Suite 402, Washington, DC 20036.

Tel：(202) 872-5955.Web site：www.aham.org.

For information on standards for portable air cleaners.

家具制造业者协会 (AHAM)。

关于便携式空气过滤器标准的信息。

The Healthy House Institute.430 N.Sewell Road, Bloomington, IN 47408.

Tel：(812) 332-5073.

Web site：www.hhinst.com.

Offers books and videos on healthy building.

提供有关健康住宅的书和视频。

Indoor Air Quality Information Clearinghouse.

P.O.Box 37133, Washington, D.C. 20013-7133.Tel：(800) 438-4318.

Distributes EPA publications, answers questions, and makes referrals to other nonprofit and government organizations.

室内空气质量信息交流。

分发环保署的出版物，回答问题，而且给其他的非盈利和政府组织提供推荐名单。

Multiple Chemical Sensitivity Referral and Resources.

508 Westgate Road, Baltimore, MD21229.Te：(410) 362-6400.

Web site：http://www.mcsrr.org/.

Professional outreach, patient support, and public advocacy devoted to the diagnosis, treatment, accommodation, and prevention of Multiple Chemical Sensitivity disorders.

专业的延伸服务、病人支援，提供对化学过敏症状的预防、诊断、住院和治疗等服务。

The National Safety Council's Radon Hotline.

Tel：(800) SOS-RADON.

Web site：www.ncs.org/ehc/radon.html.

Calling this number or contacting the web site will give you access to local contacts who can answer radon questions.

国家氡安全委员会热线，拨打这个电话或联络网站你能得到关于本地氡问题的回答。

U.S.Consumer Product Safety Commission.Washington, DC 20207-0001.

Tel：(800) 638-CPSO.

Web site：www.cpsc.gov.

Contact them for information on potentially hazardous products or to report one yourself.

美国消费者产品安全委员会，联系他们能够得到潜在危险产品的信息或相关产品报告。

供应商

See list of green building material suppliers below.

见下一章绿色建材供应商名单。

第4章　绿色建筑材料

出版物

Demkin, Joseph A., ed.,*The Environmental Resource Guide*. Washington, D.C.：American Institute of Architects, 1992.

A massive publication that provides detailed life-cycle analyses of many construction materials.For a copy, contact the distributor at www.wiley.com.

提供很多详细的关于建材全生命周期分析的重量级出版物。可通过 www.wiley.com 联系经销商获得副本。

Chappell, Steve K., ed.*The Alternative Building Sourcebook*. Brownfield, Maine：Fox Maple Press, 1998.

Lists more than 900 products and professional services in the area of natural and sustainable building

列出了超过 900 种天然和可持续建筑产品和专业服务。

Chiras, Dan. "Green Remodeling：Keeping It Clean." *Solar Today* (May/June 2001)：24-27.Describes a strategy for remodeling a home to prevent indoor air pollution.

描述防止住宅室内空气污染的改造策略。

City of Austin's Green Building Program.*Sustainable Building Sourcebook*.Austin：City of Austin Green Builder Program.

Excellent resource available on-line at www.greenbuilder. com/sourcebook.

优秀的在线资源，在 www.greenbuilder.com 网站可获得。

Holmes, Dwight, Larry Strain, Alex Wilson, and Sandra Leibowitz.*Environmental Building News.GreenSpec Directory:*

Product Directory and Guideline Specifications. Brattleboro, Vt.:
BuildingGreen, Inc. 2003. 4th ed.

Guideline specifications make this an extremely valuable
resource for commercial builders and architects.

对开发商和建筑师非常有价值的资源指南。

Hermannsson, John. *Green Building Resource Guide*. Newtown,
Conn.: Taunton Press, 1997.

A gold mine of information on environmentally friendly
building materials. Reader beware: Not all building materials in
books such as this pass the sustailiability test.

关于环境友好型建材资讯的宝库。读者注意：不是所有的建材都
像本书列出的材料一样通过了可持续性能测试。

Lawrence, Robyn Griggs. "Classy Trash." *Natural Home*
(July/August 2002): 44—51.

Great story about a home built from waste paperboard and
plastic.

用废弃的纸板和塑料建造住宅的伟大故事。

Pearson, David. *The Natural House Catalog: Everything You Need
to Create An Environmentally Friendly Home*. New York: Simon and
Schuster, 1996.

Information on building and furnishing a home, including
a list of environmentally friendly products and services.

关于建筑和家具的资讯，包括环境友好型产品和服务商的名单。

Spiegel, Ross, and Dru Meadows. *Green Building Materials: A
Guide to Product Selection and Specification*. New York: John Wiley
and Sons, 1999.

The newest entry into the green building materials books.

最新的绿色建材著作。

制造商

出版物

Because there are many manufacturers of green building

materials, please refer to *GreenSpec Directory, Green Building Resource Guide, Green Building Materials, or Sustainable Building Sourcebook* (listed above) for information on specific products and their manufacturers.

因为有很多绿色建材的制造商，请查阅 GreenSpec 目录、绿色建材资源指南、绿色建材或可持续建材资源手册等资料来获取特殊商品和制造商的信息。

在线资源

For on-line information on manufacturers, contact Austin's Green Building Program at www.greenbuilder.com/sourcebook.

关于制造商的在线信息，可在 www.greenbuilder.com/sourcebook 网站联系奥斯汀绿色建筑项目获得。

You can also contact the Center for Resourceful Building Technology's e-Guide, which provides a searchable database on green building materials and their manufacturers at www.crbt.org.

你也能在 www.crbt.org 网站的数据库获得关于绿色建材和制造商的信息。

Yet another on-line source is Oikos Green Building Product Information at www.oikos.com/products.

另一个在线资源是奥克斯绿色建筑产品信息，可查询www.oikos.com/products 网站获得。

批发和零售店

Building for Health Materials Center.P.O.Box 113, Carbondale, CO 81623.

Tel：(800) 292-4838.

Web site：www.buildingforhealth.com.

Offers a complete line of healthy, environmentally safe building materials and home appliances including straw bale construction products；natural plastering products；flooring；natural paints, oils, stains, and finishes；sealants；and construction materials.Offers special pricing for owner—builders and contractors.

提供全部健康环保安全建材和家电，以及天然的抹灰产品、地板、油漆、油、染料、罩面漆、密封剂和施工材料等，为自建房者提供优惠价格。

EcoBuild.P.O.Box 4655, Boulder, CO 80306.Tel：(303) 545-6255.

Web site：www.eco-build.com.

This company works specifically with builders and general contractors, providing consultation and green building materials at competitive prices.

这家公司专门与施工企业和总承包商合作，以竞争性价格提供咨询和绿色建材。

Eco-Products, Inc.3655 Frontier Ave., Boulder, CO 80301.Tel：(303) 449-1876.

Web site：www.ecoproducts.com.

Offers a variety of green building products including plastic lumber.

提供包括木塑复合地板在内的多种绿色建筑产品。

Eco-Wise.110W.Elizabeth,Austin,TX 78704.Tel：(512) 326-4474.

Web site：www.ecowise.com.

Carries a wide range of environmental building materials, including Livos and Auro nontoxic natural finishes and adhesives.

代理范围广泛的环保建材，包括 Livos 和 Auro 的无毒天然漆和粘合剂。

Environmental Building Supplies.819 SE Taylor St., Portland, OR 97214.Tel：(503) 222-3881.

Web site：www.ecohaus.com.

Green building materials outlet for the Pacific Northwest.

销往太平洋西北地区的绿色建材。

Environmental Depot：Environmental Construction Outfitters of New York.901 E.134th St., Bronx, NY 10454.Tel：(800) 238-5008.

Web site：www.environproducts.com.

Sells an assortment of green building materials.

出售各类绿色建材。

Environmental Home Center.1724 4th Ave.South, Seattle, WA 98134.Tel：(800) 281-9785.

Web site：www.built-e.com.

Offers a variety of green building materials.

提供多种绿色的建材。

Planetary Solutions for the Built Environment.2030 17th Street, Boulder, CO 80302.Tel：(303) 442-6228.

Web site：www.planetearth.com.

Long-time green building materials supplier.Offers paints, flooring, tile, and much more.

长期供应绿色建材。提供油漆、地板、砖瓦等其他材料。

Real Goods.13771 S.Highway 101, Hopland, CA 95449. Tel：(800) 762-7325.

Web site：www.realgoods.com.

Sells a wide range of environmentally responsible products for homes, from solar and wind energy equipment to water efficiency products to air filters and environmentally responsible furnishings.

出售各种类型的住宅环保产品，从太阳能、风能设备及节水产品到空气过滤器等环境保障产品。

第5章 可持续发展的木结构建筑

出版物

Edminster,Ann, and SamiYassa.*Efficient Wood Use in Residential Construction:A Practical Guide to Saving Wood, Money, and Forests*.New York：Natural Resources Defense Council, 1998.Describes how to reduce lumber use by 30 percent without compromising the structural integrity of a home. Available in print and on-line at www.nrdc.org/cities/building/rwoodus.asp.

描述如何在不损害住宅结构整体性安全的情况下节省30%的木材使用量。可在出版物和在线网站 www.nrdc.org/cities/building/rwoodus.asp 获取相关信息。

Imhoff, Dan.*Building with Vision: Optimizing and Finding Alternatives to Wood*.Healdsburg, Calif.：Watershed Media, 2001.

Covers many important ways to reduce wood use.

包括许多减少木材使用的重要方法。

National Association of Home Builders.*Alternative Framing Materials in Residential Construction: Three Case Studies*.Upper Marlboro, Md.：NAHBRC, 1994.

国家住宅建造商协会出版的《住宅结构框架替代材料：三个案例研究》。

Randall, Robert, ed., *Residential Structure and Framing: Practical Engineering and Advanced Framing Techniques for Builders*. Richmorit,Vt.：Builderburg Group, 1999.

A collection of articles from *The Journal of Light Construction* on a wide range of topics, including engineered lumber, advanced framing, and steel framing.

《轻型结构》期刊论文集，选题广泛，包括工程木材、先进的框架体系和钢结构等。

组织

Forest Stewardship Council.Provides information on FSC-certified lumber.

Web site：www.fscoax.org.

森林工作委员会。提供关于 FSC 认证的木材资讯。网站：www.fscoax.org。

第6章　节能设计与施工

创造节能型建筑物外围护结构

出版物

The Best of Fine Homebuilding: Energy-Efficient Building. Newtown, Conn.：Taunton Press, 1999.

A collection of detailed, somewhat technical articles on a wide assortment of topics related to energy efficiency including insulation, energy-saving details, windows, house-wraps, skylights, and heating systems.

收集了有一定深度的技术性文章，涉及建筑节能的方方面面，包括保温、细部构造、窗户、外墙、天窗和采暖系统等主题。

Carmody, John, Stephen Selkowitz, and Lisa Heschong. *Residential Windows: A Guide to New Technologies and Energy Performance*. 2nd cd.New York：Norton, 2000.

Extremely important reading for all passive solar home designers.

一本对所有被动式太阳能建筑设计者都非常重要的读物。

Chiras, Dan. "Minimize the Digging：Frost-Protected Shallow Foundations." *The Last Straw* 38 (Summer 2002)：10.

A brief overview of frost-protected shallow foundations.

关于浅基础防冻的综述。

Chiras, Dan. "Retrofitting a Foundation for Energy Efficiency." *The Last Straw* 38 (Summer 2002): 11.

Describes ways to retrofit foundations to reduce heat loss.

描述减少基础热损失的改造方法。

Hurst-Wajszczuk, Joe. "Save Energy and Money—Now." *Mother Earth News* (October/November 2001): 24–33.

Useful tips on saving energy in new and existing homes.

新建和既有住宅节能的实用技巧。

Loken, Steve. *ReCRAFT 90: The Construction of a Resource-Efficient House*. Missoula, Mont.: National Center for Appropriate Technology, Center for Resourceful Building Technology, 1997.

Field notes, lessons learned, and other information obtained from experience building a demonstration home in Missoula, Montana.

位于蒙大拿州的米苏拉示范住宅建设过程中所做的现场记录、课程培训及其他数据。

Lstiburek, Joe, and Betsy Pettit. *EEBA Builder's Guide—Gold Climate*. Bloomington, Minn.: Energy and Environmental Building Association, 2002.

Superb resource for advice on building in cold climates.

极好的关于在寒冷气候区进行建设的建议资源。

EEBA Builder's Guide—Hot-Arid/Mixed-Dry Climate. Bloomington, Minn.: Energy and Environmental Building Association, 2000.

Superb resource for advice on building in hot, arid climates.

极好的关于在干热气候区进行建设的建议资源。

EEBA Builder's Guide—Mixed-Humid Climate. Bloomington, Minn.: Energy and Environmental Building Association, 2001.

Superb resource for advice on this climate.

极好的关于在湿润气候区进行建设的建议资源。

Magwood, Chris, ed. "Roofs and Foundation Issue." *The Last Straw* 38 (September 2002).

An excellent resource for those who want to learn about energy-and material-efficient foundations.

对节能节材型基础学习者非常有用的资源。

Mumma, Tracy. *Guide to Resource Efficient Building Elements*. Missoula, Mont.:National Center for Appropriate Technology, Center for Resourceful Building Technology, 1997.

A handy guide to materials that help improve the efficiency of homes and other buildings. Available in updated versions on-line and free at www.crbt.org.

帮助提高住宅和其他类型建筑效率的便利指南。

在 www.crbt.org 网站可获得最新的免费版本。

National Association of Home Builders Research Center. *Design Guide for Frost-Protected Shallow Foundations*. Upper Marlboro, Md.:NAHB Research Center, 1996.

Also available on-line from www.nahbrc.org.

从 www.nahbrc.org 网站可在线获取。

Pahl, Greg. *Natural Home Heating*. White River Junction, Vt.:Chelsea Green, 2003.

A useful overview of home heating.

住宅采暖的实用综述。

Sikora, Jeannie L. *Profit from Building Green: Award Winning Tips to Build Energy Efficient Homes*. Washington, D.C.: BuilderBooks, 2002.

A brief but informative overview of energy-conservation strategies.

言简意赅的节能策略综述。

Wilson, Alex. "Windows: Looking through the Options." *Solar Today* (May/June 2001): 36-39.A great overview of windows with a useful checklist for those in the market to buy new ones

对于那些想在市场上买新型窗户的人非常有用的综述。

Wilson, Alex, Jennifer Thorne, and John Morrill.*Consumer Guide to Home Energy Savings*. 8th ed.Washington, D.C.: American Council for an Energy-Efficient Economy, 2003.

Excellent book, full of information on energy-saving appliances.

一本关于节能型电器的好书。

组织

American Council for an Energy-Efficient Economy.1001 Connecticut Avenue NW, Suite 801, Washington, DC 20036. Tel: (202) 429-0063.

Web site: www.aceee.org.

Numerous excellent publications on energy efficiency, including *Consumer Guide to Home Energy Savings*.

美国节能经济委员会。

众多极好的节能出版物，包括《消费者住宅节能指南》。

Building America Program.U.S.Department of Energy. Office of Building Systems, EE-41, 1000 Independence Avenue SW, Washington, DC 20585.Tel: (202) 586-9472.

Leaders in promoting energy efficiency and renewable energy to achieve zero-energy buildings.

建设美国计划、美国能源部、住宅系统办公室，促进建筑节能和可再生能源应用以达到零能耗建筑的领导先锋。

Cellulose Insulation Manufacturers Association.Your place to "shop" for information on cellulose insulation.136 S.Keowee St., Dayton, OH 45402.Tel: (937) 222-2462.

Web site：www.cellulose, org.

纤维保温材料制造商协会。你可以去购买关于纤维隔热材料的信息。

Consumers Union.Tel：(914) 378-2000.

Web site：www.consumersunion.org.

Publishes *Consumer Reports* (www.consumerreports.org) and *Consumer Reports Annual Buying Guide*，which rate appliances for reliability, convenience, and efficiency.

消费者联盟。网站:www.consumersunion.org。出版《消费者报告》(www.consumerreports.org) 和《消费者报告年度购买指南》，评估电器的可靠性、方便程度和能效。

Energy and Environmental Building Association.10740 Lyndale Ave.S, Suite 10W, Bloomington, MN 55420-5615 Tel：(952) 881-1098.

Web site：www.eeba.org.

Offers conferences, workshops, publications, and an on-line bookstore.

能源和环保建筑协会。网站:www.eeba.org。提供讨论会、讲习班、出版物和一家在线书店。

Energy Efficiency and Renewable Energy Clearinghouse. P.O.Box 3048, Mcrrificld,VA 22116.Tel：(800) 363-3732.

Great source for a variety of useful information on energy efficiency.

节能和可再生能源信息交流。各种有用的节能信息的重要来源。

Insulating Concrete Forms Association.1730 Dewes St., Suite 2, Glenview, IL 60025.Tel：(847) 657-9730.

Web site：www.forms.org.

A great place to begin your research on ICFs.

保温混凝土模板协会。网站:www.forms.org。研究保温混凝土模板的好地方。

National Fenestration Rating Council.8484 Georgia Ave., Suite 320, Silver Spring, MD 20910.Tel：(301) 589−1776.

Web site：www.nfrc.org.

For information on energy efficiency of windows.

国家窗户等级评定委员会。网站 :www.nfrc.org。关于窗户节能的信息。

National Insulation Association.99 Canal Center Plaza, Suite 222, Alexandria, VA 22314.Tel：(703) 683−6422.

Web site：www.insulation.org.

Offers a wide range of information on different types of insulation.

国家保温协会。网站：www.insulation.org。提供关于各种保温隔热类型的信息。

U.S.Department of Energy and Environmental Protection Agency's Energy Star program.Tel：(888) 782−7937.

Web site：www.energystar.gov.

美国能源部和环保署能源之星计划。网站 :www.energystar.gov。

节能采暖系统

出版物

The Best of Fine Homebuilding: Energy-Efficient Building. Newtown, Conn.：Taunton Press, 1999.Contains a collection of extremely useful articles on mechanical heating systems.

关于机械采暖系统非常有用的文章合集。

Fust, Art. "A Simple Warm Floor Heating System." *The Last Straw* 32 (Winter 2000)：25−26.Contains much useful information on radiant−floor heat.

包含很多关于地板辐射采暖的有用信息。

Grahl, Christine L. "The Radiant Flooring Revolution." *Environmental Design and Construction* (January/February 2000): 38-40.

Superb introduction to radiant-floor heating.

极好的关于地板辐射采暖的介绍。

Hyatt, Rod. "Hydronic Heating on Renewable Energy." *Home Power* 79 (October/November 2000): 36-42.

Provides a lot of practical advice on building your own radiant-floor heating system and powering it with photovoltaic panels.

提供许多适用的关于自己建造地板辐射采暖系统与光伏系统联合运行的实用建议。

Malin, Nadav, and Alex Wilson. "Ground-Source Heat Pumps: Are They Green?" *Environmental Building News* 9 (July/August 2000): 1, 16-22.

Detailed overview of the operation and pros and cons of ground-source heat pumps.

关于地源热泵运行及优缺点的详细综述。

National Renewable Energy Laboratory. "Geothermal Heat Pumps." Published on-line at www.eren.doe.gov/erec/factsheets/geo_heatpumps.html. Great overview of ground-source heat pumps.

国家可再生能源实验室《地源热泵》，在 www.eren.doe.gov/erec/factsheets/geo_heatpumps.html 网站在线出版。关于地源热泵的全面综述。

O' Connell, John, and Bruce Harley. "Choosing Ductwork." *Fine Homebuilding* (June/July 1997): 98-101.

Essential reading for anyone interested in installing a forced-air heating system.

对于安装热风采暖系统感兴趣的人的必要读物。

Siegenthaler, John. "Hydronic Radiant-Floor Heating." *Fine Homebuilding* (October/November 1996): 58-63.

Extremely useful reference.Well written, thorough, and well illustrated.

非常有用的参考。语言流畅，文笔很好，图示清晰。

Modern Hydronic Heating for Residential and Light Commercial Buildings. 2nd ed.

Clifton Park, N.Y.:Thomson/Delmar Learning, 2003.

Everything you would ever want to know about hydronic heating.

你可以得到你想知道的关于热水采暖的每件事。

Wilson, Alex. "A Primer on Heating Systems." *Fine Homebuilding* (February/March 1997): 50-55.

Superb overview of furnaces, boilers, and heat systems.

极好的关于壁炉、锅炉和采暖系统的综述。

"Radiant-Floor Heating: When It Does—and Doesn't—Make Sense." *Environmental Building News* (January 2002): 1, 9-14.

Valuable reading.

值得一读。

组织

U.S.Consumer Product Safety Commission.Office of Information and Public Affairs, CPSC, Washington, DC 20207-0001.Hotline: (800) 638-2772.Web site: www.cpsc.gov.Offers a wealth of information on space heaters, including safety precautions.

美国消费品安全委员会。信息和公共事务办公室。

网站:www.cpsc.gov。提供很多关于采暖装置的信息，包括安全性能。

Geo—Heat Center, Oregon Institute of Technology, 3201 Campus Dr., Klamath Falls, OR 97601.Tel：(541) 885-1750. Web site：geoheat.oit.edu.Technical information on heat pumps.

Geo—Heat 中心、俄勒冈州技术学院。网站:geoheat.oit.edu。关于热泵的技术信息。

Geothermal Heat Pump Consortium, Inc.6700 Alexander Bell Dr., Suite 120, Columbia, MD 21046.Tel：(410) 953-7150.Web site：www.geoexchange.org.General and technical information on heat pumps.

地源热泵联合公司．网站:www.geoexchange.org。关于地源热泵的普通信息和技术信息。

International Ground Source Heat Pump Association. Oklahoma State University, 499 Cordell South, Stillwater, OK 74078.Tel：(800) 626-4747.Web site：www.igshpa.okstate.edu. Provides a list of equipment manufacturers, installers by state, and numerous other resources for contractors, homeowners, students, and the general public.

国际地源热泵协会。网站:www.igshpa.okstate.edu。提供设备制造商和安装商名单以及很多其他的承包商、业主、学生和普通公众资源。

Radiant Panel Association.P.O.Box 717, 1399 S.Garfield Ave., Loveland, CO 80537.Tel：(800) 660-7187.Web site： www.radiantpanelassociation.org.Professional organization consisting of radiant heating and cooling contractors, wholesalers, manufacturers, and professionals.

辐射板协会。网站:www.radiantpanelassociation.org。包括辐射采暖和制冷承包商、批发商、制造商和专业人士的专业组织。

U.S.Department of Energy, Office of Geothermal

Technologies.EE-12，1000 Independence Avenue SW，Washington，DC 20585-0121.Tel：(202) 586-5340.Carries out research on ground-source heat pumps and works closely with industry to implement new ideas.

美国能源部，地热技术办公室。执行地源热泵研究，与产业紧密合作实现新理念。

高效的木材燃烧技术

出版物

Barden，Albert A.*The AlbieCore Construction Manual*. Norridgewock，Maine.：Maine Wood Heat Company，1995.

Detailed construction manual.

详细的工程手册。

The Finnish Fireplace Construction Manual.Norridgewock，Maine.：Maine Wood Heat Company，Inc.，1988.

The only complete English-language primer on making masonry heaters.Available through the Maine Wood Heat Co.，Inc.，254 Fr.Rasle Rd.，Norridgewock，ME 04957.Tel：(207) 696-5442.Web site：www.mainewoodheat.com.

唯一的关于制造砖石采暖炉具的英语初级读本。

Government of British Columbia，Ministry of Water，Land and Air Protection.

"Reducing Wood Stove Smoke：A Burning Issue."

On-line publication (Feb.2002).Web site：wlapwww.gov. bc.ca/air/particulates/rwssabi.html.

加拿大不列颠哥伦比亚省政府水土和空气保护部。《迫在眉睫：减少木材炉烟气量》在线出版（2002年2月）.网站：wlapwww. gov.bc.ca/air/particulates/rwssabi.html。

Gulland,John. "Woodstove Buyer's Guide." *Mother Earth*

News (December/January 2002)： 32—43.Superb overview of woodstoves, with a useful table to help you select a model that meets your needs.

极好的关于木柴炉的综述，帮助你选择符合需要的型号。

Hyytiainen, Heikki, and Albert Barden.*Finnish Fireplaces: Heart of the Home*.Norridgewock, Maine： Maine Wood Heat Company, Inc., 1988.

A valuable resource for anyone wanting to learn more about Finnish masonry stoves.Available through the Maine Wood Heat Company, listed above.

学习芬兰石质壁炉的有价值资源。可通过前文提到的缅因州木材供热公司获取。

Johnson, Dave.*The Good Woodcutter's Guide: Chain Saws, Woodlots, and Portable Sawmills*.White River Junction, Vt.：Chelsea Green, 1998.

A practical guide to felling trees and cutting firewood safely.

实用的伐木和劈柴安全指南。

Lyle, David.*The Book of Masonry Stoves: Rediscovering an Old Way of Warming*.White River Junction, Vt.: Chelsea Green, 1998.

This book contains a wealth of information on the history, function, design, and construction of masonry stoves.

这本书包含很多关于石质壁炉历史、功能、设计和建造的信息。

组织

Hearth, Patio, and Barbecue Association (formerly the Hearth Products Association).1601 North Kent Street, Suite 1001, Arlington,VA 22209.Web site： www.hpba.org.

International trade association that promotes the interests of the hearth products industry.Offers lots of valuable information.

壁炉、庭院和烤肉协会（以前的炉具产品协会）。网站:www.hpba.org。保护炉具产业权益的国际贸易协会。提供许多有价值的信息。

Masonry Heater Association of North America.1252 Stock Farm Road, Randolph, VT 05060.Tel: (802) 728-5896.

Web site: www.mha-net.org.

Publishes a valuable newsletter and has a web site with links to dealers and masons who design and build masonry stoves.

北美石质壁炉协会。网站:www.mha-net.org。出版有价值的时事通讯而且有一个链接石质壁炉经销商和设计建造壁炉共济会的网站。

Wood Heat Organization, Inc.410 Bank Street, Suite 117, Ottawa, Ontario, Canada K2P 1Y8.Web site: www.woodheat.org.

Promotes safe, responsible use of wood for heating.

木材采暖组织，网站:www.woodheat.org。旨在促进木材取暖安全性和可靠性的提高。

第7章 无障碍、人体工程学和适应性设计

出版物

Altman, Adelaide.*Elderhouse: Planning Your Best Home Ever*. White River Junction, Vt.: Chelsea Green, 2002.

A practical guide to help prevent accidents, ensure comfort, and maintain an independent, sustainable lifestyle in your own home as you age.

关于帮助你的家避免意外事件，确保舒适性，而且维持独立和可持续的生活方式的实践指南。

Boehland, Jessica. "Future-Proofing Your Building: Designing for Flexibility and Adaptive Reuse." *Environmental Building News* (February 2003): 1, 7-14.

An overview of this important subject, geared primarily

toward commercial buildings.

关于面向未来的建筑的综述，侧重于商业建筑。

Clark，Sam.*The Real Goods Independent Builder: Designing and Building a House Your Own Way*.White River Junction, Vt.：Chelsea Green，1996.

A great guide to building your own home.

关于建造自己住宅的有用指南。

Diffrient, Niels, Alvin Tillcy, and Joan Bardagjy.*Humanscale 1/2/3*.Boston：MIT Press，1974.

A technical reference on ergonomic dcsign.

关于人体工程学设计的技术参考。

Friedman， Avi.*The Adaptable House: Designing Homes for Change*.New York：McGraw-Hill，2002.

Great resource for those who want to delve into this subject in much greater detail.

对于想对可变住宅做更多深入研究的人非常有用的资源。

Inkeles， Gordon.*Ergonomic Living: How to Create a User-Friendly Home and Office*.New York：Simon and Schuster，1994.

Full of useful information on ergonomic design.

很多关于人体工程学设计的有用资源。

NAHB Research Center.*Directory of Accessible Building Products: Making Houses User-Friendly for Everyone*.Upper Marlboro, Md.：NAHB Research Center，2003.

An annual catalog of products for accessible design.

无障碍设计产品年鉴。

Residential Remodeling and Universal Design: Making Homes More Comfortable and Accessible.Upper Marlboro, Md.：NAHB Research

Center, not dated.

An informative guide for builders.

对建造者有益的指南。

Peterson，M.J.*Universal Bathroom Planning: Design That Adapts to People*.Hackettstown，N.J.：National Kitchen and Bath Association，1996.

A useful guide for accessible design of bathrooms.Finding a copy may be challenging as the book is now out of print.

浴室无障碍设计的实用指南。该书近年来没有再版，找一份副本可能是个挑战。

Universal Kitchen Planning: Design That Adapts to People. Hackettstown，N.J：National Kitchen and Bath Association，1996. A useful guide for accessible design of kitchens.You can obtain a copy by calling (800) 843-6522.Web site：www.nkba.org.

对于厨房无障碍设计的有用指南。拨打 (800)843-6522 或登录 www.nkba.org 网站可获得副本。

组织

Lighthouse International.Ⅲ East 59th Street，New York，NY 10022.Tel：(800) 829-0500.

Web site：www.lighthouse.org.

Information for people suffering from visual impairment.

国际灯塔。网站:www.lighthouse.org。为有视觉缺陷的人提供的信息。

Paralyzed Veterans of America.801 18th St.NW，Washington，DC 20006.Tel：(800) 424-8200.Web site：www.pva.org.

Produces information on accessibility，including the *Access Information Bulletins*.

美国瘫痪退伍军人。网站:www.pva.org。无障碍产品信息，包括市场准入信息公告。

U.S.Department of Housing and Urban Development. P.O.Box 23268, Washington, DC 20026-3268.Tel：(800) 245-2691.

Web site：www.huduser.org.

General information and guidelines on accessible design.

美国住宅和城市发展部。网站 :www.huduser.org。无障碍设计的总说明和指导方针。

第8章　使用混凝土和钢材建造绿色建筑

出版物

Imhoff, Dan.*Building with Vision: Optimizing and Finding Alternatives to Wood*.Healdsburg, Calif.：Watershed Media, 2001.

Covers many topics, including the use of light-gauge steel for framing.

涵盖许多主题，包括轻钢结构的使用。

Randall, Robert, ed.*Residential Structure and Framing: Practical Engineering and Advanced Framing Techniques for Builders*. Richmond, Vt.：Builderburg Group, 1999.

Contains a number of chapters on steel framing.

包含很多关于钢结构的章节。

组织

Monolithic Dome Institute.177 Dome Park Place, Italy,TX 76651.

Web site：www.monolithicdome.com.

Log on to their web site to learn about their conferences, workshops, books, CDs, building plans, and publications and to read feature articles.

大跨度结构学会。网站 :www.monolithicdome.com。注册登录网站可以查阅他们的会议、讲习班、著作、CD、建造计划、其他出版物以及专题文章等。

Steel Framing Alliance (formerly North American Steel Framing Alliance).1201 15th St.NW, Suite 320, Washington, DC 20005.Tel：(202) 785-2022.

Web site：www.steelframingalliance.com.

Offers a wealth of useful information about the use of steel for framing homes, including many publications.

钢结构联盟 (前北美钢结构联盟)。网站 :www.steelframing-alliance.com。提供很多关于钢结构住宅的有用资讯，包括许多出版物。

第9章　自然建筑

一般出版物

Chiras, Daniel D.*The Natural House: A Complete Guide to Healthy, Energy—Efficient, Environmental Homes*.White River Junction, Vt.：Chelsea Green, 2000.

Information on natural building with discussions of the pros and cons of each type.

关于每种类型的自然建筑优缺点的信息和讨论。

Elizabeth, Lynne, and Cassandra Adams, eds.*Alternative Construction: Contemporary Natural Building Methods*.New York：Wiley, 2000.

A compilation of articles on numerous natural building techniques with a little information on natural plasters.

一本关于天然灰泥建造自然建筑的技术文章合集。

Kennedy, Joseph E., Michael G.Smith, and Catherine Wanek, eds.*The Art of Natural Building: Design, Construction, and Resources*.Gabriola Island, B.C.：New Society Publishers, 2001.

Contains an assortment of articles on natural building.

包含自然建筑的分类文章。

Minke, Gernot.*Earth Construction Handbook: The Building Material Earth in Modern Architecture*.Southampton, England：WIT

Press/Computational Mechanics Publications, 2000.Contains a great deal of technical information and a good section on earth plasters, called loam plasters by the author.

介绍了作者称之为壤土灰泥的泥土灰泥的优点，包含很多的技术信息。

杂志

Natural Home. 201 E.4th Street, Loveland, CO 80537.Tel：(800) 272-2193.Web site：www.nat-uralhomemagazine.com. Covers a wide range of topics vital to healthy, natural building.

自然家园。网站:www.nat-uralhomemagazine.com。包括与健康自然建筑密切相关的各类型主题。

稻草包和稻草泥建筑

出版物

King, Bruce.*Buildings of Earth and Straw: Structural Design for Rammed Earth and Straw Bale Architecture*.Sausalito, Calif.Ecological Design Press, 1996.

A great book for the technically minded reader.Contains information on tests run on straw bale structures.

对于技术型读者来说很好的书。包括稻草包结构测试方面的信息。

Lacinski, Paul, and Michel Bergeron.*Serious Straw Bale: A Home Construction Guide for All Climates*.White River Junction, Vt.:Chelsea Green, 2000.

Contains a great deal of information on building with straw bales and plastering in cold and wet climates.Detailed coverage of lime plaster.

包含很多关于寒冷和潮湿气候条件下稻草包和涂抹灰泥建筑的信息。详细报导了石灰石膏。

Laporte, Robert.*MoosePrints.A Holistic Home Building Guide*.

Fairfield, Iowa.:Natural House Building Center, 1993.The only published source on straw—clay construction.

Contains some excellent illustrations, but only a fraction of the information you will need to learn this technique.

包括一些很好的插图，但是只有一小部分涉及了该项技术。

Magwood, Chris, and Peter Mack.*Straw Bale Building: How to Plan, Design, and Build Straw Bale*.Gabriola Island, B.C.: New Society Publishers, 2000.

A wonderfully written book on building straw bale in a variety of climates, especially northern climates.Contains a fair amount of information on plastering.

极佳的关于在多种气候条件下尤其是在北方气候下建造稻草包的书。包括很多抹灰方面的资讯。

Myhrman, Matts, and S.O.MacDonald.*Build It with Bales: A Step-hy-Step Guide to Straw-Bale Construction, Version Two*.Tucson, Ariz.:Out on Bale, 1998.

A superbly illustrated and recently updated manual on straw bale construction.Contains a fair amount of information on wall preparation, plasters, and plastering.

内容很新、图示很好的秸秆建筑手册。包含很多关于墙体准备、灰泥和涂抹工艺的信息。

Steen, Athena S., Bill Steen, David Bainbridge, and David Eisenberg.*The Straw Bale House*.White River Junction, Vt.: Chelsea Green, 1994.

The best—selling book that helped fuel interest in straw bale construction.Tons of information on straw—bale construction, wall preparation, and plasters.

帮助激发对秸秆建筑兴趣的最畅销书。包含大量关于稻草包的建造、墙体准备和抹灰的资讯。

杂志和时事通讯

The Last Straw.P.O.Box 22706, Lincoln, NE 68542-2706. Tel：(402) 483-5135.

Web site：www.thelaststraw.org.

Quarterly journal containing the latest information on straw-bale construction.Annual resource issue contains a gold mine of information.Publishes articles on natural plasters.This is an absolute must for all straw bale enthusiasts!

最后一根稻草。网站：www.thelaststraw.org。包含关于秸秆建筑最新资讯的季刊，其年刊包含丰富的实用信息。还收录关于天然灰泥的文章。对于热心草泥建筑的人来说绝对是必备的。

影像

Building with Straw, Vol.1:A Straw-Bale Workshop.Black Range Films, 1994.Covers a weekend workshop in which volunteers helped build a two-story greenhouse addition on a lodge.To order, log on to www.strawbalecentral.com.

《稻草建筑 第1册：草泥建筑专题讨论会》。包含关于志愿帮助建造一座附带门房二层楼的绿色住宅的周末专题讨论会。请登录 www.strawbalecentral.com 网站订购。

Building with Straw, Vol.2: A Straw-Bale Home Tour.Black Range Films, 1994.A tour of ten straw bale structures in New Mexico and Arizona.To order, log on to www.strawbalecentral.com.

《稻草建筑 第2册：参观草泥住宅》。新墨西哥州和亚利桑那州秸秆房之旅。请登录 www.strawbalecentral.com 网站定购。

Building with Straw, Vol.3: Straw-Bale Code Testing.Black Range Films, 1994.Takes you on a tour of ten straw bale structures in New Mexico and Arizona.Presents the insights of the owners/builders.To order, log on to www.strawbalecentral.com.

《稻草建筑 第3册：秸秆房规范测试》。带你参观新墨西哥州和亚历桑那州草泥建筑，呈现业主／建造者的洞察力。请登录 www.

strawbalecentral.com 网站定购。

How to Build Your Elegant Home with Straw Bales.By Steve Kemble and Carol Escott.Covers the specifics of building a load-bearing straw bale home.Comes with a manual.To order, log on to www.strawbalecentral.com.

如何用稻草包建造你优雅的家。包括建造秸秆房承重构件的细节。带一本手册。请登录 www.strawbalecentral.com 网站定购。

The Straw Bale Solution.Black Range Films.Narrated by Bill and Athena Steen and produced by Catherine Wanek.

Features interviews with architects, engineers, and owner-builders.Covers the basics of straw bale construction and much more.To order, log on to www.strawbalecentral.com.

稻草包解决方案。由 Bill 和 Athena Steen 叙说并由 Catherine Wanek 制作。针对秸秆建筑的基本原理和设计施工采访了建筑师、工程师和业主，记录了他们的一些独特观点。

登录 www.strawbalecentral.com 网站可订购。

组织

Austrian Straw Bale Network.A-3720 Baierdorf 6, Austria.

Web site：www.baubiologie.at.(In German.)

奥地利的秸秆房网络。网站 :www.baubiologie.at(德语)。

California Straw Building Association.P.O.Box 1293, Angels Camp, CA 95222-1293.Tel：(209) 785-7077.

Web site：www.strawbuilding.org.

This group is involved in testing straw bale structures. They also offer workshops and sponsor conferences.

加州稻草建筑协会。网站 :www.strawbuilding.org。该组织可对稻草包结构进行测试，也定期召开专题讨论会等会议。

The Canelo Project.HC1, Box 324, Elgin, AZ 85611.

Web site：www.caneloproject.com.

Founded and run by Athena and Bill Steen, contributing authors of *The Straw Bale House*.They offer workshops, videos, and books on straw bale construction as well as information on building codes and results of tests on straw bale homes.

Canelo 项目。网站 :www.caneloproject.com。由《秸秆房丛书》作者 Athena 和 Bill Steen 建立和运行，他们提供关于秸秆建筑的专题讨论会、影像、书以及规范和测试结果。

Center for Maximum Potential Building Systems. 8604 FM 969, Austin, TX 78724. Tel:(512)928-4786.

Working at the cutting edge of building materials, systems, and methods.Led by Pliny Fisk Ⅲ.

建筑物系统性能挖潜研究中心。

在 Pliny Fisk Ⅲ领导下致力于提升建筑物性能相关建材、系统和方法的关键因素应用研究。

Development Center for Appropriate Technology.Contact them in care of David Eisenbcrg, P.O.Box 27513,Tucson,AZ 85726-7513.Tel：(520) 624-6628.

Web site：www.dcat.net.

Offers a variety of services including consulting, research, testing, assistance with code issues, project support, instruction, and workshops.

适宜技术发展中心。网站 :www.dcat.net。提供包括咨询、研究、检测、规范、项目支持、指导和讲习班等多种服务。

European Straw Bale Construction Network.To join the mailing list, e-mail strawbale-1 @eyfa.org.

欧洲秸秆房工程网络。加入网络请发送邮件至 strawbale-1@eyfa.org。

GreenFire Institute.1509 Queen Anne Ave.N #606, Seattle, WA 98103.E-mail：greenfire@delphi.com.Offers straw bale workshops, design consultation, full design, building consultation, and full building options, all using straw or other sustainable materials.

GreenFire 学会。提供秸秆房工艺指导、设计咨询、全部设计、施工建造和完整的建筑选项，全部使用稻草或其他可持续材料。

Japan Straw Bale House Association.8-9 Honcho, Utsunomiya,Tochigi, Japan 3200033.

Web site：www.geocities.co.jp/NatureLand/1946/.(In Japanese.)

日本秸秆房协会。网站 :www.geocities.co.jp/Nature-Land/1946/(日语)。

Norwegian Straw and Earth Building Organization.Wemhus, N-1540 Vestby, Norway.E-mail：arild.berg3@chello.no.

挪威秸秆房和生土建筑组织。

Straw Bale Association of Nebraska.2110 S.33rd St., Lincoln, NE 68506-6001.Tel：(805) 483-5135.

Active in promoting straw bale construction and the MidAmerica Straw Bale Association.

内布拉斯加州秸秆房协会。

积极推广秸秆建筑，在中美洲秸秆建筑协会中十分活跃。

Straw Bale Association of Texas.P.O.Box 49381, Austin, TX 78763.Tel：(512) 302-6766.

Web site：www.greenbuilder.com/sbat.

Sponsors monthly meetings, publishes a newsletter, and provides a host of other resources.

德克萨斯州秸秆房协会。网站 :www.greenbuilder.com/sbat。每月主办会议，出版时事通讯并提供许多其他的资源。

Straw Bale Building Association for Wales, Ireland, Scotland, and England.SBBA, Hollinroyd Farms, Butts Lane, Todmorden, OL14 8RJ, United Kingdom.Tel：01442 825421.

Exchanges information and experience in straw bale construction.

英国秸秆建筑协会。交流稻草包工程的信息和经验。

Straw Bale Building Association of Australia.Contact at sbaoa@yahoo.com.au.

澳大利亚秸秆建筑协会。

Straw Bale Construction Association of New Mexico. Catherine Wanek, Route 2, Box 119, Kingston, NM 88042. Tel：(505) 895-5652.E-mail：blackrange@zianet.com.

新墨西哥州秸秆建筑协会。

土坯和草筋生土建筑

出版物

Bee, Becky.*The Cob Builder's Handbook: You Can Hand-Sculpt Your Own Home*.Murphy, Ore.：Groundworks, 1997.

Amply illustrated and clearly written introduction to cob building with a brief section on plasters and plastering.

通过大量插图和清晰的描述对草筋生土建筑进行了介绍，同时对浆料和抹灰进行了概述。

Bourgeois, Jean-Louis.*Spectacular Vernacular: The Adobe Tradition*.New York：Aperture Foundation, 1989.

Superb and beautifully photographed overview of adobe building throughout the world.

世界各地生土建筑精美摄影图片。

Evans, Ianto, Michael Smith, and Linda Smiley.*The Hand-

Sculpted House: A Practical and Philosophical Guide to Building a Cob Cottage.White River Junction, Vt.:Chelsea Green, 2002.Superb resource! A must—read for anyone interested in cob building.

极好的资源！生土建筑必读书。

McHenry, Paul G.Jr.*Adobe and Rammed Earth Buildings: Design and Construction*.Tucson, Ariz.:University of Arizona Press, 1989.

Excellent reference, covering history, soil selection, adobe brick manufacturing, adobe wall construction, and many more topics.Good coverage of earthen plastering.

很好的参考，包含生土建筑发展历史、土壤的选择、土坯的制造、土墙的建造以及很多其他主题，较全面地覆盖了生土建筑的方方面面。

Adobe: Build It Yourself. 2nd ed.Tucson, Ariz.University of Arizona Press, 1985.

Highly readable and surprisingly thorough introduction to many aspects of adobe construction.Focuses on cement and gypsum plaster.

通过对于土坯结构多方面的介绍使人非常易读，令人惊喜。侧重于粘接和抹灰。

Smith, Michael G.*The Cobber's Companion: How to Build Your Own Earthen Home*.2nd ed.Cottage Grove, Ore.:The Cob Cottage Company, 1998.

Well—written introduction to cob with many excellent and useful illustrations.

对生土建筑非常生动的介绍，配有许多精美实用的插图。

Stedman, Myrtle, and Wilfred Stedman.*Adobe Architecture*.Santa Fe, N.Mex.Sunstone Press, 1987.

Contains numerous drawings of houses and floor plans and well—illustrated basic information on making adobe bricks and laying up walls.

关于制作土砖和垒墙的基本资讯，包含很多住宅图纸、平面图和清晰插图。

杂志和时事通讯

The CobWeb.The only cob-focused periodical.Published twice yearly by The Cob Cottage Company, P.O.Box 123, Cottage Grove, OR 97424.Tel：(541) 942-2005.

Web site：www.cobcottage.com.

生土建筑网。唯一专注于生土建筑的期刊。Cob Cottage 公司每年出版两次，网站:www.cobcottage.com。

影像

Building with the Earth: Oregon's Cob Cottage Co.Great resource. Obtain from The Cob Cottage Company, P.O.Box 123, Cottage Grove, OR.97424.Tel：(541) 942-2005.

Web site：www.cobcottage.com.

生土建筑：俄勒冈州 Cob Cottage 公司。很棒的资源，可从 Cob Cottage 公司获得，网站:www.cobcottage.com。

组织

Center for Alternative Technology.Machynlleth, Powys, United Kingdom SY20 9AZ.Phone：01654 705950.Web site：www.cat.org.uk.This educational group offers workshops on earth building and natural finishes, among other topics.

替代技术中心。网站:www.cat.org.uk。这个教育团体提供关于生土建筑、天然漆和其他相关主题的专题讨论和培训。

素土夯实，夯土轮胎和沙包

出版物

Easton, David.*The Rammed Earth House*.White River Junction,Vt.:Chelsea Green, 1996.

An informative, highly readable book.A must for anyone considering this technology.No discussion of plaster or plastering.

一本资料丰富又非常易读的书。考虑夯土技术的必读书，但缺乏对灰浆和抹灰的讨论。

Hunter, Kaki, and Doni Kifimeyer.*Earthbag Building, The Tools, Tricks, and Techniques*.Gabriola Island, B.C.：New Society Publishers, 2004.

Detailed book on earthbag construction with information on plastering.Informative and well organized.

关于土包建筑详细资讯的书，包含抹灰知识，内容丰富而且很实用。

King, Bruce.*Buildings of Earth and Straw: Structural Design for Rammed Earth and Straw Bale Architecture*.Sausalito, Calif.：Ecological Design Press, 1996.

Another essential reading for anyone interested in building a rammed earth home.

对于夯土住宅感兴趣的人另一本必读书。

Middleton, G.F.*Earth Wall Construction*.North Ryde, Australia：CSIRO Publishers, 1987.

A manual on rammed earth showing a unique forming system.Appendices contain structural and insulation calculations.

展现夯土建筑独特构成形式的手册，附录包含结构和保温计算。

Reynolds, Michael.*Earthship Volume 1: How to Build Your Own*. Taos, N.Mex.：Solar Survival Press, 1990.

A must-read for those wanting to understand the basics of early Earthship design.This book contains some outdated information, however, so be careful.Be sure to read the more current volumes and check out the *Earthship Chronicles* for up-to-date information.

对于早期 Earthship 设计基础知识的必读书。这本书包含的信息显得过时，然而，这些方法是谨慎的。阅读本书同时请确保读到更新的版本和检查 Earthship Chronicles 的当前信息。

Earthship Volume 2: Systems and Components.Taos，N.Mex.：Solar Survival Press, 1990.

Explains the various systems such as graywater, solar electric, and domestic hot water.Essential reading for all people interested in sustainable housing.

为对可持续建筑感兴趣的人们解读中水、光伏发电和生活热水等各种系统的基本知识。

Earthship Volume 3: Evolution Beyond Economics.Taos，N.Mex.：Solar Survival Press, 1993.Presents many of the new developments.The latest information, however, is always to be learned in workshops, tours of new houses, and the *Earthship Chronicles*.

对新的研究应用进展进行了介绍。然而，最新信息往往通过专题学术讨论会、参观新建筑和 Earthship Chronicles 得到。

Wojciechowska, Paulina.*Building with Earth: A Guide to Flexible-Form Earthbag Construction*.White River Junction, Vt.：Chelsea Green, 2001.

Describes earthbag construction and offers some details on plastering.

介绍土包建筑而且提供了关于抹灰的一些细节。

杂志和时事通讯

Earthship Chronicles.Published by Earthship Global Operations, P.O.Box 2009, El Prado, NM 87529.Tel：(505) 751-0462. Pamphlets issued periodically to disseminate new information：graywater, catchwater, blackwater, mass vs.insulation, and equipment catalog.

Earthship 年鉴。定期发布中水、节水灌溉、污水处理、保温和设备等新信息目录的小册子。

Solar Survival Newsletter.Available from Solar Survival Architecture, P.O.Box 1041,Taos, NM 87571.E-mail：solarsurvival@earthship.org.

Solar Survival 时事通讯。

影像

Building for the Future.This is a video about the building of my house.It explains how it was built and discusses many green building products.To order, contact me at (303) 674-9688 or via e-mail at danchiras@msn.com.

未来建筑。这是关于本人住宅的建筑影像，介绍了住宅是如何建造的，而且讨论了许多绿色建筑产品。

Dennis Weaver's Earthship.Shows construction of actor Dennis Weaver's Earthship.Well done and very informative.Helpful in securing building permits.Available from Earthship Biotecturc at their on-line store at earthship.org.

Dennis Weaver 的大地之舟。展示演员 Dennis Weaver 的大地之舟的建造。制作精良而且内容丰富，在获得建筑许可方面有帮助。

The Earthship Documentary.Describes the history of Earthship construction, the underlying philosophy behind this unique structure, and building techniques.Available from Earthship Biotecture at their on-line store listed above.

Earthship 记录片。描述 Earthship 建筑的历史及其独特结构所蕴含的理念和建筑技术。

Earthship Next Generation.A look at new Earthship designs.Available from Earthship Biotecture at their on-line store listed above.

下一代 Earthship。介绍最新的 Earthship 设计观点。

From the Ground Up.Takes you through the process of building an Earthship.Available from Earthship Biotecture at their on-line store listed above.

从头开始。告诉你建造 Earthship 的全过程。

Rammed Earth Construction.1985.A 29-minute video produced by Hans-Ernst Weitzel.To order, call Bullfrog Films at (800) 543-3764 or visit their web site at www.bullfrogfilms.com.

夯土建筑。由 Hans-Ernst Weitze 制作的 29 分钟影像。

拨打 Bullfrog Films 的电话 (800)543-3764 或者登录他们的网站 www.bullfrogfilms.com 可订购。

The Rammed Earth Renaissance Video.Lycum Productions. This 31-minute video features David Easton and serves as an excellent introduction to the subject or a companion to The Rammed Earth House.Available from Chelsea Green (www.chelseagreen.com).

夯土建筑的复兴。Lycum 制作。31 分钟的影像中 David Easton and serves 对夯土建筑进行了精彩介绍。

组织

CalEarth, California Institute of Earth Art and Architecture. CalEarth/Geltaftan Foundation, 10376 Shangri La Avenue, Hesperia, CA 92345.Tel：(760) 244-0614.Web site：www.calearth.org.Offers information on earthbag construction, including an on-line newsletter.

CalEarth, 加州泥土艺术和建筑学会。网站 :www.calearth.org。 提供关于土包工程的资讯，包括一个在线的时事通讯。

第 10 章　掩土建筑

出版物

Chiras, Dan. "The Down Earth Home," *Mother Earth News*.

A brief overview of earth-sheltered building.

关于掩土建筑的综述。

Oehler, Mike. *The $50 & Up Underground House Book: How to Design and Build Underground*. Bonners Ferry, Idaho：Mole Publishing Co., 1997.

An interesting little book that presents an unusual way of building underground.

一本有趣的小书，提出了一种建造地下建筑的不同寻常的方式。

Reynolds, Michael. *Earthship Volume 1: How to Build Your Own*. Taos, N. Mex.：Solar Survival Press, 1990.

A must-read for those wanting to understand the basics of early Earthship design. This book contains some outdated information, however, so be careful. Be sure to read the more current volumes and check out the *Earthship Chronicles* for up-to-date information.

对于早期 Earthship 设计基础知识的必读书。这本书包含的信息显得过时，然而，这些方法是谨慎的。阅读本书同时请确保读到更新的版本和检查 Earthship Chronicles 的当前信息。

Earthship Volume 2: Systems and Components. Taos, N. Mex.：Solar Survival Press, 1990.

Explains the various systems such as graywater, solar electric, and domestic hot water. Essential reading for all people interested in sustainable housing.

为对可持续建筑感兴趣的人们解读中水、光伏发电和生活热水等各种系统的基本知识。

Earthship Volume 3: Evolution Beyond Economics. Taos, N. Mex.：Solar Survival Press, 1993. Presents many of the new developments. The latest information, however, is always to be learned in workshops, tours of new houses, and the *Earthship Chronicles*.

对新的研究应用进展进行了介绍。然而，最新信息往往通过专题学术讨论会、参观新建筑和 Earthship Chronicles 得到。

Roy, Robert L. *The Complete Book of Underground Houses: How* *to Build a Low-Cost Home.*New York：Sterling Publishing Co.，1994.

Wells, Malcolm.*The Earth-Sheltered House: An Architect's Sketchbook.*White River Junction, Vt.：Chelsea Green, 1998. Great little book on earth-sheltered design.

*How to Build an Underground House.*Self-published, 1991.

Overview of earthsheltered building.

掩土建筑综述。

组织

American Underground Construction Association.3001 Hennepin Ave.South, Suite D202, Minneapolis, MN 55408,Tel：(612)825-8933.

Web site：www.auca.org

Conferences and referrals to earth-sheltered professionals.

美国地下建筑协会，组织会议并推荐地下建筑专业人员。

第 11 章和第 12 章　被动式太阳能采暖和降温

Chiras, Daniel D. "Build a Solar Home and Let the Sunshine in." *Mother Earth News*（August/September 2002）：74-81.

A survey of passive solar design principles and a case study showing the economics of passive solar heating.

讲解了被动式太阳能的设计原理，并通过案例分析了被动式太阳能采暖的经济性。

"Learning from Mistakes of the Past." *The Last Straw* 36(Winter 2001)：15-16.

Describes common errors in passive solar design.

介绍了被动式太阳能设计的常见错误。

Chiras, Daniel D., ed. "Solar Solutions." The Last Straw 36(Winter 2001).

A collection of over a dozen articles,many by the author,on passive solar heating,integrated design,thermal mass,and more.

关于太阳能采暖、一体化设计和蓄热的文章合集，许多文章是编者本人的。

Cole, Nancy, and P.J.Skerrett. *Renewables Are Ready: People Creating Renewable Energy Solutions*.White River Junction, Vt.：Chelsea Green, 1995.

Contains numerous interesting case studies showing how people have applied various solar technologies,including passive solar.

介绍了许多有趣的案例，告诉人们如何应用各种太阳能技术，包括被动式太阳能利用。

Crosbie, Michael, ed. ʻ*The Passive Solar Design and Construction Handbook*. New York：John Wiley and Sons, 1997.

A pricey and fairly technical manual on passive solar homes.Contains detailed drawings and case studies.

一本极有价值的关于被动式太阳房的技术手册，观点公正，包含了详细的图纸和实例研究。

Crowther, Richard I.*Affordable Passive Solar Homes: Low-Cost Compact Designs*. Denver, Colo.：SciTech Publishing, 1984.

Contains some valuable background information on passive solar design and numerous specific designs.

包含了被动式太阳能设计原理和许多具体设计方法的背景资料，有很高的参考价值。

Energy Division, North Carolina Department of Commerce. *Solar Homes for North Carolina: A Guide to Building and Planning Solar Homes*.

Raleigh, N.C.：North Carolina Solar Center, 1999. Available on-line at the North Carolina Solar Center's web site,www.ncsu.edu.

可从北卡罗来纳州太阳能中心的网站www.ncsu.edu. 获得。

Givoni, Baruch.*Passive and Low Energy Cooling of Buildings*. New York：Van Nostrand Reinhold, 1994.

A fairly technical book, but one of a few resources on the subject.

相当有技术含量的书籍，但与本主题密切相关的资源较少。

Kachadorian, James. *The Passive Solar House*. White River Junction, Vt.: Chelsea Green, 1997.

Presents a lot of good information on passive solar heating and on ineeresting design that has reportedly been fairly successful in cold climates.

很好的被动式太阳能采暖资料，并且介绍了一个在寒冷气候里应用相当成功的案例。

Kubsch, Erwin. *Home Owners Guide to Free Heat: Cutting Your Heating Bills Over 50%*. Sheridan, Wyo.: Sunstore Farms, 1991.

A self-published book with lots of good basic information.

自行出版的一本书，其中有很多很好的基本信息。

Mclntyre, Maureen, ed. *Solar Energy :Today's Technologies for a Sustainable Future*. Boulder, Colo.: American Solar Energy Society, 1997.

An exeremely valuable resource with numerous case studies showing how passive solar heating can be used in different climates, even some fairly solar-deprived places.

非常有价值的信息资源和案例研究，显示出被动式太阳能采暖可用于不同的气候区，甚至是太阳能资源匮乏区。

Olson, Ken, and Joe Schwartz. "Home Sweet Solar Home: A Passive Solar Design Primer." *Home Power* (August/September 2002): 86-94. Superb introduction to passive solar design principles.

很好的介绍了被动式太阳能设计原则。

Passive Solar Industries Council. *Passive Solar Design Strategies: Guidelines for Home Building*. Washington, D.C.: PSIC, undated. Extremely useful book with worksheets for calculating a house's energy demand, the amount of backup heat required, the temperature swing you can expect given the amount of thermal mass you've installed, and the estimated cooling load.

You can order a copy from the SBIC (www.sbicouncil.org) with detailed information for your state, so you can design a home to meet the requirements of your site.

一本非常有用的书籍，附表可以用于计算建筑能源需求量、辅助热源负荷、不同蓄热条件下的房间温度波动情况以及冷负荷估算。可通过 SBIC 网站(www.sbicouncil.org)订购本州适用版本，设计符合自身场地特点的住宅。

Potts, Michael. *The New Independent Home: People and Houses That Harvest the Sun, Wind, and Water*. White River Junction, Vt.: Chelsea Green, 1999.

Delightfully readable book with lots of good information.

信息丰富，阅读愉快。

Reynolds, Michael. *Comfort in Any Climate*. Taos，N.Mex.: Solar Survival Press, 1990.

A brief but informative treatise on passive heating and cooling.

简洁翔实的专著，讨论了被动式采暖和降温。

Sklar, Scott, and Kenneth Sheinkopf. *Consumer Guide to Solar Energy: New Ways to Lower Utility Costs and Take Control of Your Energy Needs*. Chicago：Bonus Books, 1995.

Delightfully written introduction to many different solar applications, including passive solar heating.

全面介绍了许多类型的太阳能应用，包括被动式太阳能采暖。

Solar Survival Architecture. "Thermal Mass vs. Insulation." In *Earthship Chronicles*. Taos, N.M.: Solar Survival Architecture, 1998.

Booklets provided by the SSA. Basic treatise on passive solar heating and cooling.

由 SSA 所提供的小册子，对被动式太阳能采暖和降温进行了基本论述。

Sustainable Buildings Industry Council. *Designing Low-Energy Buildings: Passive Solar Strategies* and *Energy-10*. SBIC, 1996.

A superb resource! This book of design guidelines and the Energy−10 software that comes with it enable builders to analyze the energy and cost savings in building designs. Help permit region—specific design.

极好的资源，这本设计指南配合 Energy-10 软件使用，能够在设计阶段分析能源利用效率和技术经济性，使设计更加符合区域特点。

Taylor, John S.*A Shelter Sketchbook: Timeless Building Solutions*. White River Junction, Vt.:Chelsea Green, 1983.Pictorial history of building that will open your eyes to intriguing design solutions to achieve comfort, efficiency, convenience, and beauty.

绿色建筑的历史图说，对设计舒适、高效、方便、美观的住宅有很大的启发。

Van Dresser, Peter.*Passive Solar House Basics*.Santa Fc, N.Mex.:Ancient City Press, 1996. This brief book provides basics on passive solar design and construction, primarily of adobe homes. Contains sample house plans, ideas for solar water heating, and much more.

该书对被动式太阳能设计和建造的基本原理进行了综述重点对土坯房进行了介绍。其中包含简单的建筑平面、太阳能热水系统设计理念以及更多其他思路。

通信

Backwoods Home Magazine.P.O.Box 712, Gold Beach, OR 97444.Tel：(800) 835-2418。Web site:www.backwoodshome.com.

发表各方面关于自主生活的文章，包括可再生能源利用如太阳能等。

Buildings Inside and Out.Newsletter of the Sustainable Buildings Industries Council (formerly Passive Solar Industries Council).See their listing under "organizations" on page 277.

可持续建筑工业理事会(原被动式太阳能工业理事会)，在"组织"一栏的 277 页，可以看到他们的记录。

CADDET InfoPoint.

Web site：www.caddet-re.org.www.backwoodshome.com. Publishes articles on all aspects of self-reliant living,including renewable energy strategies such as solar.

季刊由能源中心示范分析推广中心出版，涵盖了广泛的可再生能源主题。

New Earth Times (formerly Dry Country News).Box 23-J, Radium Springs, NM 88054.Tel：(505) 526-1853.Web Site：www.zianet.com/earth.A new magazine devoted to living close to, and in harmony with, nature. Covers all aspects of natural life including home building and renewable energy.

一本致力于使生活与自然更加和谐的新杂志。涵盖了自然生活所有的方面，包括住宅建设和可再生能源利用。

EERE Network News. Newsletter of the U.S. Department of Energy's Energy Efficiency and Renewable Energy Network. An electronic newsletter from the DOE.To subscribe, log on to www.cere.energy.gov.

美国能源部能源效率和可再生能源网络通信。电子版来自美国能源部网站 www.cere.energy.gov。

Home Energy.2124 Kittredge St., No.95, Berkeley, CA 94704.Tel：(510) 524-5405.

Web site：www.homeenergy.org.

Great resource for those who want to learn more about ways to save enertgy in conventional home construction.

为那些想要了解如何在传统住宅建设中节约能源的人带来了大量资源。

Home Power.P.O.Box 520, Ashland, OR 97520.Tel：(800) 707-6585。

Web site：www.homepower.com.Great resource for those who want to learn more about ways to save energy in conventional home construction.

出版了许多关于光伏、风能、小水电等方面的文章，有时会发表关于被动式太阳能采暖降温的文章。

The Last Straw.P.O.Box 22706, Lincoln,NE 68542-2706.Tel：(402) 483-5135.

Web site：www.thelaststraw.org.

This journal publishes articles on natural building and

features articles on passive solar heating and cooling.

该杂志发表有关自然建筑和被动式太阳能采暖和制冷等功能的文章。

Solar Today. ASES, 2400 Central Ave., Suite A, Boulder, CO 80301. Tel: (303) 443−3130.

Web site: www.solartoday.org.

This magazine, publised by the American Solar Energy Society, contains a wealth of information on passive solar, solar thermal, photovoltaics, hydrogen, and other topics. Also lists names of engineers, builders, and installers and lists workshops and conferences.

该杂志由美国太阳能学会出版发行，包含了被动式太阳能、光热、光伏、氢能和与其他主题相关的丰富资料，还列出了相关工程师、建筑商、施工企业名称以及讲习班、研讨会的信息。

视频

The Solar-Powered Home. With Rob Roy.

An 84−minute video that examines basic principles, components, set−up, and system planning for an off−grid home featuring tips from America's leading experts in the field of home power.

Can be purchased from the Earthwood Building School at 366 Murtagh Hill Road, West Chazy, NY 12992. Tel: (518)493−7744. Web site: www.cordwoodmasonry.com.

一段84分钟的录像，由美国顶尖的家庭电力专家为您讲解家用离网发电系统的基本原理、组成部件、设备配置和系统规划。

组织

American Solar Energy Society. 2400 Central Avenue, Suite A, Boulder, CO 80301.

Web site: www.ases.org.

Publishes Solar Today magazine and sponsors an annual national meeting. Also publishes an on−line catalog of publications and sponsors the National Tour of Solar Homes. Contact this organization to find out about an ASES chapter in your area.

美国太阳能学会。出版发行 *Solar Today* 杂志，赞助每年的全国会议，还出版了一个在线的与太阳能住宅相关的出版物和赞助商名录。与这个组织联系，可以获得与您所在地区相关的文章。

Center for Building Science.Web site：eetd.lbl.gov.

Lawrence Berkeley National Laboratory's Center for Building Science works to develop and commercialize energy-efficient technologies and to document ways of improving energy efficiency of homes and other buildings while protecting air quality.

劳伦斯伯克利国家实验室建筑科学中心，旨在开发建筑节能技术并推动技术的商业化，研究提高房屋和其他建筑物能源效率的方法，同时保护空气质量。

Renewable Energy Policy Project and CREST (Center for Renewable Energy and Sustainable Technologies).1612 K St.NW, Suite 202, Washington, DC 20006.Tel：(202)293-2898.

Web site：solsticc.crest.org.

Noprofit organization dedicated to renewable energy, energy efficiency, and sustainable living.

可再生能源政策计划（可再生能源与可持续技术中心）。

致力于可再生能源、节能和可持续生活的非营利组织。

El Paso Solar Energy Association.P.O.Box 26384, El Paso, TX 79926.Web site：www.epsea.org/design.html.

Active in solar energy, especially passive solar design and construction.

德克萨斯州厄尔巴索太阳能协会

在太阳能尤其是被动式太阳能设计施工方面表现活跃。

Energy Efficiency and Renewable Energy Clearinghouse. P.O.Bow 3048, Merrifield, VA22116.Tel：(800)363-3732.

Great source of a variety of useful information on renewable energy.

节能与可再生能源信息交流处。

提供可再生能源方面大量的实用资源。

Florida Solar Energy Center(FSEC).1679 Clearlake Road, Cocoa, FL 32922.Tel:(321)638-1000.Web site：www.fsec. ucf.edu.A research institute of the University of Central Florida.Research and education on passive solar, cooling and photovoltaics.

佛罗里达太阳能中心。

中央佛罗里达大学太阳能研究机构，从事太阳能光热、降温和光伏领域的研究和教学。

Midweat Renewable Energy Association.7558 Deer Rd., Custer, WI 54423.Tel:(715)592-6595.

Web site：www.the-mrea.org.

Actively promotes solar energy and offers valuable workshops.

中西部可再生能源协会。

积极致力于太阳能推广，提供有价值的培训。

National Renewable Energy Laboratory(NREL).Center for Buildings and Thermal Systems.1617 Cole Blvd., Golden, CO 80401.Tel:(303) 275-3000.

Web site：www.nrel.gov/buildings_thermal/.

Key player in research and education on energy efficiency and passive solar heating and cooling.

国家可再生能源实验室。建筑热工系统中心。

建筑能效和太阳能采暖降温权威研究部门。

Northe Carolina Solar Center.Box 7401, Raleigh, NC 27695.Tel:(919)515-5666.

Web site：www.ncsc.ncsu.edu.

Offers workshops, tours, publications, and much more.

北卡罗来纳州太阳能中心。

提供培训、参观、出版等服务。

Renewable Energy Training and Education Center.1679

Clearlake Road, Cocoa, FL 32922.Tel:(321)638-1007.

Offers hands-on training and courses in the U.S.and abroad for those interested in becoming certified in solar installation.

可再生能源培训教育中心。

可为国内外希望获得太阳能安装资质的单位和个人提供实习培训和课程。

Solar Energy International.P.O.Box 715, Carbondale, CO 81623.Tel:(970)963-8855.

Web site：www.solarenergy.org.

Offers a wide range of workshops on solar energy, wind energy, and natural building.

国际太阳能。

提供多方面关于太阳能、风能和自然建筑的培训。

Sustainable Buildings Industries Council(SBIC).1331 H Street NW, Suite 1000, Washington, DC 20005.Tel:(202) 628-7400.

Web site：www.sbicouncil.org.

This organization has a terrific web site with information on workshops, books and publications, and links to many other international, national, and state solar energy organizations. Publishes a newsletter, *Buildings Inside and Out*.

可持续建筑工业委员会。

该组织建立了非常出色的网站，上面有关于培训、书籍、出版物等方面的大量信息，并有与国内外、各州太阳能组织的快捷链接。发布行业通讯，并出版了《Buildings Inside and Out》一书。

第13章 绿色能源：太阳能和风力发电

出版物

Butti, Ken, and John Perlin.*A Golden Thread: 2500 Years of Solar Architecture and Technology*.Palo Alto, Calif.: Cheshire

Books, 1980.

Delightful history of solar energy.

对太阳能利用历史的出色描绘。

Davidson.Joel.*The New Solar Electric Home: The Photovoltaics How To Handbook*.Ann Arbor, Mich.：Aatec Publications, 1987.

Comprehensive and highly readable guide to photovoltaics, although it is a bit out of date.

深入浅出地对光伏技术进行全面综述，内容有点过时。

Gipe, Paul.*Wind Power for Home and Business: Renewable Energy for the 1990s and Beyond*.

White River Junction, Vt.：Chelsea Green, 1993.

Comprehensive, technical coverage of home wind power.

对家用风力发电系统进行全面的技术性介绍。

Gourley, Colleen. "Production Builders Go Solar." *Solar Today* (January/February 2002):24–27.An inspiring story about the incorporation of solar electricity into homes in California by large-scale production builders.

关于加州通过大规模开发商将光伏发电系统应用于家庭的故事，令人深受鼓舞。

Hackleman, Michael, and Claire Anderson. "Harvest the Wind." *Mother Earth News* (June/July 2002):70–81.

A wonderful introduction to wind power.

对于风力的精彩介绍。

Jeffery, Kevin.*Independent Energy Guide: Electrical Power for Home, Boat, and RV*.Ashland, Mass.：Orwell Cove Press, 1995.

Contains a wealth of information on solar electric systems and wind generatiors, and it is fairly easy to read.

有大量关于光伏系统和风力发电的宝贵资料，很易读懂。

Komp, Richard J.*Practical Photovoltaics: Electricity from Solar Cells*. 3rd ed.Ann Arbor.Mich.：Aatec Publication, 1999.

Fairly popular book on PVs.

相当通俗易懂的光伏书籍。

Linkous, Clovis A. "Solar Energy Flydrogen-Partners in a Clean Energy Economy." *Solar Today* 13(1999):22-25.

A good, but detailed and somewhat technical, article on hydrogen production.

一篇很好的关于氢能产品的详细技术性文章。

NREL.*The Borrower's Guide to Financing Solar Energy Systems*. Golden, Colo.：National Renewable Energy Labortory, 1998.

Provides information about nationwide financing programs for photovoltaics and passive solar heating.Contact NREL's Document Distribution Service at (303)275-4363 for a free copy.

提供了全国范围内光伏和被动式太阳能采暖财政补助政策。可与 NERL 的文档服务部门联系获得免费副本。

The Colorado Consumer's Guide to Buying a Solar Electric System. Golden, Colo.：National Renewable Energy Laboratory, 1998.

Provides basic information about purchasing, financing, and installing photovoltaic systems in Colorado that is applicable to many other states and countries.Contact NREL's Document Distribution Service at (303)275-4363 for a free copy.

提供了在科罗拉多州购买、安装光伏系统以及获得财政支持的相关信息，在其他州也基本适用。可与 NERL 的文档服务部门联系获得免费副本。

Peavey, Michael A.*Fuel from Water: Energy Independence with Hydrogen*. 8th ed.Louisville, Ky.：Merit Products, 1998.

Technical analysis for engineers and chemists.

为工程师和化学家做的氢能源利用技术分析。

Potts, Michael.*The New Independent Home: People and Houses That Harvest the Sun, Wind, and Water*.White River Junction, Vt.：Chelsea Green, 1999.

Delightfully readable book with lots of good information.

阅读轻松，信息量大。

Rastelli, Linda. "Energy Independence with All the Comforts." *Solar Today* (Jannuary/February 2002):28—31.

An inspiring story about a passive solar/solar electric home in the Washington, D.C., area.

讲述了一个关于华盛顿特区被动式光伏太阳能建筑的鼓舞人心的故事。

Roberts, Simon. *Solar Electricity: A Practical Guide to Designing and Installing Small Photovoltaic Systems*. Saddle River, N.J.: Prentice—Hall, 1991.

Good reference but a bit dated.

很好的参考资料，但有点过时。

Sagrillo, Mick. "Apples and Oranges 2002: Choosing a Home—Sized Wind Generator." *Home Power* (August/September 2002):50—66.

An extremely useful comparison of popular wind generators with lots of good advice on choosing a wind machine that works best for you. A must—read for anyone interested in buying a wind generator.

非常有用的关于市面上常见的风力发电设备的对比测评，对选择合适的风力发电设备非常有益，购买设备必读。

Schaeffer, John, ed. *Solar Living Source Book*. 10th ed. Ukiah, Ca.: Gaiam Real Goods, 1999.

Contains an enormous amount of background information on wind, solar, and microhydroelectric.

包含大量关于风能、太阳能和小水电的背景资料。

Seuss, Terri, and Cheryl Long. "Eliminate Your Electric Bill: Go Solar, Be Secure." *Mother Earth News* (February/March

2002):72-82.

An excellent discussion of solar roofing materials.

关于太阳能屋顶材料的精彩讨论。

Solar Energy International. *Photovoltaic Design Handbook, Version 2*. Carbondale, Colo.: Solar Energy International.

A manual on designing, installing, and maintaining a PV system. Used in SEI's PV design and installation workshops.

光伏设计、安装和维护手册。用于SEI公司的光伏设计和安装培训。

Strong, Steven J., and William G. Scheller. *The Solar Electric House: Energy for the Environmentally Responsive, Energy-Independent Home*. Still River, Mass.: Sustainability Press, 1993. A comprehensive and more technical guide to solar electricity.

技术性更强的光伏发电综合指南。

视频

An Introduction to Residential Microhydro Power with Don Harris. Available from Scott S. Andrews, P.O. Box3027, Sausalito, CA 94965. Tel:(415)332-5191.

Outstanding video packed with lots of useful information.

精彩的视频，信息量大。

An Introduction to Residential Solar Electricity with Johnny Weiss. Good basic introduction to solar electricity. Available from Scott S. Andrews at the address listed above.

很好地介绍了光伏系统的基本知识。可从 Scott S. Andrews 处获取，地址已在上面列出。

An Introduction to Residential Wind Power with Mick Sagritto.

A very informative video, especially for those wishing to install a medium-sized system. Available from Scott S. Andrews at the address listed above.

很有参考价值，特别是对那些希望安装一套中型风能系统的人来说。获得途径同上。

An Introduction to Solar Water Pumping with Windy Dankoff. A very useful introduction to the subject. Available from Scott S. Andrews at the address listed above.

太阳能水泵非常有用的介绍。获得途径同上。

An Introduction to Storage Batteries for Renewable Energy Systems with Richard Perez. This is one of the best videos in the series. It's full of great information. Available from Scott S. Andrews at the address listed above.

该题材最好的视频，信息量大。获得途径同上。

通讯和杂志

Home Power. P.O.Box 520, Ashland, OR 97520. Tel：(800) 707-6585.

Web site：www.home-power.com.

Publishes numerous articles on PVs, wind energy, and microhydroelectric and occasionally an article or two on passive solar heating and cooling.

家庭能源。发表有关风能、光伏、小水电等方面的文章，少量文章涉及被动式太阳能采暖和降温。

Solar Today. ASES, 2400 Central Ave., Suite A, Boulder, CO 80301. Tel：(303) 443-3130.

Web site：www.solartoday.org.

This magazine, published by the American Solar Energy Society, contains a wealth of information on passive solar, solar thermal, photovoltaics, hydrogen, and other topics. Also lists names of engineers, builders, and installers and lists workshops and conferences.

该杂志由美国太阳能学会出版发行，包含了被动式太阳能、光热、光伏、氢能和与其他主题相关的丰富资料，还列出了相关工程师、建筑商、施工企业名称以及讲习班、研讨会的信息。

Wind Energy Weekly.

Newsletter published by the American Wind Energy Association, listed under "Organizations," below.

风能周刊。由美国风能协会出版，列在下述"组织"部分。

组织

American Solar Energy Society.2400 Central Avenue, Suite A, Boulder, CO 80301.

Web site：www.ases.org. Publishes *Solar Today* magazine and sponsors and annual national meeting. Alao publishes and on-line catalog of publications and sponsors the National Tour of Solar Homes. Contact this organization to find out about an ASES chapter in your area.

美国太阳能学会。出版发行 *Solar Today* 杂志，赞助每年的全国会议，还出版了一个在线的与太阳能住宅相关的出版物和赞助商名录。与这个组织联系，可以获得与您所在地区相关的文章。

American Wind Energy Association.122 C Street, NW, Suite 380, Washington, DC 20001.Tel：(202) 383-2500.

Web site：www.awea.org.

This organization also sponsors an annual conference on wind energy. Check out their web site, which contains a list of publications, their on-line newsletter, frequently asked questions, news releases, and links to companies and organizations.

美国风能协会。该协会每年组织年会，在其网站上可以看到相关出版物名录、行业新闻、常见问题以及其他公司和组织的网址链接。

British Wind Energy Association.1 Aztec Row, Berners Road, Nl OPW, United Kingdom.Tel：020-7689-1960.

Web site：www.bwea.com.

Actively promotes wind energy in Great Britain. Check out their web site for fact sheets, answers to frequently asked questions, links, and a directory of companies.

英国风能协会。该组织积极促进风能在英国的发展。查看其网站，可查询协会概况，常见问题的解答和相关公司名录。

Centre for Alternative Technology.Machynlleth, Powys,

United Kingdom SY20 9AZ.Tel：01654 702782.

Web site：www.cat.org.uk.

www.cat.org.uk.This educational group in the United Kingdom offers workshops on alternative energy, including wind, solar, and microhydroelectric.

替代技术中心。这个教育组织在英国提供替代能源方面的培训，包括风能、太阳能和小水电等。

Center for Renewable Energy and Sustainable Technologies.1612 K St.NW, Suite 202, Washington, DC 20006.Tel：(202) 293-2898.

Web site：solstice.crest.org.

Nonprofit organization dedicated to renewable energy, energy efficiency, and sustainable living.

可再生能源与替代技术中心。非营利性机构，致力于开发可再生能源、提高能源效率和发展可持续的生活。

European Wind Energy Association.Rue du Trone 26, B-1000, Brussels, Belgium.Tel：32-2546-1940.

Web site：www.ewea.org.

Promotes wind energy in Europe.The organization publishes Wind Directions. Their web site contains information on *wind energy* in Europe and offers a list of publications and links to other sites.

欧洲风能协会。促进风能利用在欧洲的推广，出版了《Wind Directions》，他们的网站上对欧洲的风能利用进行了介绍，并提供了相关出版物名录和其他网站的链接。

National Wind Technology Center of the National Renewable Energy Laboratory.18200 State Highway 128, Boulder, CO 80303.Tel：(303) 384-6900.

Web site：www.nrel.gov/wind.

国家可再生能源实验室风能技术中心。他们的网站提供了一个搜索模式，便于搜索大量关于风能的资料，包括风力资源数据库。

Solar Energy International.P.O.Box 715, Carbondale, CO 81623.Tel：(970) 963-8855.

Web site：www.solarencrgy.org. Offiers a wide range of

workshops on solar energy, wind energy, and natural building.

对太阳能、风能和自然建筑进行了广泛的讨论。

Solar Living Institute.P.O.Box 836, Hopland, CA 95449. Tel：(707) 744-2017.

Web site：www.solarliving.org.

Offers a wide range of workshops on solar energy, wind energy, and natural building.

一个非盈利性组织，经常提供关于太阳能、风能等方面的操作培训。

第14章　水和垃圾的可持续处理

出版物

Banks, Suzy, and Richard Heinichcn.*Rainwater Collection for the Mechanically Challenged*.Dripping Springs,Tex.：Tank Town Publishing, 1997.

Humorous and informative guide to aboveground rain water catchment systems.

一本幽默翔实的地面雨水收集系统指南。

Campbell, Stu.*The Home Water Supply: How to Find, Filter, Store, and Conserve It*.Pownal.Vt.：Storey Communications, 1983. Good resource on water supply systems, although it is dated. Unfortunately, it has very little about catchwater or graywater systems.

尽管有些过时，但还是一本关于供水系统的好书，不过有关雨水收集和灰水系统的内容较少。

Del Porto, David, and Carol Steinfcld.*The Composting Toilet System Book*.Concord, Mass.：Center for Ecological Pollution Prevention, 1999.

Contains detailed information on composting toilets and graywater systems.

关于堆肥厕所和中水系统，提供了详细资料。

Harper, Peter.*Fertile Waste*：*Managing Your Domestic Sewage*. Machynlleth, Powys, U.K.：Centre for Alternative

Technology, 1998.

This brief book offers some useful information on composting toilets and handling urine.

这本简短的书，提供了一些关于粪便和尿液处理的有用信息。

Jenkins, Joseph.*The Humanure Handbook.A Guide to Composting Human Manure*. 2nd ed.Grove City, Pa.：Jenkins Publishing, 1999.

Excellent resource,well worth your time.

极好的资源，非常值得您花时间阅读。

Ludwig,Art.*Builder's Greywater Guide: Installation of Greywater Systems in New Construction and Remodeling*.Santa Barbara，Calif：Oasis Design, 1995.

Considerable information on graywater systems, including important information on safety and chemical contents of detergents.

关于灰水系统这本书有相当多的介绍，包括灰水的安全性及洗涤剂化学成分的重要信息和内容。

Create an Oasis with Greywater: Your Complete Guide to Choosing, Building, and Using Greywater Systems.Santa Barbara，Calif：Oasis Design, 1994.

Fairly detailed discussion of the various types of graywater systems.

相当详细地讨论了不同类型的灰水系统。

Solar Survival Architecture. "Black Water." *Earthhip Chronicles* Taos, N.M.：Solar Survival Press, 1998.

Provides an introduction to the blackwater systems under development by SSA.

介绍了SSA（Solar Survival Architecture）正在开发的污水处理技术。

"Catchwater." *Earthship Chronicles*.Taos, N.M.：Solar Survival Press, 1998.

Focuses primarily on catchwater systems for Earthships, but has ideas that are relevant to all homes.

重点介绍了为大地之舟设计的雨水收集系统，其思路适用于所有的住宅。

"Greywater." *Earthship Chronicles*.Taos, N.M.：Solar Survival Press, 1998.

Focuses primarily on graywater systems for Earthships, but has ideas that are relevant to all homes.

重点介绍了为大地之舟设计的灰水收集系统，其思路适用于所有的住宅。

U.S.Environmental Protection Agency.*U.S.EPA Guidelines for Water Reuse*.Washington, D.C.：U.S.EPA, 1992.Publication USEPA/USAID EPA625/R-92/004.

You can obtain a copy of this document at the U.S. EPA National Center for Environmental Publications, P.O. Box 42419, Cincinnati, OH 45242.Tel：(800) 489-9198.Web site：www.epa.gov/epahome/publications.htm.

你可以在美国国家环保局环境中心的出版物中查找这份文件。

视频

Rainwater Collection Systems.Morris Media Associates, Inc., A brief, informative video that comes with a 50-page booklet that provides more details on systems and information on equipment and suppliers.Available from Garden-Ville Nursery, 8648 Old BeeCave Road, Austin,TX 78735.Tel：(512) 288-6113.Web site：www.garden-ville.com.

雨水收集系统。简短但内容丰富的视频,配有一本50页的小册子,提供了更详细的信息，包括系统设备和供应商。

组织

American Water Works Association.6666 W. Quincy Avenue, Denver, CO 80235.Tel：(303) 794-7711.

Web site：www.awwa.org.

Concerned with many aspects of water, including water reuse.They publish proceedings from their water reuse conferences that offer valuable information

美国水工作协会。这个组织涉及水的许多方面,包括水的再利用。他们将水循环利用相关会议的会议记录等资料整理出版,提供了丰富的资料。

Rocky Mountain Institute.1739 Snowmass Creek Road, Snowmass, CO 81654.Tel:(970) 927-3851.

Web site:www.rmi.org.

Check out the catalog of this outstanding organization for publications on water efficiency and water reuse.

落基山研究所。可以查阅该组织列出的关于提高用水效率和再生水的出版物目录。

第15章 环境友好型景观

出版物

Buege, Douglas, and Vicky Uhland. "Natural Swimming Pools." *Mother Earth News*(August/September2002):64-73.

对天然游泳池进行了相当透彻地讨论,并描述建造的细节。

Dramstad, Wenche E., James D.Olson, and Richard T.Forrnan.*Landscape Ecology: Principles in Landscape Architecture and Land-Use Planning*.Washington, D.O.:Island Press, 1996.

A useful textbook on the subject.

一本在生态景观方面有用的教科书。

Groesbeck, Wesley A., and Jan Striefel.*The Resource Guide to Sustainable Landscape Gardens*.Salt Lake City, Utah.:Environmental Resources, Inc., 1995.

Excellet resource.

优秀的资源。

Matson.Tim.*Earth Ponds Sourcebook: The Pond Owner's Manual and Resource Guide*.

Woodstock, Vt.:Countryman Press, 1997.

Useful guide for making ponds and natural swimming pools.

一本关于构筑池塘和天然游泳池的有益指南。

Moffat, Anne S., and Marc Schiler.*Energy-Efficient and Environmental Landscaping*.South Newfane,Vt.: Appropriate Solutions Press, 1994. An excellent reference with an abundance of information on landscaping strategies and plant varieties suitable for different climate zones. This book also lists solar tables that will help you determine the path of the sun at different times of the year in your area.

关于生态景观构建策略和适合于不同气候区植物品种方面很好的参考信息。这本书还给出了太阳运行情况表，便于读者确定所在地区太阳在不同时间的运行轨迹。

Mollison, Bill.*Permaculture Two: Practical Design for Town and Country in Permanent Agriculture*.Tyalgum, Australia: Tagari Publications, 1979.

A seminal work in the field of permaculture.

在永续生活领域的开创性工作。

NREL.*Landscaping for Energy Efficiency*.Washington, D.C.: DOE Office of Energy Efficiency and Renewable Energy, 1995. DOE/GO-10095-046.

Provides a decent,though somewhat disorganized,overview on the topic.

对节能型景观进行了阐述，稍微缺乏组织。

Reynolds, Kimberly A. "Happiness Is a Suburban Homestead." *Mother Earth News* (June/July 2002): 109, 128.A tale of partial independence in an urban environment.

讲述了在城市环境中自给自足生活的故事。

Taute, Michelle. "Make a Splash," *Natural Home* (July/August 2002): 56-59.

A brief but delightfully well-illustrated story on natural swimming pools.

一个关于天然游泳池简短明了、图文并茂的故事。

Vivian, John. "The Working Lawn: A Step Beyond an Expanse of Green." *Mother Earth News* (June/July 2001): 66-74.

A guide to converting lawn to a productive landscape.

将草坪转变为物产丰富的实用景观的改造指南。

杂志

The Permaculture Activist.P.O.Box 1209, Black Mountain, NC 28711.Tel：(828) 669-6336.

Web site：www.permacultureactivist.com. Publishes articles on a variety of subjects related to permaculture and includes an updated list of permaculture design courses.

该网站登载了大量有关永续生活的话题，还包括最新的关于永续生活设计课程的清单。

Permaculture Magazine: Solutions for Sustainable Living. Permanent Publications, Frecpost (SCE 8120) Petersfield GU32 1HR, United Kingdom.

Web site：www.permaculture.co.uk.

A quarterly journal, published in cooperation with the Permaculture Association of Great Britain, containing articles, book reviews, and solutions from Britain and Europe.

这是一份季刊，与英国永续生活协会联合发行，内容包括文章、书评和来自英国和欧洲的一些解决方案。

组织

Appropriate Technology Transfer for Rural Areas.P.O.Box 3657, Fayetteville, AR 72702.Tel：(800) 346-9140.

This organization is actively involved in the permaculture movement.

农村地区适宜技术推广者。该组织正积极参与永续生活运动。

Biotop.HauptstraBe 285, A-3411 Weidling, Austria.Tel：43-0-2243-30406-21.

Web site:www.biotop-gmbh.at.

The Austrian company thar has pioneered the natural swimming pool.

这个奥地利公司是天然游泳池领域的先锋。

International Permaculture Institute.P.O.Box 1,Tyalgum, NSW 2484, Australia.Tel：(066)-793-442.

An international coordinating organization for permaculture activities such as accreditation. 国际永续生活研究会。永续生活领域的一个国际合作组织，开展认证等活动。

National Wildlife Federation, Backyard Wildlife Habitat Program.1400 16th Street NW, Washington, DC 20036-2266. Tel：(800) 822-9919.

Web site：www.nwf.org/backyard-wildlifehabitat.

Contact them for information on creating willcife habitat in your backyard or on your land.

美国野生动物协会。

通过联系他们得到信息，可以在你的后院或其他土地上创造野生动物栖息地。

后记　使你美梦成真

Bridges, James E.*Mortgage Loans: What's Right for You?* Cincinnati：Betterway, 1997.

This book will help you understand mortgages and help you pick the one that's best for you.

这本书将帮助你了解抵押贷款，并帮助选择最适合你的方案。

Freeman, Mark！*The Solar Home: How to Design and Build a House You Heat with the Sun*.Mechanicsburg, Pa.：Stackpole Books, 1994.

This book contains a wealth of information on building your own home, including many practical aspects.

这本书包含了丰富的自建房信息，包括在建房时遇到的许多实际问题。

Heldmann, Carl.*Be Your Own House Contractor: Save 25% without Lifting a Hammer*.Pownal, Vt.：Storey Books, 1995.

Although it is geared toward conventional home building, the book will walk you through the steps of building a home, giving advice on many issues such as permits and working with subcontractors.

尽管本书主要针对传统住宅建筑，但它将带你走过建房的每一个环节，并在建设许可、联系分包商等方面提出建议。

Roy，Rob.*Mortgage-FREE! Radical Strategies for Home Ou'tiership.*White River Junction,Vt.：Chelsea Green，1998.

Contains an enormous amount of information for professional and nonprofessional readers.

对于准备自建房的人来说首要的好书，能够显著节约抵押贷款开支。

Wilson，Alex，Jenifer L.Uncapher，Lisa McMamgal，L.Hunter Lovins，Maureen Cureton，and William D.Browning. *Green Development: Integrating Ecology and Real Estate*.New York：John Wiley and Sons，1998. Contains an enormous amount of information for professional and nonprofessional readers.

这本书包含了大量的专业信息，对专业或非专业读者都适用。

组织

Resnet.Residential Energy Services Network.P.O.Box 4561，Oceanside，CA 92052.Tel：(760) 806-3448.

Web site：www.natresnet.org.

全国性的抵押贷款、房地产经纪、建造、评估、公用事业，以及其他住房和能源的专业服务网络，致力于提高全国既有住宅能源效率，扩大房屋贷款的申请和应用领域。

附录 A
关于绿色建筑的建议

以下是本书中所提出的主要建议。您可以在新建、改造或考虑购买住宅时，使用这个清单。请注意，一些项目可能重复提及，因为它们涵盖了绿色建筑的多个方面。

选址原则

1. 选址在城镇中已充分开发地区。

2. 选择具有良好太阳能资源的场地。

3. 如果考虑使用风能，选择具有充足、可靠风力资源的场地。

4. 可能的话选择适合建设掩土建筑的场地。

5. 避免建设在封闭环境里。

6. 寻找有利的微气候环境。

7. 具有良好的排水条件。

8. 具有稳定的地基。

9. 避免建设在具有潜在危险的地区，例如泛滥平原、河床冲沟以及可能发生泥石流和雪崩的地带。

10. 避免建设在沼泽地带或毗邻沼泽的场地。

11. 不要试图排干湿地的水来建造房屋。

12. 选择具有丰富土壤的场地，可以种植粮食和蔬菜。

13. 选择可以提供部分或所有建筑材料的场地。

14. 选择能够提供可靠、清洁水源的场地。

15. 选择方便进入，无需大量平整地台及铺设车道的场地。

16. 远离嘈杂的地区。

17. 检查环境和社区设施，如回收设施、自行车道、公园和娱乐场所。试想生活在一个和谐社区、生态村或"新型城镇"。

场地布局

18. 合理布置住宅朝向使太阳得热最大化。

19. 不要破坏场地的自然美景或将房子建在风景如画的位置上。

20. 谨慎处理建筑与场地景观的关系，保护既有自然景观和生态环境。

21. 考虑集群化建设。

22. 将建筑完美地融入场地景观。

23. 设计符合场地特点的住宅。

施工阶段场地保护

24. 施工期间尽量减少土方量。

25. 指定一个施工通道。

26. 指定一个停车区，或要求工人将车停在路边。

27. 指定一个区域用来装卸存和放建筑材料及其他用品。

28. 指定一个地区用来存放可回收材料。

29. 把要保护的树木和区域围护起来。

30. 储存表层土以备后期使用，并保护其不受污染和侵蚀。

31. 不要储备树木周围的土壤。

32. 回收利用建筑工地所有的废弃物。

33. 不要在建筑工地倾倒有害物质。

34. 聘请园艺专家帮助制定树木保护策略。

35. 仔细确定房屋位置，尽可能减少树木移植。

36. 在损伤的树干周围包上纸箱来保护树干和根系免受损坏。

37. 就树木保护与承包商、分包商和工人进行充分的沟通。

38. 在合同中与承包商约定损害树木的罚则。

39. 施工前对周边树木施肥，施工中每两个星期浇一遍水。

40. 对必须砍掉的树回收利用，并进行补种。

41. 控制现场的污染和侵蚀。

42. 设计车道，尽量减少场地侵蚀。

43．不用或少用定向刨花板、胶合板以及其他含有甲醛的工程木材；使用甲醛含量低或无甲醛的产品代替。

44．所有工程木材安装前须充分通风挥发有害气体。

45．不用或少用常规地毯；使用无化学污染的地毯代替。

46．安装高能效封闭炉膛强制通风的火炉、锅炉和热水器。

47．使用无毒（低或无挥发性有机化合物）油漆、染色剂和面漆。

48．使用不产生消耗臭氧层化学品的保温材料。

49．不要把房屋建设在邻近发电厂、工厂和养猪场等空气污染源的地段。

50．不要在机场、高速路、医院、夜总会和派出所等有潜在噪声源附近进行建设。

51．不要在广播电视塔和变电所等潜在低频电磁波辐射源附近进行建设。

52．对定向刨花板和其他工程木材进行密封处理，防止有害气体释放。

53．安装隔气层以减少空气渗透和有毒物质进入室内。

54．密封围护结构的裂纹，防止污染物渗入内部。

55．安装氡气防护措施，如在地下管沟中铺设聚乙烯薄膜。

56．使用金属屏蔽电线，以防电磁辐射。

57．在住宅中充分利用自然通风。

58．在浴室、厨房和洗衣房安装抽气排风扇。

59．安装中央通风系统和排风热回收装置。

60．使用空气过滤系统作为最后的手段。

减少木材使用

61．翻新或改建现有建筑物。

62．建设小规模住宅。

63．建造简单住宅。

64．以2英尺模数设计住宅。

65．高耐久性。

66．高适应性。

67．运用最优价值工程理论进行设计。

68. 使用工程木材和木制品。

69. 使用预制桁架和其他在工厂组装的建筑构件。

70. 通过回收再利用木材减少浪费。

71. 使用回收和／或再生木材。

72. 使用替代材料，如钢材、稻草包和生土材料。

73. 使用通过认证的木材。

可再生能源和提高能源效率

74. 建设中对建筑整体进行综合考虑。

75. 建造小型、空间高效利用的住宅。

76. 运用最优价值工程理论进行建设。

77. 对建筑基础和围护结构进行保温。

78. 正确的保温层施工。

79. 处理好裂缝，以防止渗透和泄漏。

80. 确保适当的通风。

81. 安装节能型门窗。

82. 使用活动遮阳装置或百叶在夜间覆盖整个窗户。

83. 运用被动式太阳能采暖的设计手法。

84. 被动式降温的设计与建造。

85. 使用高能效的辅助热源系统。

86. 使用低噪声高能效的降温系统。

87. 确定合理的供热和降温系统装机容量。

88. 安装温度调节控制装置。

89. 使用节能型电器和电子产品。

90. 安装节能照明系统（包括紧凑型荧光灯管，防止过度照明，使用具有运动传感器和定时器的开关）。

无障碍设计

91. 入口处设计轮椅坡道，以便在改造设计时具有更高的灵活性。

92. 安装更宽的室内和室外门。

93. 建造更宽的内部走廊。

94. 创建轮椅回转空间。

95. 设计浴室轮椅通道（提高浴缸 3 英寸，在与轮椅高度相同的位置安装扶手，增大淋浴空间）。

96、洗衣间设置足够大的轮椅通道。

97.使用前开门洗衣机、烘干机。

98.厨房设置轮椅通道（台面高度高于轮椅高度）。

99.在一层设置卧室，或可将一层某个房间改为卧室。

100.安装易于握持的门把手。

101.尽量降低或消除门槛。

102.为对讲系统预埋线路。

人体工程学设计

103.台面高度便于各家庭成员使用。

104.安装可调节台面。

105.在最佳可达区域设置开关和出口。

106.在最佳可达区域安装橱柜。

107.保证厨房工作区有足够的工作空间，并根据炊事流程进行有效的组织。

108.设计流畅的住宅内部交通。

适应性设计

109.房子的设计，在家庭规模减小时，闲置卧室能够方便地改造为额外的车库空间，地下室可以转换为出租空间。

110.给转换后的公寓（现有或计划中）留有私人出入口。

111.隔墙楼板隔声。

覆土建筑

112.考虑建造覆土住宅。

113.建造覆土住宅，要选择有透水性土壤和较好的排水条件的场地，在住宅附近安装好的排水系统、做好围护结构防水，检测氡气，将住宅建造在地下水位之上，建造在南向坡上并考虑被动式太阳能一体化设计，小心地回填，并且雇用专业设计师和建造者。

被动式太阳能采暖

114.选择阳光充足的场地——从上午9点到下午3点都能接收

到太阳光。

115.避免选择树木过于繁茂的地点或在住宅的南边需要选择性地砍一些树。

116.避免在建筑物或地形形成的阴影区建造住宅。

117.窗户集中设置在住宅南向。

118.设置悬挑遮阳。

119.为住宅的东西向设置更有效的遮阳。

120.合理设置蓄热体来储存南向窗户获得的太阳辐射热。

121.建造高能效的围护结构，保证良好的保温和气密性能。

122.保护保温材料免受水汽渗透。

123.采用直接受益式太阳能采暖设计，将热量需求低的房间布置在住宅的北向。

124.保留无直射阳光区域。

125.提供高效率、无污染和容量适中的采暖和降温系统。

126.施工前，根据能耗模拟软件分析结果对设计进行优化。

被动式降温

127.用紧凑型荧光灯泡和卤素照明设备替换白炽灯泡。

128.合理设计局部照明。

129.对窗户位置进行合理布置，充分利用天然采光。

130.使用高能效电器。

131.提供供天气良好时做饭和晾衣服的室外空间。

132.将热水器和洗衣房与主要生活空间分隔开。

133.合理确定住宅朝向使其夏季外部得热量最小。

134.合理布置窗户使其夏季外部得热量最小。

135.谨慎使用天窗或安装导光管。

136.避免无遮阳措施的双层玻璃墙。

137.在住宅附近种植树木遮荫，但不能在冬季遮蔽南向窗户。

138.设置悬挑遮阳和机械遮阳装置。

139.用浅色油漆涂刷住宅外墙。

140.使用浅色的屋顶材料。

141.安装反射层减少辐射传热。

142.安装 Low-E 玻璃窗。

143．做好住宅外墙保温。

144．做好建筑外围护结构气密性。

145．为住宅选择合适的位置以利用微风进行自然通风。

146．合理布置可开启窗户营造穿堂风和烟囱效应。

147．为住宅设计开放空间。

148．合理设计庭园景观以利于导风。

149．安装吊扇和换气扇。

150．安装屋顶通风机或为整座房子提供机械通风的中央通风系统。

151．合理使用蓄热体为夜间自然通风降温、蒸发降温或空调提供有利条件。

152．使用高能效降温系统。

太阳能和风能

153．安装光伏系统。

154．安装风力发电系统。

155．从当地市政部门购买绿色能源。

水和废弃物

156．安装节水器具，包括节水型淋浴头、水龙头、马桶和洗衣机等电器。

157．建设雨水收集系统以满足部分或全部用水需求。

158．建设灰水系统。

159．建设污水处理系统或堆肥厕所。

景观节能

160．种植树和其他植被来提供树荫和自然降温。

161．种植防风林来抵御冬天的寒风。

自然排水

162．通过选择合适的建设地点来利用地形自然排水并且保护自然排水状况免受损害。

163．保护植被以减少对场地的侵蚀。

164．尽量减少不透水地面，譬如车道、院子和人行道。

165. 在不透水地面之间种植草皮渗透雨水。

166. 在住宅的附近补充因建设开发而消失的风景。

节水型景观

167. 确保庭院具有厚实、肥沃的土层。

168. 种植当地植物。

169. 在干旱或半干旱地区种植耐旱植物。

170. 对庭院、树和灌木丛做护根处理可以减少其对水的需求量。

171. 将需要较多水的植物种植在车道、人行道和水落管附近。

172. 减少无谓的绿化区域或种植需水量低的草。

173. 安装高效率的定时自动灌溉系统，并且将灌溉时间设定为每天早晨或晚上。

174. 务必保证灌溉系统的水不会喷射到不透水地面。

175. 尽可能使用根部滴水灌溉系统。

176. 建造自然游泳池。

与野生生物共享的景观

177. 将庭院的一部分设计为野生动植物栖息区。

178. 种植利于野生动植物生存、可为它们提供树荫、筑巢地及食物的植被。

种植可食用的景观

179. 使用你的部分土地来种植蔬菜、草药、水果和纤维作物，并通过养殖生产肉类。

附录 B
EarthCraft House 评价表

EarthCraft House 评价表是一个详细的评分系统，用来协助建造者和设计师，建设绿色住宅由亚特兰大住宅建造者协会提供。

	分值	工作空间	得分
场地规划			
场地防侵蚀规划	8		
防侵蚀和泥沙的工作区	2		
表层土保存	5		
加工树桩和树枝为护根	3		
加工为锯材原木	2		
用树木建造房屋（美国住房建筑商协会计划）	25		
建造者可以选择获得"Building With Trees"计划认证的木材或者采用专门的树木保护和种植措施来得分，得分点如下：			
树木保护和种植措施			
树木保护计划	5		
树根区域不得挖沟（每一棵树）	1		
树根区域不得压实土壤	2		
未受干扰的场地区域	1		
树木种植	4		
野生动物栖息地	2		
场地规划得分小计			
建筑围护结构及系统节能			
能源之星	90		
建造者可以选择获取能源之星房屋认证或通过达到下面列出的节能措施来获得至少 75 分。			
节能措施			
得分总值一定要达到至少 75 分，但是不能超过 85 分。建筑性能必须达到或超过佐治亚州能源标准要求。			
气密性试验			
建造者可以向房主提供由具备资质的第三方机构出具的检测报告或通过采取气密性措施来得分。证明换气次数低于 0.35 次/h。	35		
须采取气密性			
最高得 30 分			
外墙底板密封	2		
空调和非空调房间之间的地板防渗漏处理	2		
浴缸和淋浴房排水管处密封	2		
悬挑楼板和支撑墙体连接处密封	2		

	分值	工作空间	得分
干式墙与外墙底板连接处密封	2		
壁炉的密封（所有部件）	2		
外墙中干式墙部分的缝隙处理	2		
外墙面层的板、接缝和洞口处理	5		
对围护结构进行包覆（缝和洞口未密封）	2		
对围护结构进行包覆（缝和洞口密封）	8		
粗糙窗洞口	2		
粗糙门洞口	1		
使用气密性电子启动器嵌入灯或在保温屋顶中不使用嵌入灯	4		
阁楼上人孔洞口密封（折叠式楼梯／天窗）	2		
阁楼门（带插销和挡风雨条）	2		
阁楼门有密闭的保护层	5		
管槽密封和保温	5		
空调房间和非空调房间之间的天花板密封	2		
天花板干式墙与顶板封闭	2		
空调房间之间的楼板隔栅密封	3		

气密性措施得分小计

保温

* 当住宅使用多种基础形式时一定要使用最大面积的基础形式作为评分对象。

	分值	工作空间	得分
* 板式基础保温	2		
* 地下室围护墙（从地下室地面到顶板的连续墙，最高限值 R-10）	3		
* 非空调房间上部的框架楼板 (R-19)	1		
* 密闭、绝热的管道井 (R-10)	1		
* 悬臂板 (R-30)	2		
壁炉管槽保温	1		
喷涂泡沫墙体保温	4		
外墙立柱空腔 (R-15)	1		
露头部位保温	2		
墙角保温	2		
T 型墙保温（内外墙交接处）	2		
墙装饰层保温 (R-2.5 以上)	2		
墙装饰层保温 (R-5 以上)	3		
隔栅保温 (R-19)	2		
用于阁楼保温的松散填充型保温材料卡片和量尺	1		
能量跟桁架或提高顶板	2		
平屋顶 (R-30)	1		
平屋顶 (R-38)	2		
拱形或盘形屋顶 (R-25)	1		
拱形或盘形屋顶 (R-30)	2		
顶棚热辐射反射层	1		
阁楼支撑墙立柱孔洞（最小 R-19）	3		
阁楼支撑墙外板保温 (R-5)	5		
阁楼门 (R-19)	2		
阁楼检修门 (R-19)	2		

绝热得分小计

	分值	工作空间	得分

窗户

NFRC 规定的窗户（最大 U 值 56）	3		
低发射率玻璃	5		
双层加气玻璃	3		
太阳得热系数（最大 0.4）	3		
各朝向设 1.5 英尺挑檐	1		
遮阳帘	3		
西向窗地比不得超过 2%	2		
东向窗地比不得超过 3%	2		
被动式太阳能设计认证（负荷降低 25%）	10		
窗户得分小计			

采暖及制冷设备
建造者须提供证明材料。

*制冷设备在手册 J 空调负荷计算值的 10% 范围内选型（总计）	5		
*采暖设备在手册 J 空调负荷计算值的 10% 范围内选型（总计）	5		
*经测试风量在厂家额定风量的 10% 以内	3		
炉具年度燃料利用率达到 90%（每单元）	3		
制冷设备季节能效比 12（每单元）	2		
制冷设备季节能效比 14（每单元）	3		
热泵采暖季性能系数 7.8	2		
热泵采暖季性能系数 8.0	3		
地源热泵系统	4		
*显热部分（最大 0.7，总计）	2		
可编程温控器	1		
为热泵系统设置室外温度调节措施	1		
*制冷设备使用不破坏臭氧层的制冷剂	3		
分区控制———一套系统服务多个分区	5		
采暖及制冷设备得分小计			

通风管道／空气处理设备
建造者一定要向业主提供相关认证证明材料。

*保证风管漏风率小于 5%	20		
空气处理设备位于空调房间内（所有部件）	5		
风管位于空调房间内（至少 90%）	5		
管道缝隙和空气处理设备以密封胶进行封闭	10		
*管道设计按照手册 D 执行	5		
*对风管进行流量测试和水力平衡	3		
外墙中不设管道	3		
纵向给水箱	1		
多路回风管 *	2		
内门与地板间留 1 英寸间隙	2		
空调房间外的风管干管保温达到 R-8	2		
风管系统和空气处理设备小计			

建筑围护结构节能得分小计
最低分 75，最高分 85

节能型照明／电器

	分值	工作空间	得分
室内使用荧光灯	2		
壁灯埋地灯使用紧凑型荧光灯	2		
室外照明控制	2		
高效室外照明	2		
节能型洗碗机	1		
节能型电冰箱	2		
不设垃圾处理机	1		
节能型照明／电器得分小计			

资源高效设计

	分值	工作空间	得分
平面设计符合 2 英尺模数	2		
内部生活空间设计符合 2 英尺模数	1		
楼地板隔栅间隔 24 英寸（每层）	3		
楼地板隔栅间隔 19.2 英寸（每层）	2		
非承重墙立柱使用 24 英寸间隔	2		
所有墙立柱使用 24 英寸间隔	3		
窗洞口不用窗框立柱	2		
非承重墙体中不使用承重梁	2		
使用叠层框架的单一顶板结构	3		
两个墙立柱转角使用干式墙夹或替代框架	3		
T 形墙使用干式墙夹或替代框架	3		
资源高效设计得分小计			

资源高效利用建筑材料

循环再利用／天然材料

	分值	工作空间	得分
粉煤灰混凝土	3		
保温材料	1		
铺设地板	1		
地毯	1		
地毯垫	1		
室外装饰和走廊	2		
空调冷凝设备衬垫	1		
循环再利用／天然材料得分小计			

先进产品

	分值	工作空间	得分
工程木材地板龙骨	2		
工程木材屋顶框架	2		
屋面板使用定向刨花板	1		
使用非实木锯材或钢梁	1		
使用非实木锯材或钢过梁	1		
工程木材墙框架	1		

	分值	工作空间	得分
室内装饰使用工程木材	1		
室外装饰包括挑檐使用工程木材	1		
轻钢内墙	1		
结构保温板（外墙）	5		
结构保温板（屋顶）	3		
预制高压蒸汽养护加气混凝土	5		
保温混凝土模板	5		
先进产品得分小计			

耐用性

	分值	工作空间	得分
屋顶材料（安全使用年限至少 25 年）	1		
屋顶材料（安全使用年限至少 30 年）	2		
屋顶材料（安全使用年限至少 40 年）	3		
较浅的屋顶颜色（沥青或玻璃钢屋面瓦）	1		
较浅的屋顶颜色（普通屋面瓦或金属屋面瓦）	2		
屋顶滴水檐	1		
外部的保护层（至少 3 个边使用 40 年或使用砖石材料）	1		
墙壁使用外墙纸或防水排汽层（排水板）	1		
立面使用雨幕系统	1		
上底漆的壁板和饰面	1		
保温玻璃（安全使用年限至少 10 年）	1		
窗户和门上口泛水	1		
连续的基础防蚁板	1		
天沟排水远离基础	1		
入口通道有遮盖	1		
耐用性得分小计			
资源高效利用建筑材料得分小计			

废弃物管理

废弃物管理实践
建造者需要提供捐赠材料的证明文件（收据）。

	分值	工作空间	得分
工地现场构架平面图和土方量清单	10		
主要土方施工区域和面积	3		
* 捐赠剩余材料或重复利用材料（每工程至少价值 500 美元）	1		
废弃物管理实践得分小计			

建筑垃圾循环再利用
建造者可通过单独的材料得分或通过废弃物管理计划获得额外加分

	分值	工作空间	得分
在工地张贴废弃物管理计划，对下列废弃物中三种以上材料回收率须达到 75% 以上	5		
木材	3		
纸板	1		
金属	1		
干式墙（回收再利用或打磨并在一侧刷漆）	3		

	分值	工作空间	得分
塑料	1		
屋面瓦	1		
建筑垃圾循环再利用得分小计			
废弃物管理得分小计			

室内空气质量

燃烧安全性

	分值	工作空间	得分
独立式车库	5		
附加车库——密封底板，与空调房间保持气密	4		
附加车库——安装由运动传感器或定时器控制的排风机	2		
直接通风封闭燃烧炉具	3		
将燃烧炉具与空调区域隔离	4		
燃烧型热水器与使用空间隔离或实施强制通风	4		
一氧化碳探测器	4		
建筑减压试验	4		
燃烧安全性得分小计			

防潮

	分值	工作空间	得分
基础顶部设排水管	1		
基础外边缘设排水管	2		
地下墙体设排水板	4		
下设砂砾层的板式基础	3		
底板和砂砾层之间以及管道沟内设隔汽层	2		
基础和框架之间设防水槽	1		
防潮得分小计			

通风

	分值	工作空间	得分
氡／土壤气体排出系统	3		
居住之前做氡测试	2		
高能效低噪声浴室风机	3		
浴室设风机控制器	1		
厨房炉灶设抽油烟机	3		
吊扇（至少 3 个）	1		
中央排风扇	2		
可控的建筑通风系统（每小时新风换气量 0.35 次以上）	4		
除湿系统	3		
车库储藏室通风	1		
屋顶无动力风机	1		
可调节新风口	2		
通风小计			

材料

	分值	工作空间	得分
空调房间内不使用尿素甲醛材料	2		
对空调房间内的尿素甲醛材料进行封闭	1		

	分值	工作空间	得分
低 VOC 油漆、染色剂、罩面漆	1		
低 VOC 密封胶和胶粘剂	1		
低 VOC 地毯	1		
无污染防白蚁措施	2		
中央真空吸尘器系统	1		
空气过滤器除尘效率高于 30%	2		
建造期间对管道做好成品保护	2		
材料得分小计			
室内空气质量得分小计			

室内用水

	分值	工作空间	得分
滤水器（国家科学基金会认证）	1		
高效洗衣机	2		
减压阀	1		
节水器具	2		
生活热水循环供水	1		
洗浴排水热回收	1		
热水器（能源之星：燃气 0.62，电 0.92)	2		
热水器水箱保温	1		
管道保温	1		
热量收集器	1		
回收热量加热生活热水	1		
太阳能热水	3		
热泵式热水器	2		
室内用水得分小计			

室外用水

	分值	工作空间	得分
主机总线适配器智能供水系统	5		
节水型园艺资源	1		
节水型园艺计划	4		
节水型园艺应用	15		
水龙头或灌溉系统安装定时器	1		
高效灌溉系统（至少 50% 绿植采用滴灌）	2		
使用中水灌溉	3		
雨水收集系统	3		
透水性车道／室外车位	1		
室外用水小计			

业主培训／权益

	分值	工作空间	得分
能耗保证	15		
培训房主能源系统运行操作	4		
培训房主灌溉系统运行操作	2		
内建的回收中心	2		
当地设有回收联系部门／人	1		

	分值	工作空间	得分
家庭有害废物处理	1		
供验收用的环境特点清单	1		
业主培训／权益得分小计			

建造者操作

	分值	工作空间	得分
整栋住宅的 10% 达到 EarthCraft House 标准要求	3		
整栋住宅的 80% 达到 EarthCraft House 标准要求	5		
针对 EarthCraft House 的营销方案	2		
对所有分包商提供环境保护事项清单	1		
选择经认证的专业建筑商	3		
为保证达到标准使用 HBA 业主手册	2		
建造者操作得分小计			

奖励分数

	分值	工作空间	得分
场地周边 1/4 英里内有公交站点	5		
有人行道连接商业区	5		
棕地（废弃场地）利用	5		
光伏发电系统	25		
清洁能源汽车：充电站或天然气加气泵	5		
美国肺健康协会认证住宅	5		
超出能源之星每 1% 加 1 分，最高加 5 分			
创新得分 *建造者提交创新型产品或设计的证明材料*			
奖励分数得分小计			

EARTHCRAFT HOUSE 总计

场地规划			
建筑围护结构及系统节能			
节能型照明／电器			
资源高效设计			
资源高效利用建筑材料			
废弃物管理			
室内空气质量			
室内用水			
室外用水			
业主培训／权益			
建造者操作			
奖励分数			
总分			

附录 C
绿色社区评分表

任务声明和目标

　　绿色社区计划，通过建立规划师、开发商、施工企业、银行和政府机关的合作关系，促进自发遵守绿色的土地利用和社区设计指南，从而减少环境影响，推进负责任的社区设计，进而使更多的市民受益。

　　该计划在保护自然资源，平衡开放空间和密度，通过高效率的设计减少基础设施投资，鼓励性价比高的创新性想法和技术，创造多样性的住宅建造选项等方面提出明确要求，为绿色建造提供了更多的信息导引。

绿色社区最优选项得分方案如下表所示：

各分项得分所占的百分比

1. 建筑物	9%
2. 选址	13.5%
3. 交通	17%
4. 规划和设计	28%
5. 保留、保护和修复	19%
6. 社区	13.5%

1. 建筑物

特点	评价	可能得分	最佳得分
所有住宅在科罗拉多绿色建造协会登记	NA	NA	NA
所有住宅获能源之星家庭能效评价 83 分以上 ,100% 被科罗拉多州能源之星认证		35	
所有住宅获能源之星家庭能效评价 83 分以上 ,25% 被科罗拉多州能源之星认证		25	
所有住宅获能源之星家庭能效评价 86 分以上 ,100% 被科罗拉多州能源之星认证		45	
所有住宅获能源之星家庭能效评价 86 分以上 ,25% 被科罗拉多州能源之星认证		35	
所有住宅获能源之星家庭能效评价 90 分以上 ,100% 被科罗拉多州能源之星认证		60	60
所有住宅获能源之星家庭能效评价 90 分以上 ,25% 被科罗拉多州能源之星认证		50	
建筑物 得分小计			60
最高得分		60	
合格线		N/A	

2. 选址

特点	评价	可能 得分	最佳 得分
选址在与有社区服务和公共设施的人口密集区域和商业中心相毗邻的地区，用 地红线与公共设施距离在 1/4 英里以内。 *毗邻意味着新的项目与现有社区之间有共同边界，边界可能被道路或小巷分隔*		14	14
通过选址在具有成熟社区服务和设施的人口密集区域和商业中心所包围的区域 来促进填充式开发		28	28
响应美国环保署棕色地带经济重建倡议		28	28
选址周边 0～5min 步行距离内具有休闲区或公园		10	10
选址距周边休闲区域公园的步行距离*(向公众开放；假设步行速度* *为 265 英尺 /min)*			
6～10min 步行距离		6	
11～15min 步行距离		2	
	选址得分小计		90
	最高得分	90	
	合格线		

3. 交通

特点	评价	可能 得分	最佳 得分
创造综合型的开发模式，具有多种不同的土地用途和邻里交流场所(见指南) 和／或与村镇中心紧密相连，以尽量减少驾车远行，鼓励步行，并增加社 会和经济活力			
为社区潜在应用提供途径和场所：独立住宅(供销售)；多户家庭的共享住宅(供 出租)；零售；商业；休闲娱乐；教育；文化等			
文化场所包括剧院、露天舞台、历史文脉、博物馆、古迹遗址等			
社区包含用途：	5 项用途	17	17
社区包含用途：	4 项用途	14	
社区包含用途：	3 项用途	10	
社区包含用途：	2 项用途	6	
从 75%的住宅到活动中心(场地内外皆可)的步行时间(假设步行速度为 265 英尺 /min)：			
"活动中心"的定义是指包括两项或更多的下列场所：零售、商业、娱乐、教育、文化等			
0～5min		15	15
6～10min		11	
11～15min		7	

特点	评价	可能 得分	最佳 得分
提供奖励措施增加公共交通的使用，减少对汽车的依赖			
公共场所设自行车停放架或存车处		1	1
通往中转站／候车站的自行车／行人通道		2	2
显示交通信息和出入口的永久性标志		1	1
有顶的中转站／候车站		3	3
建立供自行车和行人通行的地下通道或天桥		8	8
公共交通便利性			
社区内75%以上的住宅到公共交通站点的步行时间 (假设步行速度为265英尺／min)：			
0～5min		12	12
6～10min		8	
11～15min		5	
鼓励在现有交通系统不充足的地方增设新的公共交通系统			
与区域交通区的高度协调	定义	5	5
内部公交系统	定义	13	13
为未来的公共交通做土地储备		13	13
在住区和基本公共服务之间创建无机动车、持续、开放的联系			
"内部"是指社区边界内的区域；"外部"是指社区边界外将功 能和／或服务联系在一起			
外部和内部		12	12
仅外部		5	
仅内部		5	
发展联系内部或外部公共空间的地下或立交系统		8	8
	交通得分小计		110
	最高得分	110	
	合格线		

4. 规划和设计

特点	评价	可能 得分	最佳 得分
通过开发高密度住宅，高效地利用土地。平均总密度：每英亩的住宅 单元数量，不包括公共开放空间			
≥14		30	30
10～13.9		24	
7～9.9		16	
4～6.9		8	

特点	评价	可能 得分	最佳 得分
以下总的开发面积的百分率表示留出的永久公共开放空间，这些空间既不 包括即将被开发的也不包括已经被开发的区域（指南需要明确指出，环状 开放空间并不计算在内）：			
40% 以及 40% 以上		30	30
35% ~ 39.9%		24	
30% ~ 34.9%		16	
20% ~ 29.9%		8	
10% ~ 19.9%		4	
通过出入口和建筑的朝向最大限度地增加太阳辐射得热以促进能源节约。根 据朝向为南向 15° 以内，并且冬季出入口有 75%的时间可以获得太阳照射的住 宅占住区全部住宅的百分率得分如下（结构，见说明）：			
85%		18	18
75% ~ 84.9%		14	
65% ~ 74.9%		10	
55% ~ 64.9%		5	
通过较宽松的建筑退让、较窄的门前空地和减少车道长度来减少不透水地 面面积			
将住宅前推，使 50%的房屋坐落在距离建筑红线不到 18 英尺的地方		6	6
收缩车道宽度，与街道连接处最宽不超过 10 英尺		6	6
使用共享车道，以减少不透水面积		5	5
高效的街道设计			
住区街道宽度为 24 英尺（路两侧路缘石背面间距）		10	10
住区街道宽度为 28 英尺（路两侧路缘石背面间距）		6	
住区街道宽度为 32 英尺（路两侧路缘石背面间距）		3	
在当地街道设独立的步行道		3	3
利用适宜的景观绿化和用水方式节水。			
非饮用水是指任何不可以饮用的水，包括未经处理的水和再循环水，经一定处理后的水仍然不能饮用。			
公共区域：			
公共区域采用非饮用水灌溉 *		15	15
50%的公共区域得以修复或采用未受到干扰的本地植物群落，以维持本 地野生动物栖息地，其中包括最少 6cm 的表土、杂草、莎草和木本植物		3	3
在所有公共的草皮地区，仅使用耐候性植物		3	3
个人住宅：			
所有的私人区域采用非饮用水灌溉 *		15	15
所有的私人区域，不种植草坪区域仅使用本土植物为野生动物提供躲避 处和食物来源，以维持本地野生动物栖息地		3	3
在所有的私人区域，不种植草坪区域仅使用耐候性植物		3	3
每座房屋种植 2 棵 2 英寸以上粗的耐候性树木（可以替代 6' 或更高的常绿植物）		2	

特点	评价	可能得分	最佳得分
每座房屋种植 4 棵 2 英寸以上粗的耐候性树木 (可以代替 6' 或更高的常绿植物)		7	7
在景观设计和施工时利用节水型花园的原则			

高效灌溉的定义：在种植草坪和不种植草坪的区域，系统可以均衡的利用水，在不种植草坪的区域采用低流量灌溉 (如滴灌或微喷)，或利用雨水灌溉并安装湿度传感器。为灌溉系统的管理提供书面维护指南，如根据景色的季节性变化需要进行定期调整。

特点	评价	可能得分	最佳得分
公共区域：			
改善土壤 (混合有机质，3 立方码 /1000 平方英尺)		3	3
选择适当的草坪区域 (限制冷季型草坪不得超过绿化面积的 50%；使用本地 / 耐旱草坪面积超过 50%)		3	3
在垫层区域使用深度为 3″ 的护根		3	3
安装高效的灌溉系统 *		3	3
根据水分和日照需求对植物归类		2	2
提供景观美化维护指南		1	1
个人住宅，合同要求：			
改善土壤 (混合有机材料，3 立方码 /1000 平方英尺)		3	3
选择适当的草坪区域 (限制冷季型草坪不得超过绿化面积的 50%；使用本地 / 耐旱草坪面积超过 50%)		3	3
在垫层区域使用深度为 3″ 的护根		3	3
安装高效的灌溉系统 *		3	3
根据水分和日照需求对植物归类		2	2
提供景观美化维护指南		1	1
规划和设计得分小计			187
最高得分		187	
合格线			

5. 保留、保护和修复

特点	评价	可能得分	最佳得分
编制自然资源清单，以确定重要的自然特征，如植物和动物栖息地、农业用途、易受损害的自然区域等		15	15
对现有的河道、沿岸地区以及重要的湿地和露天场地的本土植物提供长期保护。为这些地区提供长期维修计划		5	5
对自然环境进行永久保护或采取其他永久性法律手段来保护这些地区		12	12

特点	评价	可能得分	最佳得分
基于土壤分析，保存和再利用具有营养价值的表层土；移走，存储，然后在所有的受干扰区域（除住宅和街道外）替换深度为 4″ 的表层土		10	10
建设团队包括 1 名树木专家；在规划和设计时指导树木勘测，并制作一份树木保护计划 制定与 1998 年国家植树节基金会和国家住宅建筑协会规定的建筑与树木方案类似的树木保护方案		5	5
保护 66%～100% 直径大于 4 英寸的树木		4	4
保护 25%～65% 直径大于 4 英寸的树木		3	
用最小 4″ 粗的树替换所有被毁树木（当损坏了 12″ 的树木时要用 3 棵 4″ 的树木替换）：			
树木替换比例为 2∶1		9	9
树木替换比例为 1∶1		4	4
利用景观绿化提高节能性能（例如，用常绿树木组成防风林和防雪林以减少热量损失，用落叶树进行夏季遮荫以减少制冷费用；利用草木和树木引导风向来实现夏季降温；并且使用绝缘灌木和藤蔓）街道利用落叶树进行降温（参见树木的参考类型和邻近街道的指南），或根据地方规定或开发商的需要，最远间隔 35 英尺种植 2 英寸粗的树（如上面提及的树木替换方式也能满足需要）		4	4
整合湿地和景观地带，以促进雨水径流的渗透。			
*减轻湿地的影响包括：不采取某些行动或部分行动以避免全部影响；通过限制行动的规模及实施的程度来减少影响，通过修复或重建受影响的环境来恢复受影响的地方；通过在行动期间的保护和维护行动以减少或消除影响；通过更换或提供替代资源或环境以补偿影响。见指南。			
以 1∶1 的比例对被破坏的湿地进行现场补偿 *		3	
以 2∶1 的比例对被破坏的湿地进行现场补偿		6	
以 3∶1 的比例对被破坏的湿地进行现场补偿		10	10
增加或建立非必需的湿地		7	7
结合场地环境建立自然的雨水蓄集地以减少暴雨对排水系统的冲击（见指南）		7	7
利用湿地过滤净化水		3	3
建立自然排水系统（例如不使用路缘石、排水沟和地下雨水管道）		7	7
建立滞流区和渗透池塘以容纳历史记录最高径流量的 50%		3	

特点	评价	可能得分	最佳得分
建立滞流区和渗透池塘以容纳超过历史记录的径流量		8	8
使用合理的场地平整做法		12	12
建立与环境适应的现场废水处理设施，构建湿地、生态系统或其他生物废水处理设施（需要特定的资讯作为指南）		6	6
保留、保护和修复得分小计			124
最高分		124	
合格线			

6. 社区

特点	评价	可能得分	最佳得分
通过对居民进行宣传教育，告诉他们已开展了哪些方面的建设，希望居民在哪些方面采取怎样的行为，形成社区绿色风气和氛围，以支持该项目目标和设计原理的实现。			
为了满足社会目标和可持续发展建立明确的资源节约计划和实施方案		9	9
雇佣全职人员以帮助社区实现环境目标		8	8
雇佣兼职人员或通过志愿者帮助社区实现环境目标		4	4
为业主制定指南确保住宅高效运行，指南具有丰富的额外资源		3	3
为每一个新入住的家庭召开讨论会，讲解如何高效运行并制定其他绿色建筑计划从而减少资源的使用（至少4h）		3	3
同步进行的一系列户外栖息地恢复计划		1	1
利用社区节日／庆典／演出，教育儿童和成年人认识到社区环境任务		1	1
同步进行的环保奖励计划		1	1
通过建立信息亭和标识等邻里交流手段促进社区绿色运行（例如：共享交换电器和汽车、跳蚤市场／社区车库售卖会、保姆交流等）		1	1
定期制作和分发绿色社区简讯		1	1
建立和主办社区会议		1	1

特点	评价	可能 得分	最佳 得分
建立和维护社区网上交流／教育联系的网站		1	1
建立可持续教育宣传的社区标识		1	1
建立提供人们聚集的场所和公园，作为社区核心的设施等造福于整个社区的公共基础设施和场地			
停车与住宅分离，居民通过公共的绿色区域进入家庭		1	1
50%及以上的住宅视野面向一个共同的绿色／步行区		1	1
为社区提供更好的公共区域或公园服务；在社区范围内分配更好的公共领域和停车场			
总面积的 10% ~ 15%		4	
总面积的 16% ~ 20%		8	
总面积的 21% 以上		12	12
社区内 75% 以上的家庭到公园的步行时间（假设步行速度为 265 英尺／min）			
0 ~ 5min		8	8
6 ~ 10min		4	
提供拥有以下特点的社区会议中心、俱乐部会所、公共房屋或其他社区共有的空间			
开发区域内为社区会议提供的地点		3	3
居民聚餐的地点		3	3
社区使用的客房		1	1
儿童室内娱乐场所		1	1
公共洗衣间		1	1
社区使用的办公室		1	1
社区图书馆或媒体室		1	1
社区青少年之家		1	1
为社区花园提供土地并进行规划		2	2
提供以下社区娱乐设施：			
公共游泳池		3	3
社区锻炼场所或健身课程		1	1
社区网球场地		1	1
操场、篮球场、排球场、足球场或垒球场		1	1
提供包括以下内容的社区教育设施用地：			
公共图书馆用地		3	3
学校用地		4	4

特点	评价	可能 得分	最佳 得分
幼儿园用地		3	3
邮政设施用地		3	3
提供包括以下内容的商业设施和场所，以促进社区内的互动：			
社区咖啡馆或小餐馆		2	2
出租给社区居民的小办公室		2	2
	社区得 分小计		94
	最高分	94	
	合格线		
	最后得分		
	最高分		665

最低分数要求：

资格门槛设定为总分的 70%。即对于一个参评项目来说，最低分需要达到 465 分。开发商需要提交一份"说明"解释他们的选项，哪些选项是被地方性法规禁止的，哪些做法虽然评价表中没有直接提及但符合相关条文的初衷等……鉴于一些选项在某些管辖范围内将是"不能做"或"办不到"的（场地没有条件或者不可能达到等情况），因此对于某个地点或某个城市、乡镇的具体项目，一些在特定的工程中无法获得的分数可以被合理的取消。这些分值（甚至一整类）可从总额 665 分中扣除，剩下的分数作为 100% 的基数，其中 70% 以上必须得到。在评价中，由评审委员会来决定开发商提交的申报和支持材料是否符合条文的初衷、能否得分，审查委员会在这方面及创新项得分方面有自由裁量权。

附录 D
各州能源办公室联系方式

Alabama 阿拉巴马州

Science，Technology & Energy Division 科技与能源部

Department of Economic and Community Affairs 经济和社会事务局

电话：(334) 242-5292

网址：www.adeca.alabama.gov/columns.aspx?m=4&id=
19&id2=106

Alaska 阿拉斯加州

Alaska Energy Authority 阿拉斯加能源局

Alaska Industrial Development and Export Authority 阿拉斯加工
业发展和出口管理局

电话：(907) 269-4625

网址：www.aidea.org/aea.htm

Arizona 亚利桑那州

Arizona Department of Commerce 亚利桑那商务部

电话：(602) 771-1100

网址：www.azcommerce.com/Energy/

Arkansas 阿肯色州

Arkansas Energy Office 阿肯色能源办公室

Arkansas Department of Economic Development 阿肯色经济发展部

电话：(501) 682-7377

网址：www.aedc.state.ar.us/Energy/

California 加利福尼亚州

California Energy Commission 加利福尼亚能源委员会

电话：(916) 654-4287

网址:www.energy.ca.gov

Colorado 科罗拉多州

Governor's Office of Energy Management and Conservation 政府能源管理与节能办公室

电话:303-894-2383

网址:www.state.co.us/oemc

Connecticut 康涅狄克州

Energy Research & Policy Development Unit 能源研究与政策发展部

Connecticut Office of Policy and Management 康涅狄克州政府政策与管理办公室

电话：(806) 418-6374

网址:www.opm.state.ct.us/pdpd2/energy/enserv.htm

Delaware 特拉华州

Energy Office 能源办公室

Division of Facility Management 设施管理部

电话：(302) 739-1530

网址:www2.state.de.us/dfm/energy/index.asp

District of Columbia 哥伦比亚特区

D.C. Energy Office 哥伦比亚特区能源办公室

电话：(202) 673-6718

网址:www.dcenergy.org

Florida 佛罗里达州

Florida Energy Office 佛罗里达能源办公室

Florida Department of Environmental Protection 佛罗里达环保部

电话：(850) 245-2940

网址:www.dep.state.fl.us/energy/

Georgia 乔治亚州

Division of Energy Resources 能源资源部

Georgia Environmental Facilities Authority 乔治亚环保设施管理局

电话：(404) 656-5176

网址:www.gefa.org/energy_porgram.html

Hawaii 夏威夷州

Energy Branch, Strategic Industries Division 支柱产业部能源处

Department of Business, Economic Development and Tourism 商
务经济发展旅游部

电话：(808) 587-3807

网址：www.hawaii.gov/dbedt/ert/energy.html

Idaho 爱达荷州

Energy Division 能源部

Idaho Department of Water Resources 爱达荷水资源部

电话：(208) 327-7900

网址：www.idwr.state.id.us/energy/

Illinois 伊利诺伊州

Energy & Recyciling Bureau 能源与再生资源局

Illinois Department of Commerce and Economic Opportunity 伊
利诺伊商务与经济发展部

电话：(217) 782-7500

网址：www.illinoisbiz.biz/ho_recycling_energy.html

Indiana 印第安纳州

Energy Policy Division 能源政策局

Indiana Department of Commerce 印第安纳商务部

电话：(317) 232-8939

网址：www.state.in.us/doc/energy/

Iowa 爱荷华州

Energy & Waste Management Bureau 能源与废弃物管理局

Iowa Department of Natural Resources 爱荷华自然资源部

电话：(515) 281-8681

网址：www.state.ia.us/dnr/energy

Kansas 堪萨斯州

Kansas Energy 堪萨斯能源办公室

Kansas Corporation Commission 堪萨斯公司委员会

电话：(785) 271-3349

网址：www.kcc.state.ks.us/energy/

Kentucky 肯塔基州

Kentucky Division of Energy 肯塔基能源部

电话：(502) 564-7192

网址：www.energy.ky.gov

Louisiana 路易斯安那州

Technology Assessment Division 路易斯安娜工业技术评估部

Department of Natural Resources 自然资源部

电话：(225) 342-1399

网址：www.dnr.state.la.us/SEC/EXECDIV/TECHASMT/

Maine 缅因州

Office of the Governor 州政府办公室

电话：(207) 287-4315

Maryland 马里兰州

Maryland Energy Administration 马里兰能源部

电话：(410) 260-7511

网址：www.energy.state.md.us

Massachusetts 马萨诸塞州

Division of Energy Resources Department of Economic Development

经济发展部能源处

电话：(617) 727-4732

网址：www.magnet.state.ma.us/doer

Michigan 密歇根州

Michigan Public Service Commission 密歇根州公共服务委员会

Michigan Department of Consumer and Industry

Services 密歇根州消费和工业服务部

电话：(517) 241-6180

网址：www.michigan.gov/mpsc

Minnesota 明尼苏达州

Energy Division 能源部

Minnesota Department of Commerce 明尼苏达商业部

电话：(651) 297-2545

网址：www.commerce.state.mn.us

Mississippi 密西西比州

Energy Division 能源部

Mississippi Development Authority 密西西比发展局

电话：（601）359-6600

网址：www.mississippi.org/programs/energy/energy_overview.
htm

Missouri 密苏里州

Department of Natural Resources 自然资源部

电话：（573）751-4000

网址：www.dnr.state.mo.us/energy/homeec.htm

Montana 蒙大拿州

Department of Environmental Quality 环境质量部

电话：（406）841-5240

网址：www.deq.state.mt.us/energy/

Nebraska 内布拉斯加州

Nebraska State Energy Office 内布拉斯加能源办公室

电话：（402）471-2867

网址：www.nol.org/home/NEO/

Nevada 内华达州

Nevada State Office of Energy 内华达能源办公室

电话：（775）687-5975

网址：energy.state.nv.us

New Hampshire 新罕布什尔州

Governor's Office of Energy & Community Services
州政府能源和公共服务办公室

电话：（603）271-2155

网址：www.state.nh.us/governor/energycomm/index.html

New Jersey 新泽西州

Office of Clean Energy 清洁能源办公室

New Jersey Board of Public Utilities 新泽西公共事业委员会

电话：（609）777-3335

网址：www.bpu.state.nj.us

New Mexico 新墨西哥州

Energy Conservation and Management Division 能源节约和管理部

New Mexico Energy, Minerals and Natural Resources Department 新墨西哥能源、矿产和自然资源部

电话：(505) 476-3310

网址：www.emnrd.state.nm.us/ecmd/

New York 纽约州

New York State Energy Research and Development Authority 纽约州能源研究和发展局

电话：(518) 862-1090

网址：www.nyserda.org

North Carolina 北卡罗来纳州

State Energy Office 州能源办公室

North Carolina Department of Administration 北卡罗来纳管理部

电话：(919) 733-2230

网址：www.energync.net

North Dakota 北达科他州

Division of Community Services 公共服务部

North Dakota Department of Commerce 北达科他商务部

电话：(701) 328-5300

网址：www.state.nd.us/dcs/Energy/default.html

Ohio 俄亥俄州

Office of Energy Efficiency 节能办公室

Ohio Department of Development 俄亥俄州发展部

电话：(614) 466-6797

网址：www.odod.state.oh.us/cdd/oee/

Oklahoma 俄克拉荷马州

Office of Community Development 公共发展办公室

Oklahoma Department of Commerce 俄克拉荷马商务部

电话：(405) 815-6552

网址：www.odoc.state.ok.us/

Oregon 俄勒冈州

Oregon Office of Energy 俄勒冈能源办公室

电话：(503) 378-4131

网址：www.energy.state.or.us

Pennsylvania 宾夕法尼亚州

Pennsylvania Energy 宾夕法尼亚能源部

Department of Environmental Protection 环境保护部

电话：(717) 783-0542

网址：www.paenergy.state.pa.us/

Rhode Island 罗德岛州

Rhode Island State Energy Office 罗德岛州能源办公室

电话：(401) 222-3370

网址：www.riseo.state.ri.us/

South Carolina 南卡罗来纳州

South Carolina Energy Office 南卡罗来纳能源办公室

电话：(803) 737-8030

网址：www.state.sc.us/energy/

South Dakota 南达科塔州

Governor's Office of Economic Development 州政府经济发展办公室

电话：(605) 773-5032

网址：www.state.sd.us/state/executive/oed/

Tennessee 田纳西州

Energy Division 能源部

Department of Economics & Community Development

经济和公共发展部

电话：(615) 741-2994

网址：www.state.tn.us/ecd/energy.htm

Texas 德克萨斯州

State Energy Conservation Office 州节约能源办公室

Texas Comptroller of Public Accounts 德克萨斯公共审计部

电话：(512) 463-1931

网址：www.seco.cpa.state.tx.us/

Utah 犹他州

Utah Energy Office 犹他州能源办公室

电话：(801) 538-5428

网址：www.energy.utah.gov

Vermont 佛蒙特州

Energy Efficiency Division 节能部

Vermont Department of Public Service 佛蒙特公共服务部

电话：(802) 828-2811

网址：www.state.vt.us/psd/ee/ee.htm

Virginia 维吉尼亚州

Division of Energy 能源部

Virginia Department of Mines, Minerals & Energy
维吉尼亚矿山、矿产和能源部

电话：(804) 692-3200

网址：www.mme.state.va.us/de

Washington 华盛顿州

Washington State University Energy Program
华盛顿州立大学能源计划

电话：(360) 956-2000

网址：www.energy.wsu.edu

West Virginia 西弗吉尼亚州

Energy Efficiency Program 节约能源计划

West Virginia Development Office 西弗吉尼亚发展办公室

电话：(304) 558-0350

网址：www.wvdo.org/community/eep.html

Wisconsin 威斯康星州

Division of Energy 能源部

Department of Administration 管理部

电话：(608) 266-8234

网址：www.doa.statc.wi.us/energy/

Wyoming 怀俄明州

Minerals, Energy & Transportation 矿产、能源和交通局

Wyoming Business Council 怀俄明商业委员会

电话：(307) 777-2800

网址：www.wyomingbusiness.org/minerals/

术　语

Alternating-current electricity—Electricity created by the rapid flow of electrons back and forth along a wire at nearly the speed of light.

交流电——电子流以光的速度沿线圈前后运动所产生的电流。

Blackwatcr—Water from toilets and kitchen sinks.

黑水——从厕所和厨房洗涤槽排出的水。

Brownfield—A previously developed site that may or may not be contaminated. Cleanup may or may not be necessary.

棕色地带——以前曾被开发过的地块，该地块可能受到污染，再开发可能需要清理，也可能采取其他措施后可再开发利用。

Building-integrated photovoltaics—Roofing materials or glass containing amorphous silicon that produces electricity when struck by sunlight.

建筑光伏一体化系统——屋面材料或玻璃含有非晶硅，受到照射时可以生产电力。

Catchwater system—A system that captures water from roofs and other impervious surfaces (driveways, for example) and stores it in tanks for household or outside use.

雨水收集系统——从屋顶和其他不透水表面（比如车道）收集雨水，并将其存储在水箱里供家庭内部或户外使用。

Certified lumber—Wood produced by companies whose operations have been certified by an independent organization as sustainable.

认证木材——由可持续生产的公司生产并经过独立机构认证的木材。

Change order—A request to the builder to change part of the original construction contract.

更改订单——让建筑商改变部分原有合同的要求。

Compact fluorescent light bulbs—Fluorescent light bulbs that screw into conventional light fixtures. They're color-adjusted to produce light similar in quality to that of ordinary light bulbs, but because they're so efficient, they use only about one-fourth of the electricity to produce the same amount of light.

紧凑型荧光灯管——荧光灯管拧进传统的电灯组件，通过颜色调整，可以产生和普通灯泡相似的光线，使用普通灯管1/4的电力就可以产生相同的光。

Compressive strength—The ability of a material to withstand compression resulting from weight placed on it.

抗压强度——材料抵抗压力的能力。

Cooling load—A term engineers use to describe the amount of energy that is required to keep a home cool during the cooling season.

冷负荷——用来描述保持一栋住宅在制冷季节制冷所需要的能量。

Cross-ventilation—Airflow from one side of a house to another, usually created by opening strategically placed windows.

对流通风—通过设置窗户和开口的位置利用风压产生从房子一侧到另一侧的气流。

Daylighting—Using natural light from windows and skylights to illuminate rooms.

自然采光—利用从窗户和天窗射入的自然光线照亮房间。

Direct-current electricity—Electricity formed by the one-way flow of electrons through a wire. It is produced by solar electric cells and wind generators and can be stored in batteries. In most homes, DC electricity is converted to alternating-current (AC) electricity, sacrificing some efficiency but gaining in convenience since most appliances and fixtures utilize AC.

直流电—单向流动的电子穿过线圈产生的电流，由太阳能或风力产生。在大多数家庭，直流电转换为交流电，虽然损失了一些效率，却增加了便利性，因为大多数设备和装置利用的是交流电。

Earth sheltering—Building houses or other buildings so they are partially protected by a blanket of soil. In some instances, exterior walls may be partially buried or bermed, that is, covered up to 3 or 4 feet. In others, walls may be completely buried and dirt may also cover the roof. This technique takes advantage of the Earth's relatively constant temperature and reduces heat loss in the winter and heat gain in the summer.

覆土—建筑部分被土覆盖保护。在某些情况下，外墙可能被部分掩埋，更确切的说是被3或4英尺的土所覆盖。在其他情况下，墙壁可能会被完全掩埋，屋顶也可能会被土覆盖。这种技术利用土地相对恒定的温度，在冬季减少热损失、在夏季减少热增益。

Earthships—Self-contained housing vessels that provide heat, electricity, food, water, and wastewater treatment so their occupants can "sail" into the future with little environmental impact and as little dependence on the outside world as possible.

"大地之舟"—设备齐全的住房系统，可以提供热、电、食物、水和污水处理，使里面的居住者可以尽可能地不受环境的影响和外部世界的依赖"驶"向未来。

Embodied energy—All of the energy that is required to make a product. This includes the energy needed to harvest or mine raw materials, process them, and manufacture a product. It also includes the energy required to transport raw materials to production facilities and finished products to stores and end users.

物化能—制造一个产品所需要的所有的能源，包括收获或开采原材料、加工和制造产品所需要的能源。还包括运输原料到生产企业的能源和运输成品到商店和最终用户的能源。

Ergonomic design—Designing and arranging components of a house for efficiency, ease of use, and safety.

人体工程学设计—为了效率、易用性和安全性而设计和建造。

Exfiltration—The movement of air out of a home, which makes a home less comfortable and more costly to heat and cool.

空气外渗——建筑内部向外部散失的不受控的空气流动，影响室内舒适度，并在加热和制冷方面增加花费。

Exterior sheathing—Usually plywood or oriented strand board applied to the framing of a home on the exterior walls.

外墙板—通常指安装在住宅外墙框架上的胶合板或定向刨花板。

External heat gain—Heat that enters a building from outside sources, such as warm air leaking in through cracks in the building envelope or sunlight penetrating windows. External heat gain poses a problem during the cooling season, usually the summer.

外部热增益—热量从外部热源进入室内，比如通过建筑物裂缝渗入的热空气或透过窗户的太阳直射。外部热增益在制冷季节会带来一定的问题。

Finger-jointed lumber—Lumber consisting of several pieces glued together at interlocking joints, much like interdigitation of fingers.

指接材—在连锁接合处胶结起来的木材，非常像交错的手指。

Formaldehyde—An organic chemical with many uses in industrial societies from embalming fluid to tissue preservative to a component of binding agents in many building materials, including oriented strand board, plywood, and fiberglass insulation.Formaldehyde is an irritant and thought to be one cause of multiple chemical sensitivity. It is also thought to be a possible carcinogen.

甲醛—在工业领域大量使用的一种有机化学品，在许多建筑材料中是结合剂的组成部分，包括定向刨花板、胶合板、玻璃纤维绝缘层。甲醛是一种刺激物，被认为是造成多元性化学敏感症的原因之一，也被认为是可能的致癌物质。

Grayfield—A site that has been previously built on but is not contaminated. No cleanup necessary.

灰色地带——之前已被开发但没有被污染的场地。没有必要清理。

Graywater—Water from bathroom sinks, showers, and washing machines.

灰水——从浴室水槽、淋浴、洗衣机排出的水。

Green building program—A state-or city-run program designed to encourage builders to incorporate green building materials, techniques, and technologies in commercial, municipal, and residential buildings.

绿色建筑项目——由州或城市运行的项目，旨在鼓励建筑商运用绿色建筑材料、技术及其他适用于商业建筑、市政工程和住宅的绿色技术。

Greenfield—A previously undeveloped site.

绿色地带——从未被开发的场地。

Heating load—A tcrm engineers use to describe the amount of heat energy that is required to keep a home warm during the heating season.

热负荷——工程术语，用来描述房间在采暖季保持室内温暖所需的热能。

Heating season——That period of the year in which heat is required to maintain comfort.

采暖季—— 一年中需要通过采暖才能达到热舒适的时期。

Infiltration—The movement of air into a home, which makes the living space less comfortable. In the winter, infiltration can increase heating bills; in the summer, it can increase cooling bills.

空气内渗——室外空气向室内渗透，会减弱生活空间的舒适性。在冬天，渗透会增加取暖费用；在夏天，渗透会增加制冷费用。

Internal heat gain—Heating a house generated by internal sources, such as light bulbs, appliances, and stoves.

室内得热——室内加热空气的热量来源，如灯泡、电器、炉具。

Life-cycle cost—All of the costs of a product over its life

cycle, from the extraction to the manufacture to the sale and use of a product to its ultimate disposal.

全寿命周期成本——产品在其生命周期的所有成本，从提炼到生产销售直至最终处置。

Living roof—A waterproofed, well-fortified roof planted with wildflowers and grasses.

生活屋顶—— 一个防水性能好、筑防良好的屋顶，种植着野花与草地。

Multiple chemical sensitivity—An immune system disorder characterized by severe, sometimes debilitating reaction to chemicals released by building materials, paints, stains, finishes, and other products.

多元性化学敏感症——由建筑材料、油漆、污渍、成品和其他产品引起的严重过敏，有时会造成人体虚弱的免疫系统的紊乱。

Optimum value engineering—An approach to designing building that seeks ways to minimize material use without sacrificing structural integrity or violating building code requirements.

最优价值工程——一种建筑工程设计途径，旨在寻求建材使用量最小化，且不以牺牲结构完整性或违反建筑规范要求为前提。

Oriented strand board—Sheathing made by gluing together large, flat wood chips.

定向刨花板——由刨花粘合在一起的板材。

Outgassing—The release of volatile chemicals from paints, stains, finishes, adhesive, building materials, furniture, and furnishing.

气体释放——油漆、污渍、成品、胶粘剂、建筑材料、家具和装饰材料等内含有的挥发性化学物质的释放散发。

Roof sheathing—Typically plywood or oriented strand board nailed onto roof framing. Roofing materials such as shingles are applied to the roof sheathing, usually over a layer of waterproof material known as roof felt.

屋面板——特指胶合板或定向刨花板钉到屋顶结构框架作为屋顶基层。屋面瓦等材料挂在屋面板上，屋面板通常置于毛毡等防水材料的下面。

Roof truss—The framing that underlies many roofs. Trusses are typically made from smaller pieces of wood and are precisely engineered to support the projected loads.

屋架——屋顶下的框架。桁架通常由较小的木料做成，经精密设计后用来支撑预期的荷载。

R-value—A measure of how well a material resists heat conduction. The higher the R-value, the greater the heat resistance.

R 值——反映材料阻止热量传递的能力。R 值越大，保温性能越好。

Septic tank—Usually a concrete tank buried underground that receives raw sewage and wastewater from a house. Solids remain in the tank and undergo decay, while liquids drain out of the tank into a leach field, a network of porous pipes buried in the ground.

化粪池——通常指埋于地下的混凝土池，接收房间排出的未经处理的污水和废水。污水中的固体留在池子里发酵，而液体从池子里排出进入到埋于地下的多孔渗水管网形成的沥滤场。

Task lighting—A lighting system providing more intense light to high-use areas, such as kitchen counters, reading areas, and desks, where important tasks are carried out, rather than lighting an entire room to one level.

工作照明——为利用率高的空间提供更强光照的照明系统，如厨房柜台、阅读区域以及桌子，它服务于有重要任务的小空间，而不是提高整个空间的照明水平。

Tensile strength—The ability of a material to withstand lateral pressure.

抗拉强度——材料承受拉力的能力。

Thermal bridging—Conduction of heat into or out of a building through framing members.

热桥——指建筑中容易发生热传导的部位。

Thermal mass—Solid materials, such as tile and concrete inside a passive solar house, that absorbs solar heat and help stabilize internal temperatures.

蓄热体——固体材料，如被动式太阳房内部的砖和混凝土，可以吸收太阳的热量，有助于稳定内部温度。

U-value—A measure of heat transmission through a material. It is the inverse of R-value. The lower the U-value, the less the heat transmission.

U值——度量材料的导热能力，是R值的倒数。U值越小，传热量越少。

Water table—The upper boundary of groundwater.

地下水位——地下含水层中水面的高程。

索 引

natural light. *See* daylighting (natural light)
natural materials
  carpeting, 80
  exterior walls, 75, 111
  interior walls and ceilings, 81
natural swimming pools, 247
natural systems, sustainability of, 14–15
natural ventilation, 213–14
New Natural House, The (Pearson), 32–33
new towns. *See* cluster development
NFRC (National Fenestration Rating Council) label,
  127
noise control
  earth-sheltered homes, 183, 185
  insulation as sound barrier, 107
  as site selection criteria, 41
  straw bale walls, 169
nontoxic building materials, 71–72, 80, 81, 94

O

optimum value engineering, 85, 92–93, 111
oriented strand board, 12, 61, 77
  formaldehyde-free subflooring, 79
  radiant barriers applied to, 212
  sealed, 77
  substitutes for, 94–95
outdoor lighting, 131
outdoor water use. *See* landscaping
outgassing, 26, 56, 88, 94
outside air pollution, 41–42, 57
overhangs, 12, 91, 199–200, 210–11
overheating, 201, 208, 210
overlighting, 18, 129

P

Pahl, Greg, 204
paints, stains, and finishes, 12, 26, 81
  conventional, 60–61
  green, 55, 59–60
  low-VOC, 70, 73, 81, 297
paper
  exterior walls, paper bale, 75, 76
  papercrete, 172
  recycled, for roofs, 77
  recycled cellulose insulation, 12, 73, 112
  thermoply exterior sheathing, 77
partially underground homes, 180–81, 183, 186
particulate air filters, 65–66
passive cooling, 118–19, 207–18
  built-up heat, removing, 213–16, 217
  combining measures for, 217–18
  cooling people, methods for, 216–17
  external heat gain, reducing, 209–13, 217
  internal heat gain, reducing, 18, 207–209, 217

natural building systems and, 158, 160, 161, 162, 165,
    168, 170, 171, 217
  recommendations, list of, 287–88
  resources, 274–77
  thermal mass for, 146
*Passive Solar Design Strategies: Guidelines for Home
  Building,* 204–5
passive solar heating, 26, 118–19, 193–205
  backup heating systems for, 194, 203–204
  costs of, 194–97
  design of system, tips for, 197–204
  design tools for, 204–205
  earth-sheltered homes, 179, 183, 186, 189
  natural building systems and, 158, 160, 161, 162, 165,
    168, 170, 171
  recommendations, list of, 287
  resources, 274–77
  thermal mass for, 145–46
patios, 82
Pattern Language, A (Alexander et al.), 43
pavers, porous, 82, 243–44
Pearson, David, 32–33
Perlin, John, 220
permaculture, 249–50
Phenix Biocomposites, 94–95
photovoltaic cells, 220–22. *See also* solar electric systems
plants. *See* landscaping
plaster
  earthen, 79, 157, 159
  exterior, 26–27
  interior, 60
plastic lumber, recycled, 81, 82
play sets, 81
plywood, substitutes for, 94–95
porches, 12, 200
Portland cement, 147–48
prefabricated components, 95
Profit from Green Building (Sikora), 109, 121
Protect All Life (P.A.L.) Foundation, 49, 97–98

Q

quality of home, 27, 91–92

R

radiant barriers/radiant barrier sheathing, 111, 116, 212
radiant-floor heating systems, 119–20
radon, 42, 57, 61, 188, 296
rainwater, capture of. *See* catchwater system
rammed earth homes, 160–61, 218, 272–74
Rammed Earth House, The (Easton), 160
rammed earth tire homes, 22, 75, 99–101, 161–63
  passive cooling, 101, 162, 218
  resources, 272–74
Rastra blocks, 75, 77

sludge, 235
small homes, value of, 16–17, 89–90
Smiley, Linda, 156, 158–59, 160
Smith, David, Barry, and Randy, 150–51
Smith, Michael, 156, 158–59, 160
soil
    drainage of, 36–37
    stable subsoils for foundation, 37
solar access of site, 34, 197–98
solar cells, 220–22
solar electric systems, 11, 219–23
    advantages of, 224–25
    costs, 222–25
    for outdoor lighting, 131
    recommendations, list of, 288
    resources, 277–80
    stand-alone, 222–23
    state subsidies for, 224
    utility intertie, 222–23
solar heating. *See* passive solar heating
solar hot-water heating systems, 11, 121–22
Solar House, The (Chiras), 113, 122, 204
Solar Pathfinder, 198
solar tube skylights, 210
stack effect, 214
stains. *See* paints, stains, and finishes
state energy offices, 309–11
steel
    homes, 151–53
    production, 99, 152, 153
    resources, 269
    roofs, 71
    studs, 99
Steinfeld, Carol, 240
stone building, 170–72
storage
    ergonomic design of, 140–41
    wheelchair access, 137
Strain, Larry, 85
straw bale homes, 23, 71, 99–101, 166–69, 177
    passive cooling, 101, 168, 217
    resources, 270–71
straw bale walls, 75, 111, 156
    fire resistance of, 169
    in-fill wall construction, 167
    internal and external pinning, 167
    load-bearing/non-load-bearing, 167
straw-clay construction, 75, 111, 169–70, 270–71
structural insulated panels (SIPs), 75, 77, 95, 111, 212
stucco exteriors, 26–27
sun-free zones, passive solar homes, 202–203
Sun-Mar composting toilets, 19, 239
Sun Plans, Inc., 197
sun-tempered homes, 199, 200
Sun Tunnels, 210

Superbia! (Chiras and Wann), 250
Susanka, Sarah, 90
Sustainable Buildings Industry Council, 82, 204–5
sustainable resource management, promotion of, 24–25
sustainably harvested lumber, use of, 77, 81–82, 101–103
Swezy, Blair, 230
swimming pools, natural, 247
switches, 18, 129, 140

T

task lighting, 18, 129, 208
Terra-Dome, 184, 185, 186, 187, 188
Theis, Bob, 89, 90
The Not So Big House (Susanka), 90
thermal mass, 200–201
    concrete walls and floors, 145–46
    cordwood construction, 173
    earthbags, 165
    as heat sink to remove heat buildup, 215–16
    log walls, 175
    rammed earth homes, 101, 161
    straw-clay walls, 170
thermoply exterior sheathing, 77
thermostats, programmable, 127
thin-film solar, 221
Thorne, Jennifer, 126, 217
Tierra Concrete Homes, 145–46
tile, 60
    floors, 13
    locally produced, 80
    from recycled materials, 79
    roofs, 212
Tilley, Alvin, 141
tire homes. *See* rammed earth tire homes
toilets
    composting, 19, 239–40, 280–81
    low-water, 19, 29, 41, 232
topsoil, 46, 49, 304
tornadoes, resistance to, 91, 147, 161
trees
    protection during construction, 47–48, 291, 304
    recycling of trees from construction site, 49
    for shade, 108, 210–11, 242–43, 304
trim (interior and exterior), 79
Tucson Electric Power, 106

U

underground homes, 181, 183, 186
U. S. Energy Department, 3, 6–7, 11, 24, 212, 220
U. S. Environmental Protection Agency, 7, 55, 57, 68, 145. *See also* Energy Star Performance Standards
U. S. Homes, 6
U. S. Housing and Urban Development Department, 138

译后记

  建筑是人们赖以栖息的庇护所，经过千百年的发展，建筑设计已经达到了相当高的水平，形成了众多的风格和空间形式，给人们带来了舒适的生活空间和舒心的视觉享受。但是，在人们享受改造世界的成果的同时，传统的建筑形式和建造方式正对脆弱的生态环境造成毁灭性的破坏，居高不下的建筑能耗也造成了严重的能源浪费和环境污染。随着资源、环境问题的日益突出，人们不禁要问：这就是我们想要的建筑吗？能否重归自然、亲和自然、适应自然，而不是试图征服自然、战胜自然？这些都是当今建筑界亟待解决的问题。

  生态建筑以人、建筑和自然环境的协调发展为目标，在利用天然条件和人工手段创造良好、健康的居住环境的同时，尽可能地控制和减少对自然环境的使用和破坏，充分体现向大自然的索取和回报之间的平衡。在建筑的全寿命周期内，生态建筑能够最大限度地节约资源（节能，节地，节水，节材），保护环境和减少污染，为人们提供健康、适用和高效的使用空间，与自然和谐共生。设计建设生态建筑符合科学发展的规律，受到人们的普遍认可，近年来得到了飞速发展，已成为建筑业发展的重要趋势。

  本书从创造舒适的居住环境入手，从绿色建筑的起源与发展、场地设计、营造健康居住环境、绿色建材、节能设计与施工、无障碍设计、被动式太阳能利用等方面展开论述，结合大量典型实例对生态建筑的理念、设计、施工和管理进行了深入阐述。虽然作者所在国家的国情与我国有所不同，但其设计理念、原理与方法对设计师、开发商、建造商、管理者以及建筑院校的学生来说都是有价值的参考，相信他们都能从中获益。

本书由山东建筑大学的教师及研究生翻译，分工如下：

薛一冰、曹峰、房涛（前言等、第1章），管振忠、薛一冰、王晓光、张乐（第2章），管振忠、薛一冰、张玲、孟光（第3章），管振忠、王新彬（第4章），管振忠、郑瑾、鞠晓磊（第5章），管振忠、张乐（第6章），管振忠、何文晶、荆蕙霖（第7章），薛一冰、郑瑾、赵桂贞（第8章），薛一冰、王晓光、鞠晓磊（第9章），薛一冰、刘筱、房涛（第10章），王新彬、杨爽（第11章），张玲、王凤平（第12章），曹峰、陈兆涛（第13章），赵成光、袁天皎（第14章），张乐、王军伟（第15章）、邓海剑、王春华（后记），赵晖博士校审，房文博博士和范高上、张宝心、魏宏豪、宋帅、安娜、李诗若参与审稿。

本书在翻译过程中得到了我国著名的绿色建筑和太阳能建筑利用专家、泰山学者、山东建筑大学博士生导师王崇杰教授的悉心指导，在此表示衷心的感谢！

由于时间仓促及译者的水平所限，书中肯定还存在许多疏漏和不足，敬请读者批评指正。

译　者